"十二五"职业教育国家规划教材
经全国职业教育教材审定委员会审定

修订版

建筑初步

第3版

主　编　龚　静　秦首禹　彭莉妮
副主编　陈大昆　谭富微　高　卿
参　编　刘　岚　林　楠　彭　瑶　黄　明
　　　　邹　宁　张进嘉　李　皇　姚书琪
　　　　刘卓珺
主　审　管凯雄

机械工业出版社

本书在“十二五”职业教育国家规划教材的基础上进行修订。本书根据现代社会对高职高专层次建筑技术人才的要求编写，注重培养实际应用能力；尽量使学生在学习的过程中充分了解未来工作，尽量做到学习与未来工作“零”距离接轨；融入课程思政内容，在提高学生专业技能的同时，培养学生爱岗敬业的态度和求实严谨的工匠精神。本书编写符合现行规范，内容系统全面，图文并茂，具有较强的实用性和借鉴性。

全书分四篇，共 10 章，分别是：认识建筑（概述）、体会建筑（建筑表现基本技能训练、建筑模型制作、建筑名作赏析）、表达建筑（建筑徒手钢笔画技法练习、色彩知识及建筑渲染、建筑工程图的表达及单体测绘）、设计建筑（人体尺度与建筑设计、构图原理与建筑设计、建筑方案设计入门）。

本书既可作为高等职业教育建筑设计类、建筑装饰类、园林景观类等专业的教材，也可作为其他建筑类专业师生的参考用书。

为方便教学，本书配有电子课件，凡使用本书作为教材的教师均可登录机工教育服务网 www.cmpedu.com 注册下载。咨询电话：010-88379375。

图书在版编目（CIP）数据

建筑初步/龚静，秦首禹，彭莉妮主编．—3 版．—北京：机械工业出版社，2021.5（2023.8 重印）

“十二五”职业教育国家规划教材：修订版

ISBN 978-7-111-68085-7

Ⅰ.①建…　Ⅱ.①龚…②秦…③彭…　Ⅲ.①建筑学-高等职业教育-教材　Ⅳ.①TU

中国版本图书馆 CIP 数据核字（2021）第 078205 号

机械工业出版社（北京市百万庄大街 22 号　邮政编码 100037）

策划编辑：常金锋　责任编辑：常金锋　陈紫青

责任校对：孙丽萍　封面设计：陈　沛

责任印制：刘　媛

涿州市京南印刷厂印刷

2023 年 8 月第 3 版第 5 次印刷

184mm×260mm · 14.5 印张 · 357 千字

标准书号：ISBN 978-7-111-68085-7

定价：49.80 元

电话服务　　网络服务

客服电话：010-88361066　机　工　官　网：www.cmpbook.com

010-88379833　机　工　官　博：weibo.com/cmp1952

010-68326294　金　书　网：www.golden-book.com

机工教育服务网：www.cmpedu.com

前　言

高等职业教育是一种以实践为导向、以科学为基础的教育；培养和造就胜任某项职业的工作人员，使高等职业教育从偏重文化技术和理论知识转向重视就业技能和发展能力的培养。

“建筑初步”作为建筑设计、城市规划、环境艺术设计以及园林景观等建筑设计类专业的基础课，除了承担专业基础教学职责以外，更为重要的是将知识传授、技能训练与价值引领相结合。

本书在编写过程中理论联系实际，以“精炼、实用”为原则，注重基础性、广泛性和前瞻性，重在培养学生的实际动手能力以及健全的人格与价值观。本书特色如下：

1. 融入思政教育

本书在遵循高职专业基础课程建设规律的基础上，融入课程思政内容，在提高学生专业技能的同时，培养学生爱岗敬业的态度和求实严谨的工匠精神。

2. 应用信息化教学模式

本书打破了传统的课堂讲授和PPT教学模式，随着信息化教学的广泛运用，本书分模块录制了“什么是建筑”“长仿宋体字的书写方法”“尺规作图工具使用方法”“徒手钢笔线条练习”“尺规作图绘图步骤”“建筑测绘步骤”“建筑图纸规格与版式”以及“方案的建构”等视频，创造更加合适的授课方式，以提高学生的学习兴趣。

3. 以培养职业技能为目的

本书以市场需求为导向，对职业领域进行分析，将工作任务渗透到教学内容中，从而构建以培养职业技能为目的的内容体系。

4. 理实一体化编写，强调实训练习

本书采用理实一体化的编写模式，在讲解相关的建筑知识、方法和案例的基础上，还有针对性地设置了30个实训练习题，以强化学生学以致用的能力。

本书由武昌理工学院龚静、湖北城市建设职业技术学院秦首禹和湖南城建职业技术学院彭莉妮担任主编；湖南城建职业技术学院陈大昆、武汉轻工大学谭富微、湖北城市建设职业技术学院高卿担任副主编；湖南城建职业技术学院刘岚、彭瑶、邹宁，武汉轻工大学林楠，湘潭大学张进嘉，武昌理工学院黄明和湖北城市建设职业技术学院李皇、姚书琪、刘卓珺担任参编。具体分工：第1

章和第10章由龚静编写；第2～5章、第8章由张进嘉、陈大昆、彭莉妮、刘岚、彭瑶、邹宁及谭富微共同编写；第6章由林楠编写；第7章由秦首禹、龚静编写；第9章由秦首禹、龚静、黄明、高卿编写；全书课程思政相关内容由谭富微编写；视频课程由湖北城市建设职业技术学院秦首禹、李皇、姚书琪、刘卓珺录制。全书由龚静统稿，华中科技大学管凯雄教授主审。

本书在编写过程中参阅了大量的专业文献和设计图例，在此向有关出版社、作者一并表示真诚的谢意。由于编者学识与水平有限，书中的不足之处在所难免，希望能得到有关专家和广大读者的批评指正。

编　者

视频二维码列表

目　录

第三篇 表达建筑

第四篇 设计建筑

第一篇　认识建筑

通过本篇的学习，了解建筑的产生与发展，建筑的构成要素以及建筑师的修养，掌握建筑的基本常识，建筑学专业的学习内容以及基本方法。

什么是建筑

第1章

概　述

我们生活在拥挤的都市之中，钢筋混凝土的“丛林”包围着我们，我们把这些“丛林”称为建筑；远古的人生活在真正的丛林之中，他们利用丛林的躯干搭建成遮风避雨的场所，我们称之为建筑；古老的方尖碑，直冲云霄，它的精神震撼着四周空旷的广场，我们称之为建筑；一桥飞架南北，天堑变通途，我们称之为建筑……古往今来我们称之为建筑的实体和场所形态万千、变化无穷，它们对我们的生活和思想产生过并继续产生着巨大的影响。

1.1　建筑的产生与发展

“上古之世，人民少而禽兽众。人民不胜禽兽虫蛇，有圣人作，构木为巢以避群害”（《韩非子·五蠹》）。建筑活动作为人类在地球环境中的最重要活动之一，虽然只是人类历史进程中很短的一个阶段，但它已深刻地改变了人类的生活面貌和自然环境。关于建筑的起源，不同的学者有不同的认识，从远古的穴居、巢居到现代的高楼大厦，千姿百态，异彩纷呈。考察建筑发展的历史，影响因素很多，主要有以下三方面。

1.1.1　生产力发展水平

建筑首先是一种物质资料的生产，因而离不开建筑材料和建造技术。远古时期，人们采用自然界最易取得，或在当时加工最方便的材料来建造房屋，如泥土、木、石等，出现了石屋、木骨泥墙等简单的房屋（图1-1）。随着生产力的发展，人们逐渐学会了制造砖瓦，利用火山灰制作天然水泥，提高了对木材和石材的加工技术，并掌握了构架、拱券、穹顶等施工方法，使建筑变得越来越复杂和精美（图1-2）。特别是进入工业时代以后，生产力迅速提高，钢筋混凝土、金属、玻璃、塑料逐渐代替砖、瓦、木、石，成为最主要的建筑材料（图1-3）。科学的发展已使建造超高层建筑（图1-4）和大跨度建筑成为可能，各种建筑设备的采用极大地改善了建筑的环境条件。建筑正以前所未有的速度改变着自身面貌。所以，生产力的发展是建筑发展最重要的物质基础。

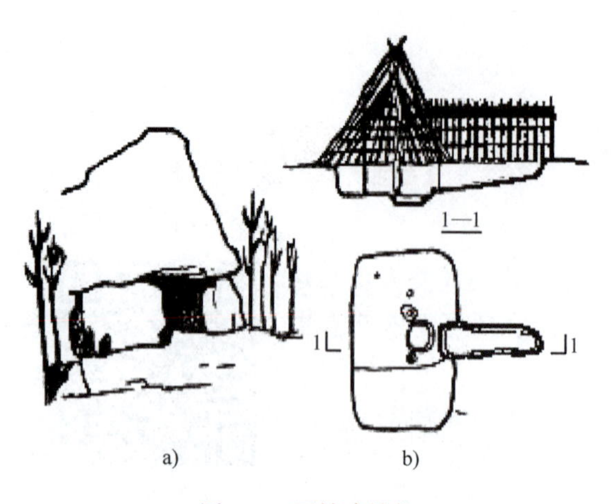

图1-1　原始建筑物
a）天然石洞　b）西安半坡遗址

图1-2　帕提农神庙

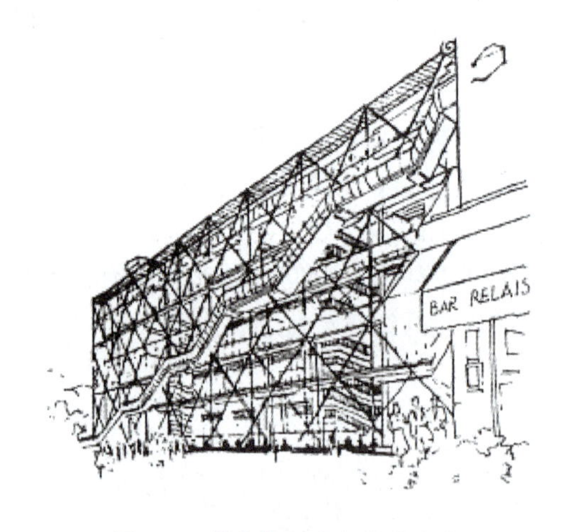

图1-3　蓬皮杜国家文化艺术中心

图1-4　美国西尔斯大厦

1.1.2　生产关系的改变

建筑是为人类从事各种社会活动的需要而建造的，因而必然要反映各个历史时期社会活动的特点，包括生产组织方式、政治制度、社会意识形态和生活习俗等。不同历史时期产生了大量代表性建筑（图1-5～图1-8）。

图1-5　埃及金字塔

图1-6　北京故宫

图1-7　巴黎埃菲尔铁塔

图1-8　上海金茂大厦

1.1.3　自然条件的差异

建筑的主要目的是创造能适应人类社会活动需要的良好环境，因而如何针对不同的自然条件来改善这种环境便成为建造活动的重要内容之一。下面以中国建筑为例分析不同自然条件形成的不同的建筑风格。

中国各地地质、地貌、气候、水文条件变化很大，各民族的历史背景、文化传统、生活习惯各有不同，因而形成了许多外形截然不同的建筑风格。其中较为突出的有如下几类：

1）南方气候炎热而潮湿的山区有架空的竹、木建筑——干阑式建筑（图1-9）。

2）北方游牧民族有便于迁徙的轻木骨架覆以毛毡的毡包式居室（图1-10）。

图1-9　南方干阑式建筑

图1-10　毡包式居室

3）新疆维吾尔族居住的干旱少雨地区有土墙平顶或土坯拱顶的房屋，清真寺则用穹窿顶（图1-11）。

4）黄河中上游利用黄土断崖挖出横穴作居室，称之为窑洞（图1-12）。

图1-11 新疆阿以旺式民居

图1-12 窑洞

5）东北与西南大森林中有利用原木垒成墙体的“井干”式建筑（图1-13）。

6）中国北方明代及以后普及的砖墙承重的硬山式住宅（图1-14）。

图1-13 “井干”式建筑

图1-14 砖墙承重的硬山式住宅

7）主要分布在福建、广东、赣南等地的丰富多彩的各式土楼建筑（图1-15）。

a)

b)

图1-15 福建土楼建筑

a）福建土楼外观 b）福建土楼内院

主流建筑（如帝王的宫殿、坛庙、陵墓以及官署、佛寺、道观、祠庙等）普遍采用木构架承重的建筑，这也是我国古代建筑成就的主要代表。由于它的覆盖面广，各地的地理、气候、生活习惯不同，又使之产生许多变化，在平面组成、外观造型等方面呈现出多姿多彩的繁盛景象。

我国北方地区气候寒冷，为了防寒保温，建筑物的墙体较厚，屋面设保温层（一般用土加石灰构成），再加上对雪荷载的考虑，建筑物的椽、檩、枋的用料粗大，建筑外观也显得浑厚凝重（图1-16）；反之，南方气候炎热，雨量丰沛，房屋通风、防雨、遮阳等问题更为重要，墙体薄（或仅用木板、竹笆墙），屋面轻，出檐大，用料细，建筑外观也显得轻巧（图1-17）。

图1-16 北方民居

图1-17 江南水乡民居

1.2 建筑的构成要素

建筑是人类文明发展的最重要组成之一。从我们的祖先开始就有意识地进行着各种营造活动，也形成了相应的理论，如我国宋代的《营造法式》，对建筑的构造与构成就形成了全面的、系统的论述。在国外，英国的弗朗西斯·培根的《论建筑》中说："造房子为的是居住，而不是供人观赏。"所以建筑师的主要任务是全面贯彻适用、安全、经济、美观的建筑方针。建筑的构成要素是指建筑功能、建筑的物质技术条件和建筑形象，如图1-18所示。

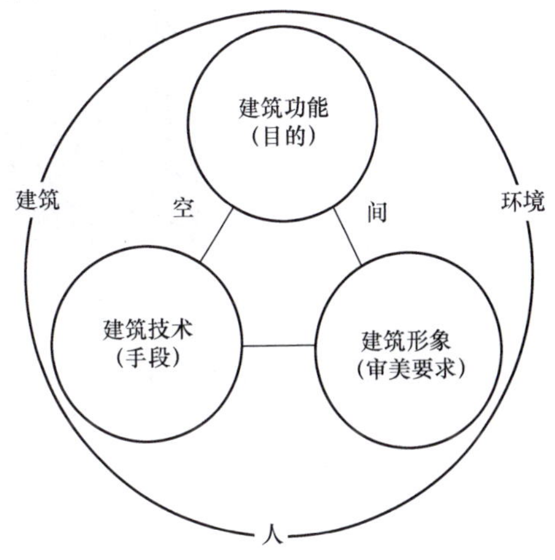

图1-18 建筑的构成要素

1. 建筑功能

建筑功能是指建筑的用途和使用要求，由此建筑应具有以下功能要求。

（1）满足使用上的功能　根据人们对建筑物在使用需求上的不同，不同性质的建筑物在使用功能上有不同的特点。例如火车站要求人流、货流畅通；影剧院要求听得清、看得见和疏散快；工业厂房要求符合产品的生产工艺流程；

某些实验室对温度、湿度有特殊要求等，这些都直接影响着建筑物的使用功能。

（2）满足空间上的功能　建筑物在构成上应满足人在使用中的人体尺度和人体活动所需的空间尺度的要求。

（3）满足环境上的功能　建筑在构成上应具有良好的朝向、保温、隔声、防潮、防水、采光及通风的性能，这也是人们进行生产和生活活动所必需的条件。

满足建筑功能上的要求，是建筑设计的主要目的，它在建筑设计体系中起主导作用。

2. 物质技术条件

从原始社会至今，人类对建筑的实践和探索走过了漫长的路程，营造建筑的技术手段也有了日新月异的变化。今天，大工业生产的介入使得规模宏大的建筑由梦想变为现实，如上海环球金融中心（图1-19），主体建筑设计高度为492m，共104层，地上101层，地下3层，2008年初竣工后成为上海浦东的新地标。建筑的建造技术从古代包括组织、分工、简易的机械设施等变成现代的施工组织、工种配备、机械设备组织、构配件及五金的大规模机械化生产，还包括运输和安装的现代化等，建造技术为了适应这种变化也在不断推陈出新。

图1-19　上海环球金融中心

人类的建筑梦想也在一定程度上取决于建造技术的先进与否。人类对建筑的高度、建筑内部的空间大小及建筑室内环境的智能化不断产生着梦想，这种梦想的实现一方面依赖于结构概念的进步和新材料的产生，另一方面也依赖于建造技术水平。由于建造的活动是为人们创造新的现实生活空间，因此建造技术就要考虑成本和可操作性，包括材料和设备的投入，要使大多数建筑能为人们所承受。

3. 建筑形象

建筑的形象即是一种建筑的形，也是一种实在的体现；它既有雕塑性的形，也有结构性的形。

在具体形象上，主要体现在以下几个方面。

（1）建筑的形体形象　包括建筑的体形或体态、立面形式、细部构造与重点部位的点缀等。

（2）建筑的色彩形象　包括建筑的外观色彩，使用的材料色彩、质感，光影和装饰色彩搭配等。

（3）建筑所体现的历史和文化形象　不同的社会、不同的时代、不同的地域和不同的民族，由于其历史文化的背景不同，在建筑构成上体现的建筑形象也不同。如中国古代的宫殿、城池与外国的皇宫、城堡；中国的庙宇、道观与西方的神庙、教堂等。

建筑形象是建筑功能与物质技术条件的综合反映。建筑形象处理得当，它能产生良好的艺术效果，给人以美的享受和历史文化的熏陶与感染。同样，在一定的功能和物质技术条件下，充分发挥设计人员的想象力，可以使建筑形象在形态上更加美观，在文化底蕴上更加厚重。

因此，在上述三个基本构成要素中，建筑功能是建筑的目的，建筑技术是实现建筑目的的手段，而建筑形象则是建筑功能、建筑技术和审美要求的综合表现。三者之中，功能常常是主导的，对技术和建筑形象起决定作用；建筑技术是建筑的手段，因而建筑功能和建筑形象受其一定制约；建筑形象也不是完全被动的，在同样的条件下，有同样的功能，采用同样的技术，也可创造出不同的建筑形象，达到不同的审美要求。优秀的建筑作品应实现三者的辩证统一。

1.3 建筑设计的内容

建筑的设计工作，通常包括建筑设计、结构设计、设备设计三部分。建筑设计包括建筑空间环境的造型设计和构造设计。建筑设计是房屋设计的龙头，并与结构设计、设备设计紧密配合，相互协调。结构设计包括结构选型、结构计算、结构布置与构件设计等，它是从受力骨架上保证建筑安全的设计。设备设计包括给水、排水、供热、通风、电气、燃气、通信、动力等设计，它是改善建筑物理环境的重要设计。

1. 建筑空间环境的造型设计

（1）建筑总平面设计　主要是根据建筑物的性质和规模，结合基地条件和环境特点，以及城市规划的要求，来确定建筑物或建筑群的位置和布局，规划用地内的绿化、道路和出入口，以及布置其他设施，使建筑总体满足使用要求和艺术要求。

（2）建筑平面设计　主要根据建筑的空间组成及使用要求，结合自然条件、经济条件和技术条件，来确定各个房间的大小和形状，确定房间与房间之间、室内与室外空间之间的分隔联系方式，进行平面布局，使建筑的平面组合满足实用、安全、经济、美观和结构合理的要求。

（3）建筑剖面设计　主要根据功能和使用要求，结合建筑结构和构造特点，来确定房间各部分高度和空间比例，进行垂直方向空间的组合和利用，选择适当的剖面形式，并进行垂直方向的交通和采光、通风等方面的设计。

（4）建筑立面设计　主要根据建筑的性质和内容，结合材料、结构和周围环境特点，综合地解决建筑的体形组合、立面构图和装饰处理，以创造良好的建筑形象，满足人们的审美要求。

2. 建筑的构造设计

构造设计主要研究房屋的构造组成，如墙体、楼地面、楼梯、屋顶、门窗等，并确定这些构造组成所采用的材料和组合方式，以解决建筑的功能、技术、经济和美观等问题。构造设计应绘制很多详图，有时也采用标准构配件设计图或标准制品。

房屋的空间环境造型设计中，总平面以及平面、立面、剖面各部分的设计是一个综合思考过程，而不是相互孤立的设计步骤。空间环境的造型设计和构造设计，虽然设计内容不同，但目的和要求却是一致的，所以设计时也应综合起来考虑。

1.4　建筑设计程序与设计阶段的划分

建造一幢房屋，大体要经过以下几个环节：建设项目的拟定，建设计划的编制与审批；基地的选定、勘察与征用；设计；施工；设备安装；交付使用与总结。

建筑师的工作包括参加建设项目的决策，编制各设计阶段的设计文件，配合施工并参与验收与总结等。其中最主要的工作是设计前期的准备与各阶段的具体设计。

1. 设计前期的准备工作

（1）接受任务，核实并熟悉设计任务的必要文件

1）建设单位的立项报告，上级主管部门对建设项目的批准文件，包括建设项目的使用要求、建筑面积、单方造价和总投资等。

2）城市建设部门同意设计的批复。批文必须明确指出用地范围（即在地形图上画出建筑红线），以及城市规划、周围环境对建筑设计的要求。

3）工程勘察设计合同。

（2）结合任务，学习有关方针政策和文件　包括有关的定额指标、设计规范等，它们是树立正确的设计思想，掌握好设计原则和设计标准，提高设计质量的重要保证。

（3）根据任务，做好收集资料和调查研究工作。

2. 设计阶段划分及各阶段的设计成果

为了保证设计质量，避免发生差错和返工，建筑设计应循序渐进，逐步深入，分阶段进行。建筑设计通常分为初步设计、技术设计、施工图设计三个阶段。对规模较小、比较简单的工程，也可以把前两个阶段合并，采取初步设计和施工图设计两个阶段。

（1）初步设计　初步设计又称方案设计，工作侧重于建筑空间环境设计，设计成果包括总平面图、各层平面图、主要立面和剖面图、投资概算、设计说明等。为了提高表现力，重要工程需绘制彩色图、透视图或制作模型。

（2）技术设计　技术设计在已批准同意的建筑设计方案基础上进行。除建筑师外，建筑结构与建筑设备各工种设计人员也共同参加工作。建筑设计的成果包括总平面图、各层平面图、各立面图和剖面图、重要构造详图、投资概算与主要工料分析、设计说明等。在绘制的各个图样上应有主要尺寸。建筑构造做法应作原则性规定。其他工种设计人员也应编制相应的设计文件，确定选型、布置、材料用量与投资概算等，重要的技术问题还应进行必要的计算。各工种与建筑设计之间的矛盾应由项目负责人（多由建筑师担任）统筹解决，避免在施工图阶段造成大的返工。

（3）施工图设计 施工图在已批准同意的技术设计基础上进行。施工图要提供给施工单位作为施工的依据，所以必须正确和详尽。建筑设计绘制的图样包括总平面图、各层平面图、各立面图、各剖面图、屋顶平面图等基本图，还包括建筑的各种配件与节点的构造详图，它们都应有详尽的尺寸和施工说明。

1.5 注册建筑师制度

为了适应建立社会主义市场经济体制的需要，提高设计质量，强化建筑师的法律责任，保障人民生命和财产安全，维护国家利益，并逐步实现与发达国家工程设计管理体制接轨，我国实施了注册建筑师制度，并于1995年颁发了《中华人民共和国注册建筑师条例》（以下简称《条例》）。

注册建筑师是指依法取得注册建筑师证书，并从事房屋建筑设计及相关业务的人员。我国注册建筑师分为一级注册建筑师和二级注册建筑师。

国家建立全国注册建筑师管理委员会和省、自治区、直辖市注册建筑师管理委员会，依照《条例》负责注册建筑师的考试和注册的具体工作。

1. 注册建筑师考试制度

国家实行注册建筑师全国统一考试制度，由全国注册建筑师管理委员会组织实施。《条例》对一级注册建筑师和二级注册建筑师考试申请者在学历、学位、专业、从业时间年限上均有具体规定。

国务院于2019年4月对《条例》进行了修订，在一级注册建筑师资格考试的报名条件中，增加了对学士学位的要求。为维护广大考生的切身利益，确保新《条例》在一级注册建筑师资格考试中顺利实施，2020年起采取“老人老办法、新人新办法”的过渡方案，做好新、老考生报考衔接工作，即：自2020年度考试开始，首次报考全国一级注册建筑师资格考试的应试人员视为“新考生”，报考条件按新《条例》执行；2020年前报考全国一级注册建筑师资格考试且在成绩滚动期内存在有效成绩（存在合格科目）的应试人员视为“老考生”，报考条件按原《条例》执行，在成绩滚动期内没有获得有效成绩（不存在合格科目）的应试人员应按新《条例》执行（见表1-1）。

表1-1 2020年度全国一级注册建筑师资格考试专业、学历及工作时间要求

序号	专业	学位或学历	从事建筑设计的最少时间	对应的最迟毕业年限
1	建筑学、建筑设计技术（原建筑设计）	建筑学硕士或以上	2年	2018年
		建筑学学士	3年	2017年
		本科毕业并取得学士学位	5年	2015年
2	城乡规划（原城市规划）、土木工程（原建筑工程、原工业与民用建筑工程）、风景园林、环境设计（原环境艺术、原环境艺术设计）	工学博士	2年	2018年
		工学硕士	3年	2017年
		本科毕业并取得学士学位	7年	2013年

（续）

序号	专业	学位或学历	从事建筑设计的最少时间	对应的最迟毕业年限
3	取得高级工程师技术职称，并取得学士学位		3 年	2017 年
4	取得工程师技术职称，并取得学士学位		5 年	2015 年
5	不具有前 4 项规定的条件，但设计成绩突出，经全国注册建筑师管理委员会认定达到前 4 项规定的专业水平，并取得学士学位			

一级注册建筑师考试内容包括：建筑设计前期工作、场地设计、建筑设计与表达、建筑结构、环境控制、建筑设备、建筑材料与构造、建筑经济、施工与设计业务管理、建筑法规等。上述内容分成若干科目进行考试。科目考试合格有效期为八年。

二级注册建筑师考试内容包括：场地设计、建筑设计与表达、建筑结构与设备、建筑法规、建筑经济与施工等。上述内容分成若干科目进行考试。科目考试合格有效期为四年。

经过全国统一考试合格者，可取得相应的注册建筑师资格，并可以申请注册。

2. 注册建筑师的注册与执业

一级注册建筑师的注册工作由全国注册建筑师管理委员会负责，二级注册建筑师的注册工作由省、自治区和直辖市注册建筑师管理委员会负责。注册建筑师的有效注册期为两年。有效期届满需继续注册的应在期满 30 日内办理注册手续。

注册建筑师的执业范围包括建筑设计、建筑设计技术咨询、建筑物调查与鉴定、对本人主持设计的项目进行施工指导和监督，以及国务院行政主管部门规定的其他业务。

注册建筑师执行业务，应当加入建筑设计单位。

一级注册建筑师是国际上承认的级别，执业范围不受建设规模和工程设计复杂程度的限制，并可与国际接轨。二级注册建筑师是根据我国国情设立的级别，执业范围不得超过国家规定的建筑规模和工程复杂程度（目前规定为工程设计等级 3 级及其以下的项目）。

《条例》对注册建筑师的权利、义务及应负的法律责任均有详细规定，作为职业道德标准的组成部分，要求从业人员应严格遵守。

1.6 建筑师的修养

讨论建筑师的修养，必先弄清楚建筑师的使命、职责及语言。使命是建筑师对社会、团体或个人做出的承诺，即责任；职责是建筑师所承诺（合同即承诺）的专业服务内容或项目，即工作；语言就是建筑师所提供的服务内容的产品，即设计。建筑师的修养便是透过这三个层面体现出来的。

要成为一个优秀的建筑师除了需要具备渊博的知识和丰富的经验外，建筑修养是十分重要的，因为它是建筑师进行设计的灵魂。首先要有深厚的理论修养，要有寻找问题、分析问题并解决问题的能力，要有职业道德和责任心的修养，要有批评与自我批评的修养，要有脚踏实地的工作作风，要有全局概念和解决局部问题的修养，要有与他人友善共处的修养，以及各类科学知识的修养等。然而，修养水平的提高不是一蹴而就，打“短平快”、突击战就能做到的，必须具有持之以恒的决心与毅力，通过日积月累不断努力才能取得。因此培养良好的学习习惯与作风是十分必要的。

1. 拓展知识面，加强对新知识和新技术的学习

从事建筑设计应具备建筑及相关艺术的理论知识，理解艺术和建筑设计的本质和内涵，掌握影响建筑设计的美学知识；掌握各种既是技术性的、功能性的，也是空间艺术性的空间关系，以及空间形态的设计语汇。设计师还要从造型艺术的角度来研究抽象的空间形式美的原则，从各种艺术中吸取营养，从材料、构造以及所产生的视觉效应诸方面来综合研究与空间设计职业有关的形式语言，并研究视觉环境心理、行为和情感。建筑设计师要有良好的形象思维和形象表现能力，能快速、清晰地构思和表现空间内容，有良好的空间意识和尺度概念。同时，也要求设计者要熟悉生活，了解各种适用的工业材料产品，并及时地、较准确地运用绘图能力记录与设计有关的画面，所表现的内容主要是空间的尺度。设计师要关注自身的艺术观的培养，各门类艺术的大门是相互敞开的，建筑设计又使各门艺术在一个共享的平台上向公众展现自己。基于这样一个现实，设计师与其他艺术家的“对话”就显得十分必要了。设计师不能完全是其他艺术的门外汉，要努力学习其他艺术的造型语言。同时设计师还必须善于把握文化趣味问题上的主流倾向，较客观地研究包括自己在内的、不同人所提出的切合实际的、为多数人所能接受的设计主张。设计师要具备这种能力自然不是一蹴而就的，任何一种健康的审美趣味都是建立在较完整的文化结构之上的。因此，文化史知识、环境心理学知识、行为科学的知识、市场经济情况的调查与研究等，就成为每个设计师的必修课了。设计师要能够运用基本的设计原则和理论设计场所和建筑（包括建筑的室内外空间要素和组成部分），能够在设计中对结构体系和环境系统进行评价、选择和综合运用，最后的设计成果要能够完成建设项目的基本目标和任务。这些是对于设计师最基本的专业能力要求。成为优秀的设计人员，以上的要求还不够，对于应掌握的专业技术范围的划分也要更加宽广。处于知识经济时代的建筑师绝不能故步自封、墨守成规，而必须积极面向时代和社会，大范围拓展传统的学科视野，开辟新的学术阵地，主动将高新技术融入设计自身的发展中去。例如通过对 IT 行业的学习，帮助设计师深入对“数字化人居环境”的研究；通过对生态环境学科的学习，培养新的环境意识，加快对可持续发展的建筑体系的研究等。

2. 适应市场经济，完成自身角色的转换设计

创作是一个复杂的过程，受个人因素和社会经济因素的双重制约。虽然这两者是相辅相成、不可分割的，个人因素主要决定了建筑师的风格和设计手法，而社会经济因素则是建筑师创作的可行性依据。设计师要摆脱处在被动的环境中进行创作的状况，就必须积极地参与到设计阶段的各个环节中，建立起全局的观念，把注重经济效益的观念渗透到诸如策划、设计、环境设计到材料选择、运输、施工及运营管理、成本核算等各个方面，并以此作为设计的出发点，也是设计师获得成功的契机。

3. 应明确自身的社会责任和职业道德

设计人员具备高度的社会良知也是其优良素质的体现，不能龟缩于专业堡垒，拱手交出对建筑业的话语权。为业主服务，注重经济效益，但并不能把建筑看作普通的商品。建筑除了使用功能外，还有存在于精神领域的美学、社会学等问题，体现着特定的时代精神风貌，影响极为深远。因此，设计人员不应成为一个缺乏独立性和批判精神的匠人，不顾及专业操守和社会责任感。设计者的专业精神要求他们把整个社会的长远发展放在首位，不能完全被某些短期利益所左右。设计师要有勇气能够秉持其专业精神，要注意到和体现出社会普通群

体的利益要求。

本章课程思政要点

我国各地的地质、地貌、气候、人文条件千差万别，各民族的历史背景、文化传统、生活习惯各有不同，因而形成了许多外形截然不同的建筑风格。在设计过程中，设计人员不仅应该具备扎实的专业技能，还应该具有强烈的文化自信，提升民族自豪感，熟悉不同地区、民族的建筑风格，为提高设计水平打下良好的基础。

第二篇　体会建筑

通过本篇的学习使学生的被动学习变为主动学习。通过仿宋字、线条练习等基本绘图技巧的训练，提高学生的基本功；通过模型制作及方法的训练，提高审美主动性和空间想象力；通过著名建筑师作品欣赏，鼓励学生充分利用图书馆以及各种电子信息、资料，对名作进行了解、分析。

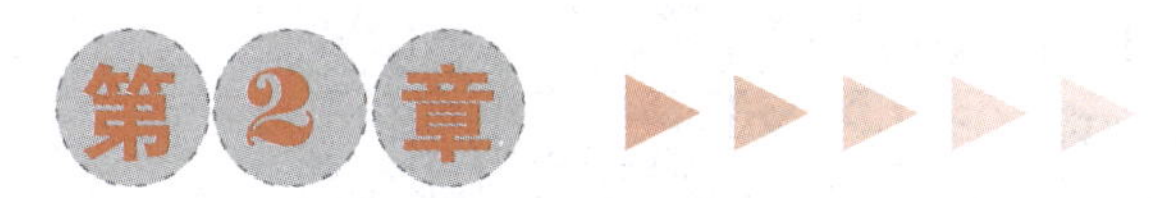

长仿宋体字的书写方法

尺规作图工具使用方法

建筑表现基本技能训练

建筑表现基本技能是建筑设计专业人员必须具备的基本功，通过本章学习，帮助初学者初步掌握建筑表达的基本内容及绘图技巧，为后续专业课程的学习打好基础。本章主要介绍其中的基本类型——工程字的书写、铅笔线条图、墨线线条图。

2.1　建筑工程制图中的字体简介

建筑工程制图中书写的字称为工程字，掌握标准的工程字的书写方法，有利于建筑工程制图图面效果的统一规范。

2.1.1　建筑工程制图中的字体要求

工程字一律由左至右书写，其书写要领如下。

1）注意填满字格，字与字应避免接触。

2）横平竖直，这是等线体字的基本条件。

3）单笔书写，用笔粗细一致，线条均匀。

4）笔画准确，须按基本笔画特征书写。

5）注意布局，笔画之间应密接，且不可某个部首太大或太小，以免影响美观。

工程字一般用铅笔或针管笔单笔书写，单笔是指笔画之粗细与铅笔或针管笔之粗细相等。

2.1.2　建筑工程制图中的字体书写方法及规范

1. 汉字

工程字中汉字的书写采用笔画粗细一致的等线体字，字体通常为长仿宋字或黑体字，并应采用国家正式公布推行的简化字。长仿宋字是人们模仿宋体字的结构、笔意，演变而成的长方形字体。由于其笔画匀称明快，书写也比较方便，因而是建筑工程制图中的最常用字体。其书写要求**横斜竖定直，起落笔停顿，粗细须一律，间隔要均匀**（图2-1、图2-2）。

图2-1　建筑工程图纸中常用的长仿宋字

黑体字为正方形粗体字，一般常用作标题和加重部分的字体。其书写要求笔画粗壮有力，字型庄重大方。

建筑工程制图仿宋字练习一二三四五

a)

建筑工程制图仿宋字练习一二三四五

b)

建筑工程制图仿宋字练习一二三四五

c)

图2-2　几种字体的比较

a）仿宋字　b）宋体字　c）黑体字

（1）字体格式　长仿宋字的高宽比为3∶2；字间距约为字高的1/4，行距约为字高的1/3；字的笔画粗约为宽的1/10。无论是在图纸上书写还是平时的练习，为使字体排列整齐，大小一致，事先都应结合整张图面的排版，在书写位置用铅笔淡淡地打好方格，再进行书写。

（2）字体笔画　无论何种字体的汉字，其共性为基本笔画由横、竖、撇、捺、点、挑、折、钩、提组成（图2-3）。

2. 拉丁字母

建筑工程制图中的拉丁字母采用等线体字，分直体与斜体（倾斜75°左右）两种，同一图面只能使用一种字体，笔画粗细约为字高的1/15，单字字母间隔以均衡及容下一个英文字母“O”为原则（图2-4）。

3. 阿拉伯数字

建筑工程制图中的阿拉伯数字采用等线体字，分直体与斜体（倾斜75°左右）两种，常用于编号及尺寸标注及批注等（图2-5）。

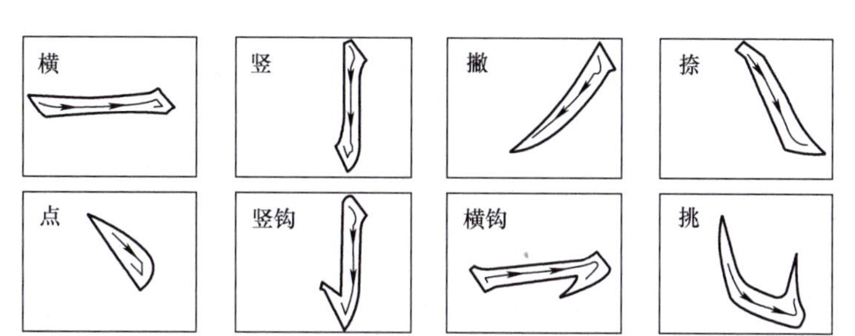

图 2-3　字体基本笔画

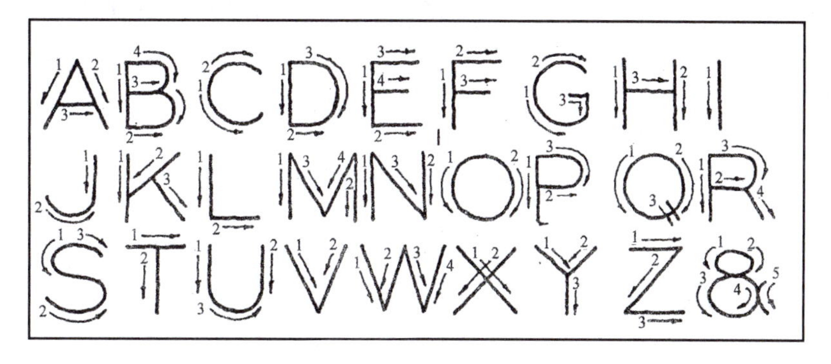

图 2-4　美国全国标准字母写法

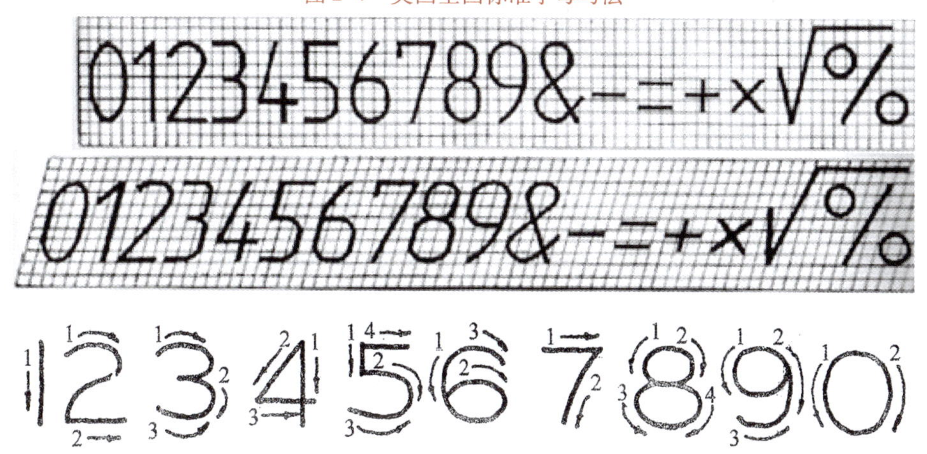

图 2-5　阿拉伯数字写法

2.2　工具线条图

2.2.1　工具线条图的常用工具

常用绘图工具及其使用方法如图 2-6 所示。

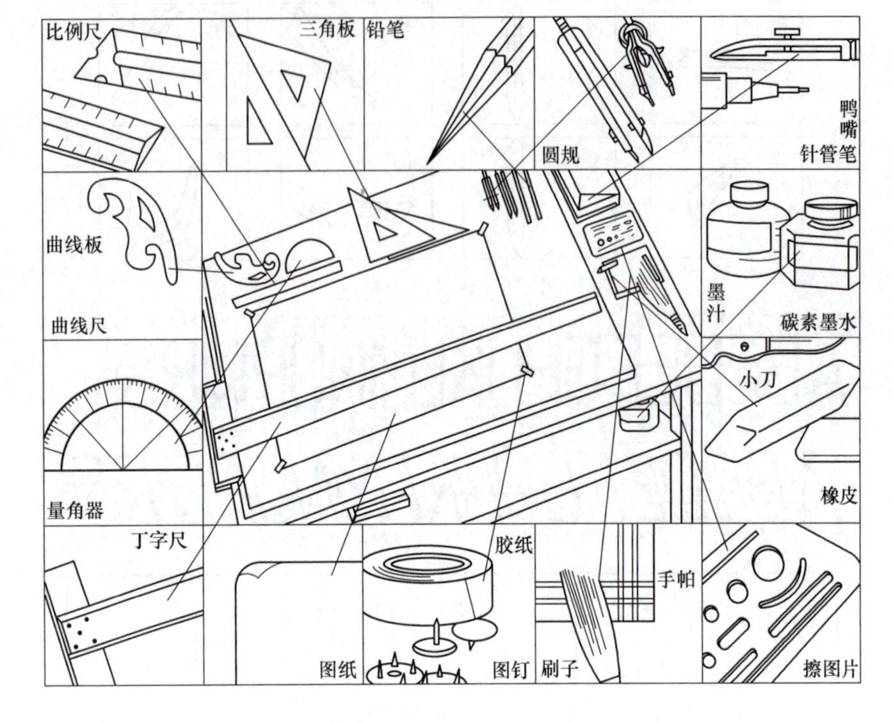

常用绘图工具及其作图时的置放

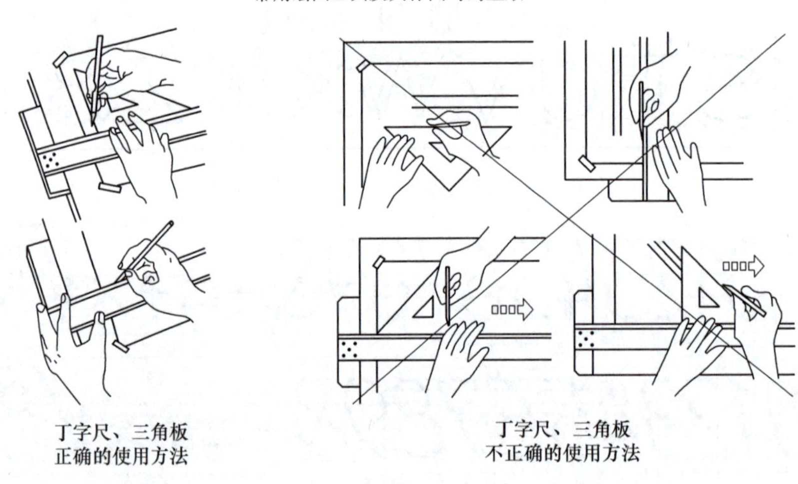

丁字尺、三角板
正确的使用方法

丁字尺、三角板
不正确的使用方法

图 2-6　常用绘图工具及其使用方法

使用绘图工具工整地绘制出来的图样称为工具线条图，它可以分为铅笔线条图和墨线线条图两种，主要根据所使用的工具不同来区分。

工具线条图的常用绘图工具有丁字尺、三角板、图纸、2H ~ 2B 铅笔、针管笔、鸭嘴笔、比例尺、曲线板、模板、量角器、圆规、墨水、擦图片、胶纸、图钉、刷子、手帕、橡皮、双面胶、胶带纸等。

2.2.2　工具铅笔线条图的绘制方法与注意事项

工具铅笔线条图是所有建筑画的基础，熟练掌握铅笔线条有利于建筑画的起稿和方案草图的绘制，也是建筑设计专业学生最早的线形练习。工具铅笔线条图要求画面整洁、线条光滑、粗细均匀、交接清楚。它所构成的画面能给人以简洁明快、自然流畅的感觉。

1. 绘图铅笔（图 2-7）

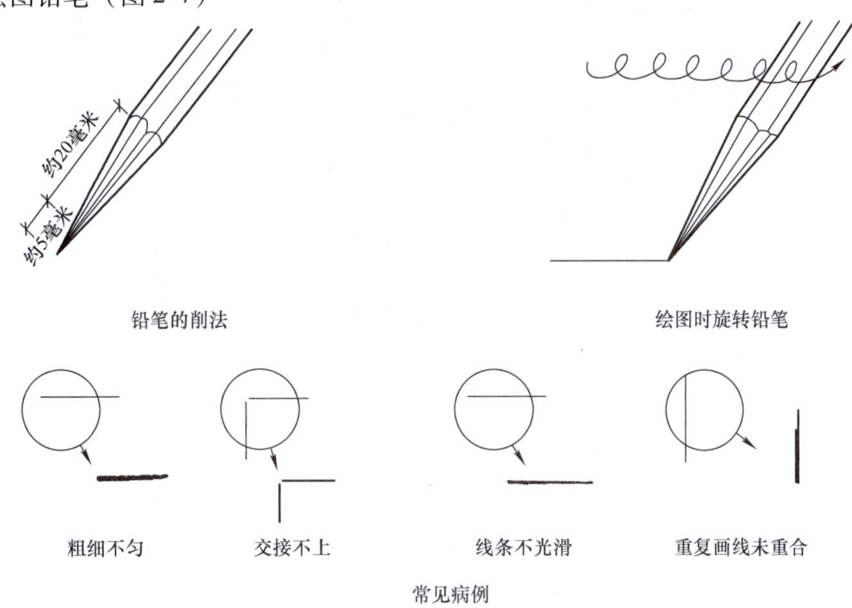

图 2-7　工具铅笔线条图的工具及使用方法

工具铅笔线条图的使用工具是绘图铅笔。绘图铅笔的铅芯用石墨或加颜料的黏土制成，有黑色和各种颜色之分，黑色的绘图铅笔以 H 和 B 划分硬、软度，有 1H ~ 6H、HB、1B ~ 6B 等多种型号。硬度为 H 型的铅笔多用于制图，绘画则根据需要分别采用 B 至 6B 型号，在建筑工程制图中常用的铅笔型号是 H、HB、B。

2. 工具铅笔线条绘图图例（图 2-8、图 2-9）

图 2-8　工具铅笔线条绘图——几何图形

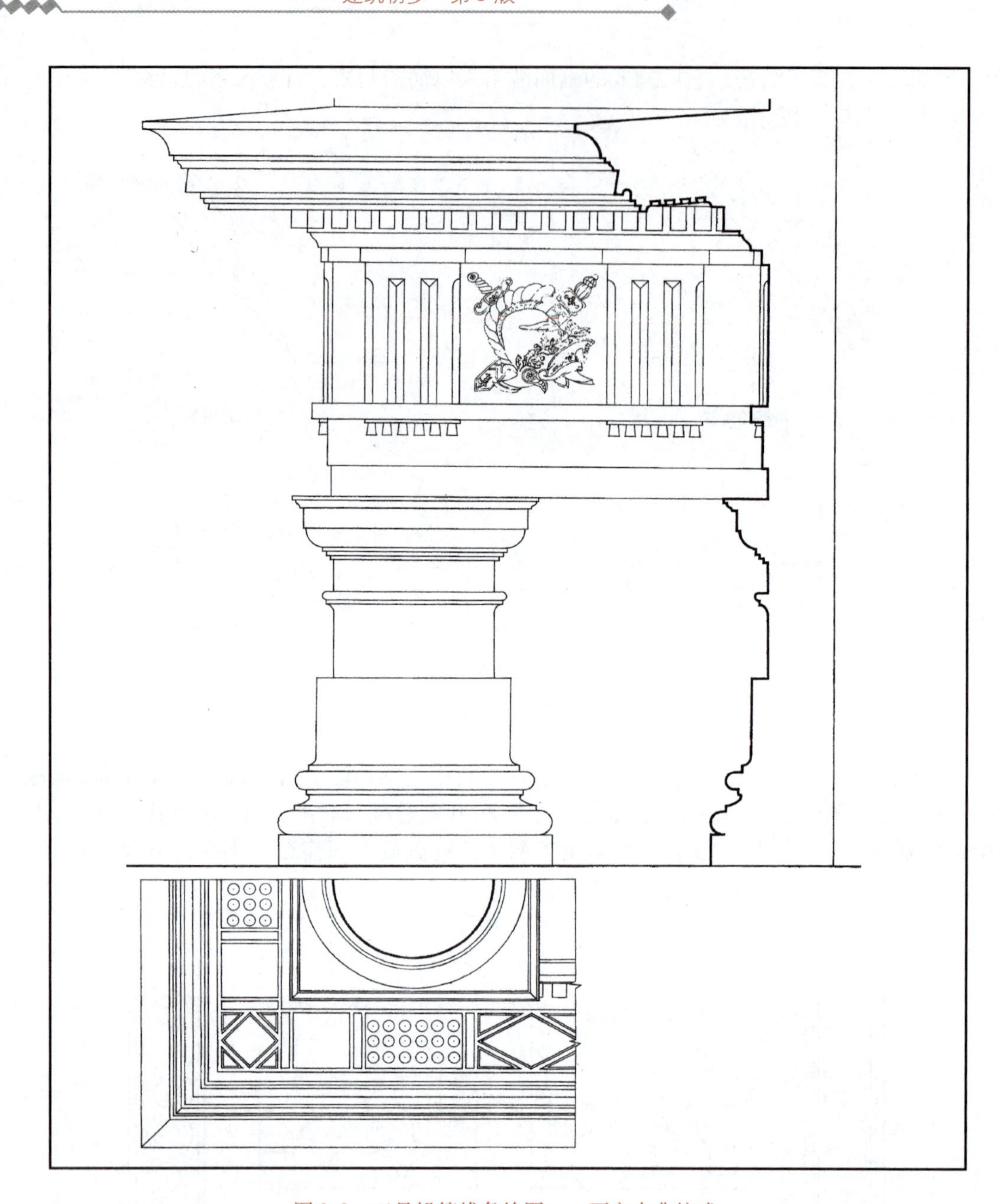

图 2-9　工具铅笔线条绘图——西方古典柱式

2.2.3　工具墨线图的绘制方法与注意事项

1. 直线笔、针管笔

直线笔用墨汁或绘图墨水，色较浓，所绘制的线条亦较挺；针管笔用碳素墨水，使用较方便，线条色较淡（图 2-10）。直线笔又名鸭嘴笔，使用时要保持笔尖内外侧无墨迹，以免晕开；上墨

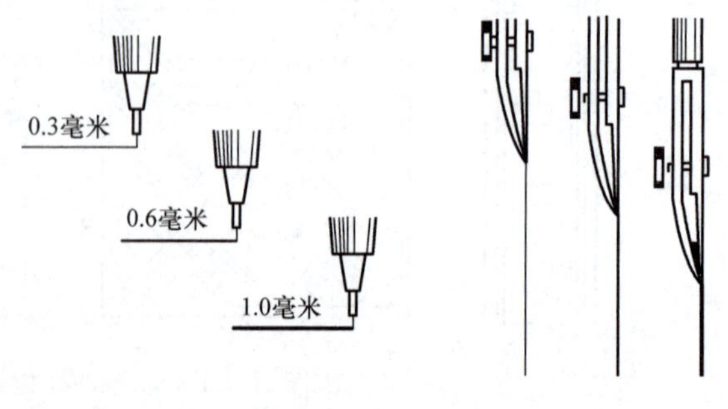

图 2-10　直线笔和针管笔

水量要适中，过多易滴墨，过少易使线条干湿不均匀。

2. 工具墨线图绘图图例（图 2-11 ~ 图 2-13）

图 2-11　工具墨线线条绘图——直线与曲线

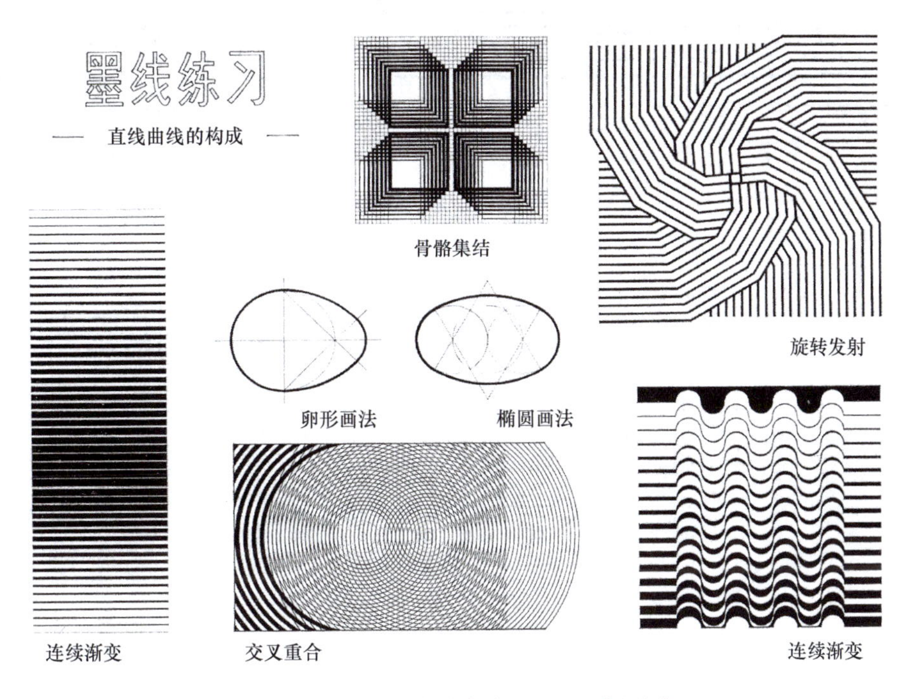

图 2-12　工具墨线线条绘图——几何图形

图 2-13　工具墨线线条绘图——四角攒尖方亭

根据本章的教学内容及相关顺序，通过具体的手工操作训练，初步掌握建筑绘画的表现方法，开拓设计思维，为今后的建筑设计专业学习奠定基础。掌握有效的绘图技巧，勤练、勤总结、勤思考是提高绘图水平的关键。

本章课程思政要点

"基础不牢，地动山摇"，任何一个专业领域的从业者，都必须具备专业能力及专业精神，这两者缺一不可。通过本章学习，应该初步掌握建筑表达的基本内容及绘图技巧，一则为后续专业课程的学习打好基础，二则可以初步培养专业精神和匠人精神，培养"执事以敬"的做事态度。

实训 01　字体练习

实训 02　工具铅笔线条练习——《几何图形》

实训 03　工具铅笔线条练习——《西方古典柱式》

实训 04　工具墨线线条练习——《直线与曲线》

实训 05　工具墨线线条练习——《几何图形》或《四角攒尖方亭》

第3章 建筑模型制作

通过对建筑模型章节的学习，了解学习建筑模型的意义，了解制作建筑模型的材料及制作工具的使用方法及性能，掌握建筑方案模型的制作技能与方法。

3.1 模型的作用与特点

在设计过程中，利用模型能直观地表现建筑的未来空间，反映出平面图纸上无法反映的问题，充分发挥建筑师的空间想象力，使错综复杂的空间问题得到恰当的解决。

1. 模型的作用

1）为建筑设计服务。在建筑设计的各个阶段中配合平面图纸以探求理想的方案。

2）为表现建筑设计方案效果而服务。使设计者与建设单位对建筑方案有比较真实的感受与体验。

3）为建筑设计师完善设计方案而服务。设计师经常在设计过程中借助模型来推敲、完善设计创作，通过立体形式的模型来弥补平面图纸不能展示真实三维效果的缺点，使设计师进一步改进至最后完成设计。

4）模型为建筑设计师与设计方案、设计师与建设单位、设计方案与建设单位提供沟通服务。设计沟通行为是设计活动中重要的一环，立体模型这种直观的设计成果可为沟通提供便利。

5）模型制作也可帮助设计师提升产品外观的质感（材料、表面处理、色泽）、量感（尺寸、大小、比例、构成）与整体视觉平衡的观察与评价。

2. 立体模型的优点与特性

1）设计师可通过模型将其设计意图做完整的表达。

2）模型可以完整与清楚地表达实际尺寸、比例外观形状。

3）模型可真实展现其材质颜色与表面处理。

4）模型可用来仿真内部构件与构件组合等相关情况。

5）模型可用来模拟构件实际使用性和可操作性。

6）模型可检验材料的可加工性与安装方法的可实现性。

7）模型可以为建筑成本分析与投资决策提供参考。

作为建筑设计表现手段之一的建筑模型已进入一个新的阶段。在当今飞速发展的建筑界，建筑模型日益被广大建筑同仁所重视。其原因在于建筑模型容其他表现手段之长、补其之短，有机地将形式与内容完美地结合在一起，以其独特的形式向人们展示了一个立体的视觉形象。

当今的建筑模型制作，绝不是简单的仿型制作，它是材料、工艺、色彩、理念的组合。

首先，它将建筑设计人员图纸上的二维图像，通过创意、材料组合形成了具有三维的立体形态。其次，通过对材料手工与机械工艺加工，生成了具有转折、凹凸变化的表面形态。再次，通过对表层的物理与化学手段的处理，产生惟妙惟肖的艺术效果。所以，人们把建筑模型制作称之为造型艺术。

这种造型艺术对每一个学生来说，都是一个既熟悉而又陌生的概念。说熟悉是因为我们每个人时时刻刻都在接触各种材料，都在使用工具，都在无规律地加工、破坏和组织各种物质的形态；说陌生则是因为建筑模型制作是一个将视觉对象推到原始形态，利用各种组合要素，按照形式美的原则，依据内在的规律组合成一种新的多维形态的过程，该过程涉及许多学科的知识，具有较强的专业性。

对于学生来说，学习建筑模型制作，首先要理解建筑“语言”，理解建筑设计的内涵，只有这样才能完整而准确地表达建筑设计的内容。其次，要充分了解各种材料的特性，合理地使用各种材料。建筑模型的制作，最基本的构成要素就是材料，而制作建筑模型的专业材料和各种可利用的材料很多，因此，对于学生来说，要在很多种材料中进行最佳组合，这就要求学生要了解和熟悉材料的物理特性与化学特性，并充分合理地利用材料的特性，真正做到物为所用，物尽其用。再次，熟练掌握各种基本制作方法和技巧。任何复杂建筑模型的制作都是利用最基本的制作方法，通过改变材料的形态，组合块面而形成的。因此，要想完成高难度复杂的建筑模型制作，必须要有熟练的基本制作方法做保证。同时，还要通过在对基本制作方法掌握的基础上，合理地利用各种加工手段和新工艺，从而进一步提高建筑模型的制作精确度和表现力。

总而言之，建筑模型制作是一种理性化、艺术化的制作。它要求模型制作人，一方面要有丰富的想象力和高度的概括力，另一方面要掌握建筑模型制作的基本技法，这样才能理性、艺术地表达设计。

3.2　模型的类型与制作工具

3.2.1　建筑模型的分类

1. 按使用分类的模型

（1）方案模型（图 3-1）　方案模型是建筑设计的一种手段。它以建筑单体的加减和群体的组合、拼接为手段来探讨设计方案，相当于完成建筑设计的立体草图，只是以实际的制作代替了用笔绘画，其优越性显而易见。

方案模型是设计师的一种工作模型。设计建筑造型时，可做“体量模型”来辅助表现；分析结构时，可做“框架模型”说明结构；推敲内部空间时，可做“剖面模型”来展示内部构造；布置周围环境时，可做“环境模型”来说明布局。

（2）表现模型（图 3-2）　表现模型作为建筑设计的重要表现方法，具有直观性突出的优点和独到的表现力。这类模型的设计制作不同于方案模型，它是以设计方案的总图、平面图、立面图为依据，按比例微缩，其材料的选择、色彩的搭配等也要根据原方案的设计构

图3-1　方案模型

思，并适当进行加工处理。这里需要强调的是，表现模型不是单纯的依图样复制，其目的在于表现和对设计方案的完善。这一过程与设计方案的拟定一样，充满着艰辛和趣味。它把图纸上的意图和方案转换为实体和空间，这同样是一种艺术再创造。这一创造是否成功，关系到能否准确无误地表现建筑设计的外在形式，环境的构思以及建筑环境的格调。表现模型常应用于建筑报建、投标审定、施工参考等，有一定的保存和使用价值。

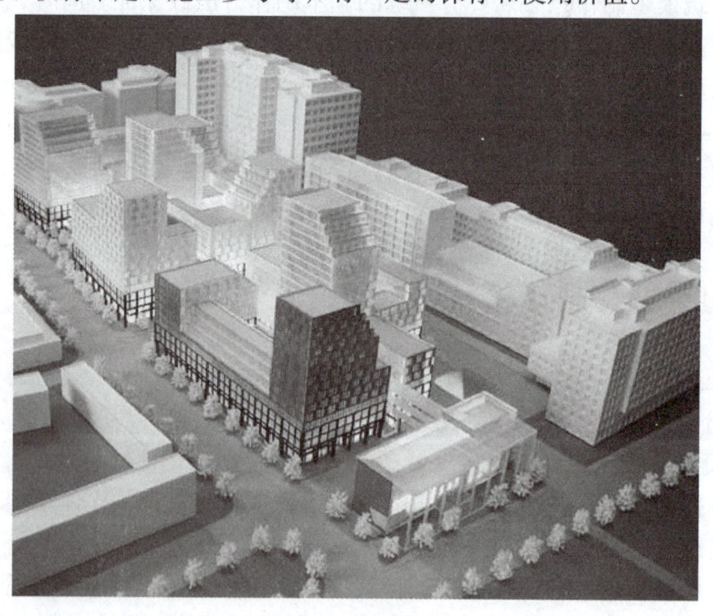

图3-2　表现模型

（3）展示模型（图3-3）　展示模型是近年来流行的为宣传都市建设业绩、房地产售楼说明所用的。这类模型做工非常精巧，材料与色彩特别讲究，质感强烈，装饰性、形象性、真实性显著，具有强烈的视觉冲击效果和艺术感染力。展示模型一般按图样制作，但又不受图样所束缚。在建筑层高、空间、装饰等方面可作适当夸张强调，以求得较好的视觉效果。

图 3-3　展示模型

（4）其他模型　其他模型按其形式分为动态和静态两种。动态模型要表现出主要部件的运动，显示它的合理性和规律性，如电梯模型、地铁模型等。静态模型只是表现出各部件间的空间相互关系，使图纸上难以表达的内容趋于直观，如厂矿模型、化工管道模型、道桥模型等便属此类。

2. 按材料分类的模型

建筑与环境模型表现形式主要是从制作材料上来分类的，一般分纸质模型、木质模型、有机玻璃模型、吹塑模型、胶片模型、复合材料模型等。

（1）纸质模型　纸质模型是利用各种不同厚薄和不同质感的纸张，经过剪、刻、切、折、粘、拼、喷、画等手段做成的。材料简便而经济，效果也好。现代造纸工业的发达，给纸质模型的发展带来了良好的前景。各种卡纸、墙纸、玻璃纸、刚古纸、布纹纸、镭射卡纸、彩虹纸、水彩纸、瓦通纸、牛油纸以及特种装饰用纸的出现和利用，使纸质模型的质地色彩和纹理日新月异。

（2）木质模型　木质模型是被广泛采用的一种模型制作形式。主要采用木块与胶合板制作，用一般木工工具就可以加工，但工具和工艺要求精细，有的还要精雕细刻后喷涂颜料。这种模型还可以在表面装贴各种仿真质量的材料，一般用于古建筑模型制作。

（3）有机玻璃模型　这种模型具有材质高档、色彩丰富、表面光洁、易于加工、制作精确、效果优美的特点，20 世纪 90 年代初被广泛采用，尤其在一些大型的建筑项目和投标的建筑与环境设计中受到普遍的重视。

（4）吹塑模型　吹塑模型采用吹塑树脂材料（如吹塑纸、吹塑板、苯板等）制作，加工比有机玻璃容易，造价也便宜。效果一般，精度不如前者，常被大中小学美术教学与工艺设计教学所采用。

（5）复合材料模型　现代建筑与环境模型的设计制作，一般都采用多种材料复合制作而成。如在卡纸上复涂（贴）一层印有砖纹、石纹、水纹、木纹的薄膜的纸塑复合材料，在透明有机玻璃片上印仿花岗石纹和木纹的仿花岗石板材等。至于模型的表现形式也不是固定的几种，设计制作者完全可以根据需要综合选定，创造出一种既经济、快速、加工方便，又效果良好、表现精美、富有时代感和装饰性的模型来。

3.2.2　建筑模型制作工具

工具是用来制作建筑模型所必需的器械。在建筑模型制作中，一般操作都是用手工和半机械加工来完成的，因此，选择、使用工具尤为重要。过去，人们常常忽视这一因素，认为只要掌握制作方法，一切问题便可迎刃而解。其实不然，随着科学技术的发展，建筑模型制作的材料种类繁多，因而制作的技术也随之不断变化，工具在建筑模型制作中的重要作用也日益地显现出来。那么，如何选择建筑模型制作的工具呢？一般来说，只要能够进行测绘、剪裁、切割、打磨的工具，都是可用的。另外，随着制作者对加工制作的理解，也可以制作一些小型的专用工具。总之，建筑模型制作的工具应随其制作物的变化而进行选择。工具和设备的拥有量，从某种意义上来说，影响和制约着建筑模型的制作，但同时它又受到资金和场地的制约。

1. 测绘工具

在建筑模型制作过程中，测绘工具是十分重要的，它直接影响着建筑模型制作的精确程度。常用的测绘工具有以下几种。

1）三棱尺（比例尺）：三棱尺是测量、换算图纸比例尺度的主要工具。其测量长度与换算比例多样，使用时应根据情况进行选择。

2）直尺。

3）三角板。

4）弯尺：弯尺是用于测量90°角的专用工具。尺身为不锈钢材质，测量长度规格多样，是建筑模型制作中切割直角时常用的工具。

5）钢尺。

2. 切削工具

(1) 钩刀（图3-4）　钩刀是切割各种有机玻璃、压力克板、胶片卡及防火胶板的主要工具。利用钩刀可将上述材料作直线钩割。钩刀刀片可以更换，备用刀片藏于刀柄之中。用钩刀钩割1～3mm厚的塑胶材料时，只需用钢尺辅助，割至胶片1/3深度后，将胶片割线居于桌边，一手将其下按固定，另一手用力下压即可。如钩割5mm厚以上的胶片，则需双面钩割或用电锯切割。

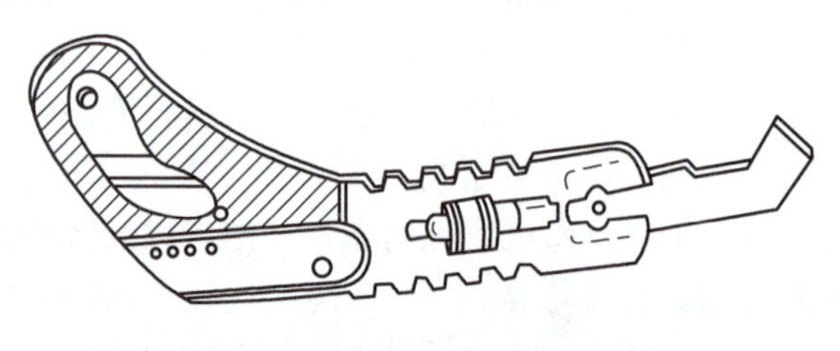

图3-4　钩刀

(2) 手术刀（图3-5）　手术刀主要用于各种薄纸的切割与划线。尤其是建筑门窗的切、划都离不开手术刀。手术刀的规格品种较多，有圆刀、尖刀、斜口刀等。切划门窗一般用3号刀柄配11号斜口手术刀片比较理想，切、划弧线则用圆口手术刀比较方便。手术刀刀锋尖锐，使用时切勿用手触摸刀口。手术刀的使用应顺刀口方向呈45°角成握笔姿态进行切、划。

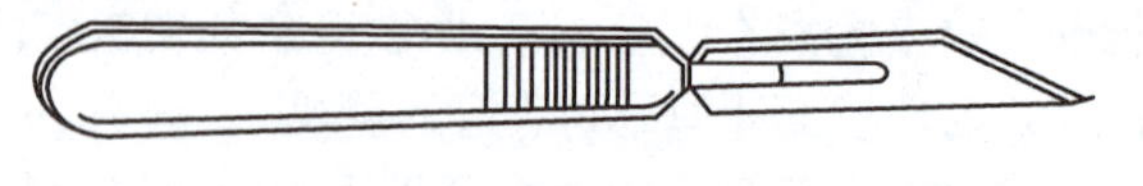

图3-5　手术刀

(3) 美工刀（图3-6）　美工刀又名墙纸刀，主要用于切割纸板、墙纸、吹塑纸、苯板、即时贴等较厚的材料。刀片可收入刀柄，用时可推出，当刀口不快时可依刀片的斜痕，用刀柄尾部的插卡折断用钝了的刀片段后再继续使用。美工刀使用时刀片切勿推出太长，削切时宜用小角度切割，以免刮纸。

（4）单、双面刀片　这两种刀的刀刃薄，是切割吹塑纸的理想工具，但不宜切割较厚的苯板材料。

（5）尖头刻刀　这种刀很锋利，硬度高，刀片不快即要调换，是刻制细小线框和硬质材料的理想工具，使用方便。

（6）剪刀（图 3-7）　剪刀是常用于剪裁纸张、双面胶带、薄型胶片和金属片的工具，一般需备有医用剪刀、大剪刀和小剪刀三种。剪刀的选用要注意刀口锋利，铰位松紧适当，切勿随意抛掷。

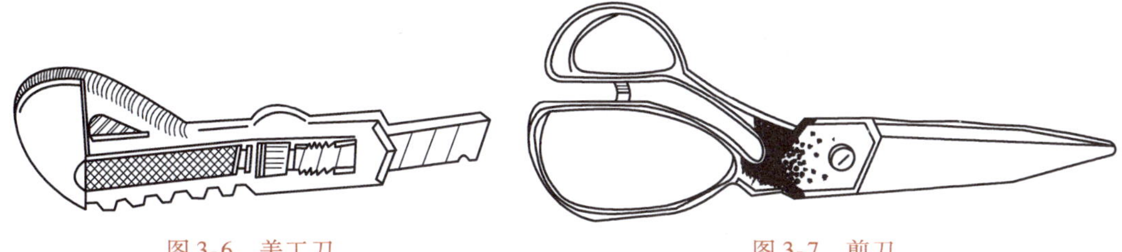

图 3-6　美工刀　　　图 3-7　剪刀

3. 锯切工具与技术

（1）线锯床（图 3-8）　线锯床主要用于切割有机玻璃、胶片、软木、薄板和金属片的曲线和弯位。锯片较细，可快速转弯。线锯床可配用不同锯片，使用时应注意：

1）选择合适的锯片，锯齿要向下，将其正确地装嵌在机内。

2）检查各部分机件，如开关、电动机、踏靴等。

3）把工件放在锯台上。

4）调整踏靴至合适位置。

5）放好安全罩。

6）开机前要查看工件是否已夹在踏靴下。

7）用手按住工件，开动机器。

8）起动后留意锯片上下摆动的位置。

9）弯曲工件时要注意对工件的力度控制。

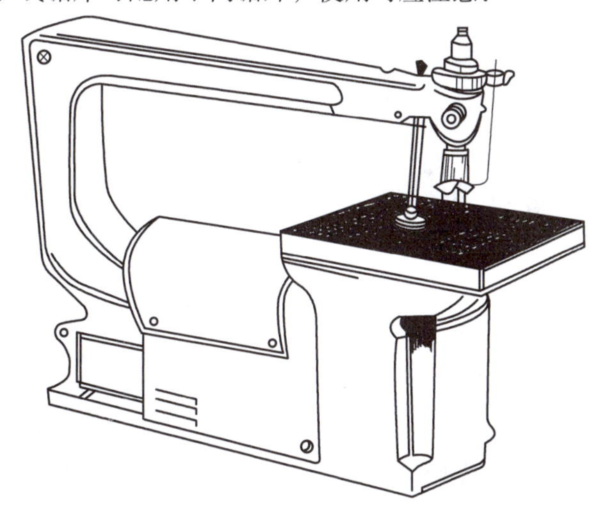

图 3-8　线锯床

（2）手锯（图 3-9）　手锯有木锯、板锯、钢锯和线锯，主要用来切割线材与人造板材。木锯背有一条线弓，控制锯片松紧，不易弯曲，用来锯割木料横切面较理想；板锯用来锯割人造板材及有机玻璃；钢锯用来锯割金属材料（如铝合金和不锈钢）；线锯用来锯割曲线与弯位。用锯加工材料要注意以下几点。

1）锯割速度不要太快。

2）锯片和工件面呈 90°。

3）遇到弯位与收口要特别小心。

4）起锯时可用手指辅助定位。

5）可借助虎钳、垫板、金工台钳等工具固定材料，以方便锯割。

6）锯片可转换角度，以方便锯割长料。

7）锯割时要把握好锯片方向。

8）锯割后的工件会有利口，锯片和工件发热，切勿用手触摸。

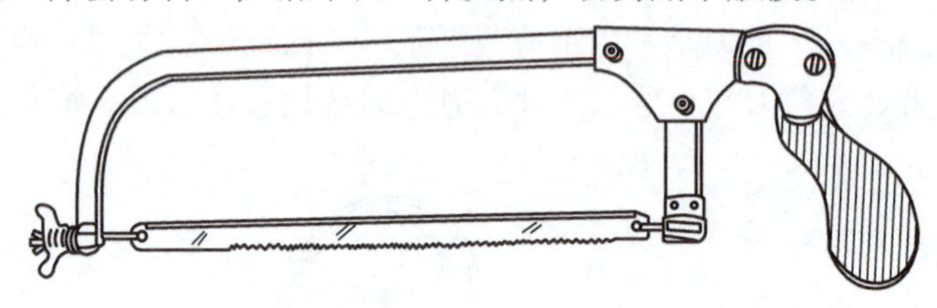

图3-9 手锯

（3）电阻丝切割器（图3-10） 锯切吹塑纸、苯板的工具称电阻丝切割器，可以自制。其制作方法如下。

1）准备交流电220V输入，6.3V输出，50W以上功率的控制变压器一个，电源开关一个，6.3V指示灯罩一个，吉他钢弦或电阻丝一根，厚夹板或木板一块，50mm×50mm×420mm木方两条，木工用8mm锯钮一个，8mm内径弹簧一个，3mm螺钉一个，电线及电线夹、电源插头一套。

2）将上述材料按图安装，接通即可使用。

3）切割时可先查看吉他弦（或电阻丝）热量，如热量不够可剪短些。

（4）电脑雕刻机（图3-11） 采用电脑雕刻机、激光雕刻机可以对模型的门窗、各种圆弧顶板、广场划线、栏杆、瓦楞屋面等构件进行精确切割加工。电脑雕刻技术是将待雕刻图案输入电脑再利用电脑程序控制雕刻，其精度可达到0.1%；电脑雕刻机、激光雕刻机两者比较，后者的速度、精度更高。

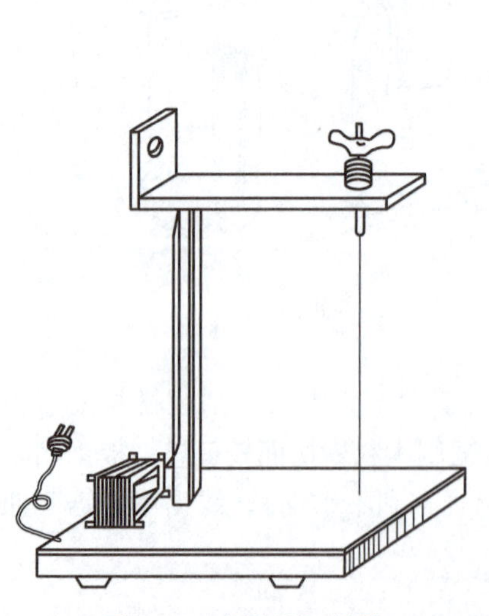

图3-10 电阻丝切割器

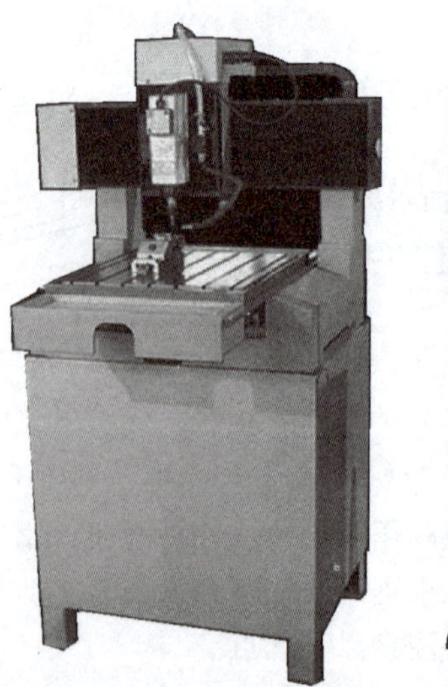

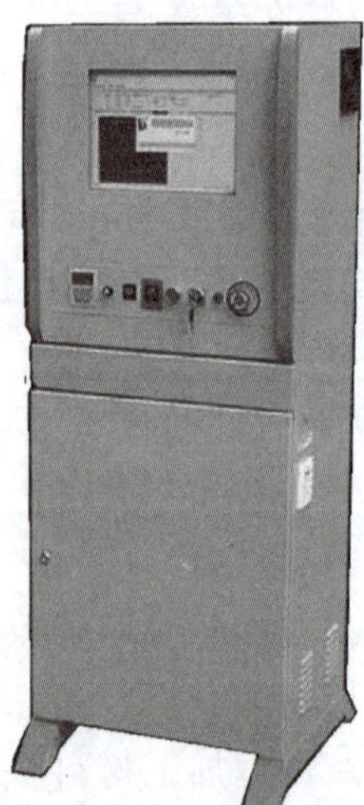

图3-11 电脑雕刻机

激光及电脑雕刻工艺大量使用进口的有机玻璃板及各种专业模型材料，确保持久耐用不变形，并采用溶解性氧化无缝粘接，可确保建筑体表面无明显接缝及印痕，采用进口高级玩具漆进行表面喷绘及特殊的效果处理。

主要模型材料如下。

1）模型板材：进口有机玻璃、ABS 塑料板、PVC 塑料片、安迪板。

2）仿真面材：植绒草粉、草皮、水纹玻璃、屋面、木地板、家具木纹、沙发布艺。

3）专用模型配件：仿真汽车、人物、各种树木、模型专用微电路灯饰。

4）辅材料：U 胶、强力胶、粘接剂、填补剂、ABS 手料、玩具漆、玻璃漆。

虽然是电脑雕刻，但之后的工作还是要手工拼接，如将雕好的墙板、栏杆、屋顶、窗套等构件准确对位，用对应的粘接剂粘牢，分色喷漆。手工制作底版，装配声、光、电等设备，再整体拼合。

4. 刨锉工具

（1）木刨　木刨分短刨（粗刨）、长刨（滑刨）和特种刨（槽刨）三种，主要用来刨平木料及有机玻璃。模型有机玻璃面罩和木制沙盘的制作离不开刨削技术。木刨转动旋转轮，可调校刨削的深浅度。推拨调校杆，可调校刨刀使其与刨底左右平衡。刨楔用来将刨刀固定于刨身上，刨刀装拆容易。刨身前后均有木柄，使用十分方便。刨削材料时，可根据不同要求而选用合适的刨。

（2）锉　锉主要用于修平与打磨有机玻璃和木料。锉分木锉与钢锉两类，木锉用于木料加工，钢锉用于有机玻璃与金属材料加工。按锉的形状与用途，可分方锉、圆锉、半圆锉、三角锉、扁锉、针锉，可视工件的形状选用。按锉的锉齿分粗锉、中粗锉和细锉。锉的使用方法有横锉法、直锉法和磨光锉法。工件锉切后的利口，要用锉削法去消除。

5. 钻孔工具

手提电钻是主要的钻孔工具，用电动机驱动，令夹头转动，带动钻头钻孔，用途与手摇钻相同，只是钻洞更为方便、省力。普通手提电钻可配用 12mm 以下的直身麻花钻头（图 3-12）。

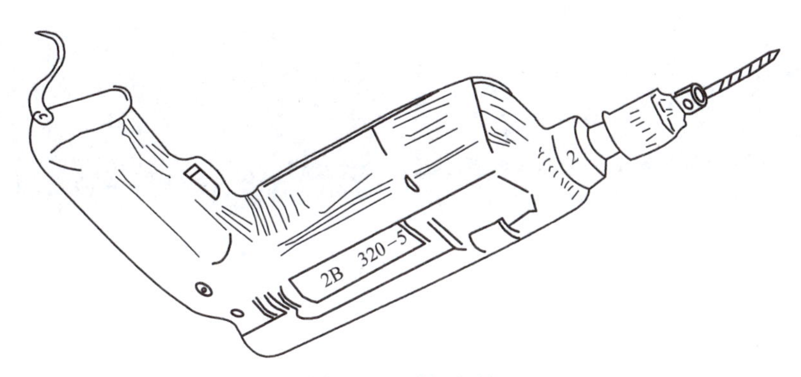

图 3-12　手提电钻

3.2.3　建筑模型表面处理技术

在模型制作中，对木料、纸料、塑料和金属材料的表面必须作适当处理，使之有较整洁美观的外观色彩和质感效果。

(1) 打磨技术　凡塑料、木料和金属材料大都需打磨后才会使表面光滑，主要的打磨工具是砂纸和打磨机。砂纸分木砂纸、砂布和水磨砂纸，分别用于木料、金属和塑胶的打磨。打磨机分平板式与转盘式两种。打磨模型工件时可涂少量上光剂（又称擦亮剂），边磨边擦，效果会更好。磨涂擦亮剂（亦可用牙膏代替）最好用白布或纱头，打磨时最好用绒布或粗布。对模型工件毛坯的粗加工，也可选用砂轮机。

(2) 喷涂技术　美化模型工件，最简单的方法是在其表面刷上一层油漆或喷涂一层色料，这样既美观又保护工件。如自制绿化树后喷涂绿漆和发胶、自制墙面纸喷涂多彩墙面、自制屋面彩釉瓦涂刷手扫漆、自制不锈钢雕塑涂刷银色漆等。涂刷油漆、色料前，模型工件表面必须平滑，如有小孔或缝隙，可用填塞剂（如猪料灰、油泥等）填平，干后用砂纸磨平，再进行喷涂。喷涂的材料有手扫漆、自喷漆、磁漆、水粉色料等。

(3) 贴面技术　模型中路面、墙面、屋面、沙盘的底座、支架等的制作，都需用防火胶板、即时贴或有机玻璃作贴面装饰。贴面装饰的主要材料是贴面板（纸）以及粘合剂。贴面技术的关键在于以下两个方面：一是两个贴合面要平滑光洁，二是粘合剂要填涂均匀，以使贴面无气泡和气孔，粘贴后要适当压平。

3.3 建筑配景的制作方法

3.3.1 建筑模型绿化制作

在建筑模型中，除建筑主体、道路、铺装外，大部分面积属于绿化范畴。绿化形式多种多样，其中包括：树木、树篱、草坪、花坛等。它们的表现形式也不尽相同。就其绿化的总体而言，既要形成一种统一的风格，又不要破坏与建筑主体间的关系。用于建筑模型绿化的材料品种很多，常用的有植绒纸、即时贴、大孔泡沫、绿地粉等（图3-13）。

图3-13　绿化

下面介绍几种常用的绿化形式和制作方法。

1. 平地绿化

绿地在整个盘面所占的比重是相当大的。在选择绿地颜色时，要注意选择深绿、土绿或橄榄绿较为适宜。因为，选择深色调的色彩显得较为稳重，而且还可以加强与建筑主体、绿化细部间的对比，所以，在选择大面积绿地颜色时，一般选用的是深色调。

绿地虽然占盘面的比重较大，但在色彩及材料选定后，制作方法却较为简便。

首先，按图纸的形状将若干块绿地剪裁好。如果选用植绒纸做绿地时，一定要注意材料的方向性。因为植绒纸方向不同，在阳光的照射下，会呈现出深浅不同的效果。所以，使用植绒纸时一定要注意材料的方向性。

待全部绿地剪裁好后，便可按其具体部位进行粘贴。在选用即时贴类材料进行粘贴时，一般先将一角的覆背纸揭下进行定位，并由上而下进行粘贴。粘贴时，一定要把气泡挤压出去。如不能将气泡完全挤压出去，不要将整块绿地揭下来重贴。因为即时贴属塑性材质，下揭时，用力不当会造成绿地变形。所以，遇气泡挤压不尽时，可用大头针在气泡处刺上小孔进行排气，这样便可以使粘贴面保持平整。

在选用仿真草皮或纸类作绿地进行粘贴时，要注意粘合剂的选择。如果是在木质或纸质的底盘上粘贴时，选用白乳胶；在有机玻璃底盘上粘贴，则可用双面胶带或喷胶。在使用白乳胶时，一定要注意稀释后再用。

此外，现在比较流行的是用喷漆的方法来处理大面积绿地，此种方法操作较为复杂。首先，要选择好合适的喷漆，其次要按绿地具体形状，用遮挡膜对不作喷漆的部分进行遮挡。在选择遮挡膜时，要注意选择弱胶类，以防喷漆后揭膜时破坏其他部分的漆面。

另一种方法是先用厚度为0.5mm以下的PVC板或ABS板，按其绿地的形状进行剪裁，然后再进行喷漆。待全部喷完干燥后进行粘贴。此种方法适宜大比例模型绿地的制作。这种制作方法可以造成绿地与路面的高度差，从而更形象、逼真地反映环境效果。

2. 山地绿化

山地绿化与平地绿化的制作方法不同。平地绿化是运用植绒纸等模型专用绿化材料一次剪贴完成的，而山地绿化则是通过多层制作而形成的。

山地绿化的基本材料常用自喷漆、绿地粉、胶液等。具体制作方法是：先将堆砌的山地造型进行修整，修整后用废纸将底盘上不需要做绿化的部分，进行遮挡并清除粉末。然后，用绿色自喷漆做底层喷色处理，底层绿色自喷漆最好选用深绿色或橄榄绿色。喷色时要注意均匀度。待第一遍漆喷完后，及时对造型部分的明显裂痕和不足进行再次修整，修整后再进行喷漆。待喷漆完全覆盖基础材料后，将底盘放置于通风处进行干燥，待底漆完全干燥后，便可进行表层制作。表层制作的方法是：先将胶液（胶水或白乳胶）用板刷均匀涂抹在喷漆层上，然后将调制好的绿地粉均匀地撒在上面。在铺撒绿地粉时，可以根据山的高低及朝向做些色彩的变化。在绿地粉铺撒完后，可进行轻轻的按压。然后，将其放置一边干燥。干燥后，将多余的粉末清除，对缺陷处再稍加修整，即可完成山地绿化。

3. 树木

树木是绿化的重要组成部分。在大自然中，树木的种类、形态、色彩千姿百态，要把大自然的各种树木浓缩到各种建筑模型中，这就需要模型制作要有高度的概括力及表现力。

制作建筑模型的树木有一个基本的原则，即似是而非 。在造型上，要源于大自然中的树；在表现上，要高度概括。就制作树的材料而言，一般选用的是泡沫、毛线、纸张等。

（1）用泡沫塑料制作树的方法（图3-14）　制作树木用的泡沫塑料，一般分为两种：一种是常见的细孔泡沫塑料，也就是俗称的海绵；另一种是聚苯乙烯，也就是常见的泡沫板。上述两种材料在制作树木的表现方法上有所不同。一般可分为抽象和具象两种表现方式。

图 3-14　用泡沫塑料制作树

1）树木抽象的表现方法：一般是指通过高度概括和比例尺的变化而形成的一种表现形式。在制作小比例尺的树木时，常把树木的形状概括为球状与锥状，从而区分阔叶与针叶的树种。

在制作阔叶球状树时，常选用大孔泡沫塑料。大孔泡沫塑料孔隙大，蓬松感强，表现效果强于细孔泡沫塑料。另外，一般这种树木常与树球混用。所以，采用不同质感的材料，还可以丰富树木的层次感。在制作时，一般先把泡沫塑料进行着色处理，颜色要重于树球颜色，然后用剪刀剪成锥状体即可使用。

2）树木的具象表现方法：所谓具象实际上是指树木随模型比例的变化和建筑主体深度的变化而变化的一种表现形式。在制作 1∶300 以上大比例的模型树木时，绝不能以简单的球体或锥体来表现树木，而是应该随着比例尺以及模型深度的改变而更细致。

在制作具象的阔叶树时，一般要将树干、枝、叶等部分表现出来。在制作时，先将树干部分制作出来。制作方法是：将多股电线的外皮剥掉，将其裸铜线拧紧，并按照树木的高度截成若干节，再把上部枝杈部位劈开 ，树干就制作完了。然后将所有的树干部分统一进行着色。树冠部分的制作，一般选用细孔泡沫塑料。在制作时先进行着色处理，染料一般采用广告色或水粉色 。着色时可将泡沫塑料染成深浅不一的色块。干燥后进行粉碎，粉碎颗粒可大可小。然后将粉末放置在容器中，将事先做好的树干上部涂上胶液 ，再将涂有胶液的树干部分在泡沫塑料粉末中搅拌，待涂有胶部分粘满粉末后，将其放置于一旁干燥。胶液完全干燥后，可将上面沾有的浮粉末吹掉，并用剪子修整树形，整形后便可完成此种树木的制作。

（2）用干花制作树的方法（图 3-15）　在用具象的形式表现树木时，使用干花作为基本材料制作树木是一种非常简便且效果较佳的一种方法。干花是一种天然植物花，经脱水和化学处理后形成，其形状各异。

在选用干花制作时，首先要根据建筑模型的风格、形式，选取一些干花作为基本材料。然后用细铁丝进行捆扎，捆扎时应特别注意树的造型，尤其是枝叶的疏密要适中。捆扎后，再人为地进行修剪 。如果树的色彩过于单调，可用自喷漆喷色，喷色时应注意喷漆的距离，保持喷漆呈点状散落在树的枝叶上。这样处理能丰富树的色彩，视觉效果非常好 。

（3）用纸制作树的方法　利用纸板制作树木是一种比较流行且较为抽象的表现方法。在制作时，首先选择好纸的色彩和厚度，最好选用带有肌理的纸张。然后，按照尺度和形状

图3-15　用干花制作树

进行剪裁。这种树一般是由两片纸进行十字插接组合而成。为了使树体大小基本一致，在形体确定后，可制作一个模板，进行批量制作。这样才能保证树木的形体和大小整齐划一。

4. 树篱

树篱是由多棵树木排列组成，通过修剪而成型的一种绿化形式。

在表现这种绿化形式时，当模型的比例尺较小时，可直接用染过色的泡沫或百洁布，按其形状进行剪贴即可。当模型比例尺较大时，在制作中就要考虑它的制作深度与造型和色彩等。

在具体制作时，需要先制作一个骨架，其长度与宽度略小于树篱的实际尺寸。然后将染过色的细孔泡沫塑料粉碎，粉碎时颗粒的大小应随模型尺度而变化。待粉碎加工完毕后，在事先制好的骨架上涂满胶液，用粉末进行堆积。堆积时，要特别注意它的体量感。若一次达不到预期的效果，可待胶液干燥后，按上述程序重复进行。

5. 树池和花坛

树池和花坛也是环境绿化中的组成部分，虽然面积不大，但处理得当则能起到画龙点睛的作用。制作树池和花坛的基本材料，一般选用绿地粉或大孔泡沫塑料。

在选用绿地粉制作时，先将树池或花坛底部用白乳液或胶水涂抹，然后撒上绿地粉，撒完后用手轻轻按压。按压后，再将多余部分清除掉，这样便完成了树池和花坛的制作。这里应该强调的是，选用绿地粉色彩时，应以绿色为主，加少量的红黄粉末，从而使色彩感觉上更贴近实际效果。

在选用大孔泡沫塑料制作时，先将染好的泡沫塑料块搅碎，然后沾胶进行堆积，即可形成树池或花坛。在色彩表现时，一般有两种表现形式。

1）由多种色彩无规律地堆积而形成。

2）表现形式是自然退晕，即用黄色逐渐变换成绿色，或由黄色到红色等逐渐过渡而形成的一种退晕效果。

3.3.2 其他配景制作

1. 水面

水面是各类建筑模型中，特别是园林模型环境中经常出现的配景之一。

水面的表现方式和方法，应随其建筑模型的比例及风格变化而变化。在制作建筑模型比例尺较小的水面时，可将水面与路面的高差忽略不计，直接用蓝色即时贴按其形状进行剪裁。剪裁后，按其所在部位粘贴即可。另外，还可以利用遮挡着色法进行处理。其做法是，先将遮挡膜贴于水面位置，然后进行漏刻。刻好后，用蓝色自喷漆进行喷色。待漆干燥后，将遮挡膜揭掉即可。上述介绍的是两种最简单的制作水面方法。在制作建筑模型比例尺较大的水面时，首先要考虑如何将水面与路面的高差表现出来。通常采用的方法是，先将底盘上水面部分进行漏空处理，然后将透明有机玻璃板或带有纹理的透明塑料板按设计高差贴于漏空处，并用蓝色自喷漆在透明板下面喷上色彩即可。用这种方法表现水面，一方面可以将水面与路面的高差表示出来，另一方面透明板在阳光照射和底层蓝色漆面的反衬下，其仿真效果非常好。

2. 汽车

汽车是建筑模型环境中不可缺少的点缀物。汽车在整个建筑模型中有两种表示功能。其一，是示意性功能，即在停车处摆放若干汽车，则可明确告知此处是停车场。其二，表示比例关系，人们往往通过此类参照物来了解建筑的体量和周边关系。另外，在主干道及建筑物周围摆放些汽车，可以增强其环境效果。这里应该指出，汽车色彩的选配及摆放的位置、数量一定要合理，否则将适得其反。

汽车的制作方法及材料有很多种，一般较为简单的制作方法有两种。

（1）翻模制作法　首先，模型制作者可以将所需制作汽车，按其比例和车型各制作出一个标准样品。然后，可用硅胶或铅将样品翻制出模具，再用石膏或石蜡进行大批量灌制。待灌制、脱模后，统一喷漆，即可使用。

（2）手工制作法　利用手工制作汽车，首先是材料的选择。如果制作小比例的模型车辆，可用彩色橡皮，按其形状直接进行切割。如果在制作大比例汽车时，最好选用有机玻璃板进行制作。具体制作时，先要将车体按其外形特征进行概括。以轿车为例，可以将其概括为车身、车棚两大部分。汽车在缩微后，车身基本是长方形，车棚则是梯形。然后根据制作的比例用有机玻璃板或ABS板按其形状加工成条状，并用三氯甲烷将车的两大部分进行贴接。干燥后，按车身的宽度用锯条切开并用锉刀修其棱角，最后进行喷漆即成。若模型制作仿真程度要求较高时，可以在此基础上进行精加工或采用市场上出售的成品汽车。

3. 路灯

在大比例尺模型中，有时需要在道路边或广场中制作一些路灯作为配景。在制作此类配景时，应特别注意尺度。此外，制作时还应注意路灯的形式与建筑物风格及周围环境的关系。

在制作小比例尺路灯时，最简单的制作方法是将大头针带圆头的上半部用钳子折弯，然后在针尖部套上一小段塑料导线的外皮，以表示灯杆的基座部分。这样，一个简单的路灯便制作完成了。

在制作较大比例尺的路灯时，可以用人造项链珠和各种不同的小饰品配以其他材料，通过不同的组合方式，制作出各种形式的路灯。

4. 公共设施及标志

公共设施及标志是随着模型比例的变化而产生的一类配景物。此类配景物，一般包括路标、围栏、建筑物标志等。

围栏的造型有多种多样，由于比例尺及手工制作等因素的制约，很难将其准确地表现出来。因此，在制作围栏时，应加以概括。制作小比例的围栏时，最简单的方法是先将计算机内的围栏图像打印出来，必要时也可用手绘。然后将图像按比例用复印机复印到透明胶片上，并按其高度和形状裁下，粘在相应的位置上，即可制作成围栏。还有一种是利用划痕法制作。首先，将围栏的图形用勾刀或铁笔在 1mm 厚的透明有机板上作划痕，然后用选定的广告色进行涂染，并擦去多余的颜色，即可制作成围栏。此种围栏的制作方法在某种意义上说，和上述介绍的表现形式差不多，但后者就其效果来看，有明显的凹凸感，且不受颜色的制约。

在制作大比例尺的围栏时，上述的两种方法则显得较为简单。为了使围栏表现得更形象与逼真，可以用金属线材通过焊接来制作围栏。最好是用雕刻机制作，围栏的花式任选，制作出后均匀整齐。

5. 建筑小品

建筑小品包括的范围很广，如建筑雕塑、浮雕、假山等。这类配景物在整体建筑模型中所占的比例相当小，但就其效果而言，往往可以起到画龙点睛的作用。

在制作雕塑类小品时，可以用橡皮、纸黏土、石膏等。这类材料可塑性强，通过堆积、塑型便可制作出极富表现力和感染力的雕塑小品。

在制作假山类小品时，可用碎石块或碎有机玻璃块，通过粘合喷色，便可制作出形态各异的假山。

在表现形式和深度上要根据模型的比例和主体深度而定。一般来说，在表现形式上要抽象化。

6. 文字、指北针

文字、指北针等是建筑模型的又一重要组成部分。它一方面是示意性功能，另一方面也起着装饰性功能。

下面介绍几种常见的制作方法。

（1）有机玻璃制作法　用有机玻璃将标题字、指北针及比例尺制作出来，然后将其贴于盘面上，这是一种传统的方法。

（2）不干胶制作法　目前较多模型制作人员采用此种方法来制作标题字、指北针及比例尺。此种方法是先将内容用电脑刻字机加工出来，然后用转印纸将内容转贴到底盘上。利用此种方法加工制作过程简捷、方便，而且美观、大方，不干胶的色彩丰富，便于选择。

（3）腐蚀板及雕刻制作法　腐蚀板及雕刻制作法是档次比较高的一种表现形式。腐蚀板制作法是用 1mm 左右厚的铜板作基底，用光刻机将内容拷在铜板上，然后用三氯化铁腐蚀，腐蚀后进行抛光，在阴字上涂漆，制得文字标盘。雕刻制作法是用双色板，用雕刻机加工，即可制成。

3.4 建筑单体模型的制作方法与步骤

1. 制作准备工作

（1）明确任务与熟悉图纸　在接到制作任务时，模型制作者首先要明确模型的制作标准、规格、比例、功能、材料。了解情况后就要进行阅读和熟悉图纸工作。齐全的图纸应包括建筑规划或总平面图、各层平面图、建筑各立面图、剖面图及建筑材料说明书。

（2）构思设计与拟定制作方案　所谓构思设计就是根据制作任务的具体情况进行构思，拟定出系统的、有目的和可行的制作方案。构思的内容包括：建筑物框架结构的处理、材料的选用、底盘的设计、台面的布置、环境的设计、色彩的搭配、陈列、时间安排等问题。

（3）准备工具与采购材料　要达到设计制作方案的预期效果，必须选择合适的工具、材料制作模型。用材不当，工具不妥，即使构思很好，也无法达到理想的效果。选择工具、材料应考虑以下几点。

1）外观性：外观性包括颜色、光泽、肌理、手感等。

2）加工性：选择材料的同时应了解其加工手段和成型方式，以及材料加工时容易出现的缺陷。如纸裱糊时会出现折皱、收缩，有机玻璃切割时易断裂等。

3）机械性：考虑材料的强度、刚度、硬度、韧性和脆性，一般说硬质材料脆性较大，硬度低的材料韧性较好。如做面罩的有机玻璃宜选用硬度大的，以提高其弹力和抗弯力。

4）理化性：考虑材料的重量、摩擦、熔点、热膨胀性、导电导热性、透明度、化学反应、稳定性、耐腐蚀性等问题。这些因素对模型日后的质量、保存期以及安全问题有很大的影响。

5）经济性：在准备工具和选择材料时，经济因素也是不得不考虑的问题。除了要注意价格档次外，选材也要合理得体，不要一味追求高价高档。

2. 建筑模型框架的制作

制作建筑模型的框架可使建筑物在力学结构上变得坚固挺拔，以便对其进行表面装饰。框架制作的过程与方法如下。

（1）放缩模型图纸比例　模型制作图的放缩也可以通过应用三棱式比例尺放缩，或利用具有放大、缩小功能的复印机进行放缩。放缩时还可以将原有的建筑设计图适当简化，以便制作时更概括和突出主体重点部分。

模型制作图的放缩分平面图和立面图两种。平面图放缩后可在图上直接起建筑框架，使其成为建筑物底面。立面图放缩后可以作建筑表面装饰，以及制作层高和窗位标高尺。

（2）建筑模型框架的设计与下料（图3-16）　模型制作的框架，也应根据建筑形态、结构和块面的变化，进行合理的设计与下料。其原则是：简洁、省料、稳定、牢固，符合力学结构原理，适应建筑物表面装饰需要。下料的项目包括：底座（建筑基座，一般用模型放缩后的平面图代替）、四边立面、楼顶、楼顶女儿墙。下料时要将同种建筑同一平面或立面一并下出，尤其是将高度相同的各个立面同时下料。为了加固框架结构，下料时还应考虑增加一些与建筑立面高度相同的支架料，有些立面也可与支架料连起来下料。

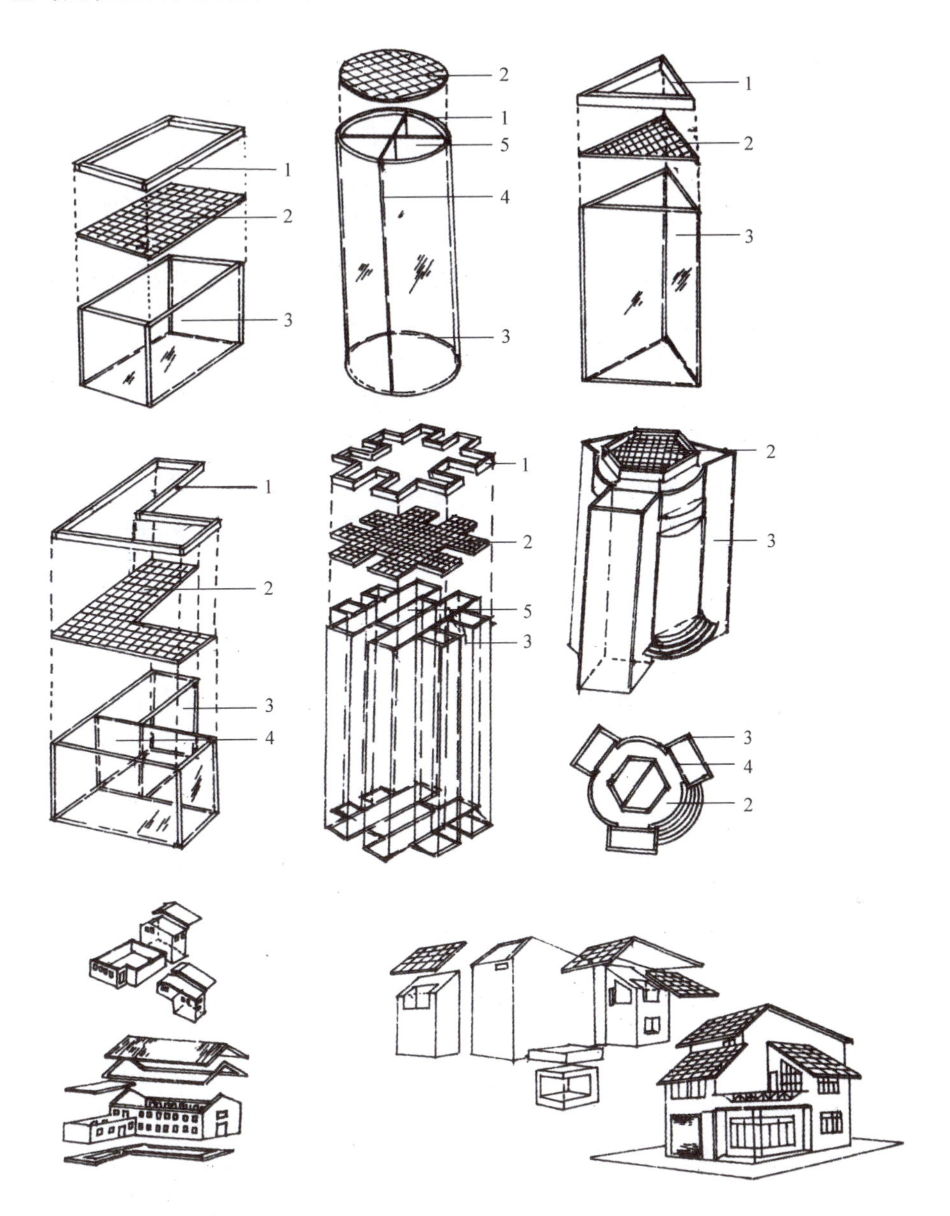

图3-16　建筑模型框架制作

1—女儿墙　2—屋面　3—骨架　4—接缝　5—支架

建筑模型的框架构成是一种面的立体构成，分为层面排列、连续折面立体、连续曲面立体三种。层面排列的框架要注意基本平面的简洁与前后左右两组面的相互对称，适用于有机玻璃等厚质与硬质材料的制作；连续折面立体的框架要注意相邻平面间应有共同的系数，切缝与折缝要有机结合，适用于纸张、胶片等薄质与软质材料的制作；连续曲面立体的框架要注意圆弧切断部分的处理要自然柔和。

（3）建筑模型框架工件的打磨与粘合　建筑模型框架的工件打磨和粘合，是一项十分细致而又容易被忽视的工序。下料后，建筑模型框架工件的边缘需要打磨平整后方能粘平粘牢。打磨的工具有电动砂轮、砂布（纸）、锉刀等。打磨时要注意工作尺寸的准确，以免打磨过头。打磨平滑鉴别的方法是用直角钢尺侧面测量工件边缘的直线是否平整。尺寸相同的工件可用牛皮筋捆扎起来集中打磨，以使工件统一。

工件的粘合要采用与材料相配的粘合剂。如有机玻璃框架工件用“氯仿”或“立时得”，卡纸工件用白乳胶，PVC胶片工件用502胶等。所有粘合剂的切割力都较强，但拉力较弱，剥离强度更弱，因此使用时应尽量加大粘合面积。

建筑模型框架工件粘合的顺序是：在平面底座上粘合立面，再粘合顶面，最后粘合女儿墙。粘合时要注意平面与立面、立面与立面之间的垂直与直角，可借助木工用的钢制直角尺测定，也可用有机玻璃自制直角尺测定。有些结构复杂的建筑框架可分块粘合后再组合粘合,形成由点到线、由线到面、由面到块、再由块到整体的粘合顺序。建筑模型框架工件粘合难度较大的是圆柱体（连续曲面的立体工件）。当粘合的接口出现断裂时，可借助同样大小的成品圆柱体的力量，将工件涂上粘合剂后用线（铁线或拉力强的尼龙线）捆紧，待粘合剂干后再松开，松开后再在工件需接合的部位加粘辅助贴片，以增大粘合面积。

3. 建筑模型的表面装饰

建筑模型的表面装饰是模型表现的重要工序。模型的形态、色彩、质感、工艺均集中体现在建筑物的表面上，因此应该引起模型制作者的高度重视。建筑模型的表面装饰包括墙面装饰、门窗装饰、阳台装饰、立柱装饰、台阶装饰、橱窗装饰、天台装饰、雨篷装饰等，装饰的方法有切挖、刻划、裱贴、雕琢、镶嵌、绘制等，分述如下。

（1）墙面装饰　墙面装饰可选用专用墙砖纸、壁纸、卡纸或薄型胶片材料。按立面图尺寸，挖去门窗、阳台部位，用层面排列或连续折面立体构成的方法，裱糊到建筑模型框架上。如采用层面排列构成法，墙面纸的四边要略大于图纸尺寸，以便裱糊后切齐转折的棱角。如采用连续折面构成法，墙面纸折角处要用刀背在直角外侧刻划一条折线，刻划力度要轻，注意不要刻断。门窗与边框要用直钢尺和手术刀依次刻划，用力均匀，刻线通透、整齐。墙面纸的裱糊可用白乳胶，也可用自喷胶。涂胶要均匀，裱糊时可在墙面纸上附着干净的白纸，不要用手直接按摩，以免弄脏墙面纸。墙面纸上的门窗及折线位置应用铅笔（2H为宜）轻轻在反面画好后再进行刻制，或用复写纸把模型立面放缩图复写下来刻制。如用有机玻璃或胶片装饰墙面，则可用手摇钻或手电钻在胶片上将门窗位置钻一小孔，然后用小手锯穿入孔内，按门窗线将多余部分锯掉。最后用各种什锦小锉修整，然后在门窗后贴上透明或半透明的茶色或蓝色胶片即可。如用厚度1mm以上的有机片作墙面装饰，可在建筑模型框架上直接制作。

（2）门窗装饰　门窗装饰是体现建筑模型精度的重要方面，因此十分讲究装饰形式。门窗制作必须根据建筑设计立体图提供的门窗款式，选择合适的材料和技法进行装饰。装饰的方法有以下几种。

1）在建筑模型框架上用钩刀或刻刀把门窗的中央窗线（含纵横两方面）刻划出来（适合于有机玻璃框架的建筑模型），再用揉线法把白色料（水粉颜料或粉笔灰）揉进凹入的划痕内，并擦去浮在有机片表面的色料，便能清晰地看到窗线。

2）在墙面纸裱糊后的窗洞上，用已刻划的极细即时贴线（最好是选择有不锈钢效果的即时贴）贴制窗框窗线。

3）用进口的极细银色麦克笔（0.8mm 针笔）或鸭嘴笔，在墙面纸裱糊后留出的窗洞上绘制窗线。窗线的刻划、绘制或粘贴要注意门窗线纵横两个方向的线条平行、垂直与匀齐。

（3）阳台装饰　阳台的制作与装饰是一项十分繁杂且工作量极大的工序，有的一幢高层住宅的阳台多达数百个，一个小区的住宅阳台多达数千个。阳台的制作要求整齐统一，大小均匀，水平垂直，装饰一致，粘合牢固。制作的方法有：

1）层面排列构成法——用有机片或厚纸板切割粘合而成。

2）连续折面构成法——用薄胶片或卡纸切划折叠制成。

3）块面构成法——用模型泡沫、卡纸、夹板或较厚的白色有机玻璃切制成块直接粘贴于墙面。阳台表面的装饰可以和墙面装饰相同，也可作对比处理，对比的方式是加即时贴饰线或饰块。

（4）屋面瓦的制作　中式琉璃瓦屋顶与西洋别墅的屋顶可采用四种方法制作：一是购买瓦面成品材料制作；二是用瓦楞纸制作；三是用吹塑板或卡纸叠制；四是用色纸贴双面胶剪刻成细线后平行贴于同种色纸上，再涂上 502 胶水，便具有凹凸起伏、闪光发亮的瓦面效果了。

4. 不同建筑模型的表现方法

（1）规划设计模型建筑物的表现方法　规划设计模型建筑物的表现，因其比例不同而有不同的要求。一般来说，比例在1∶2000以上的小比例模型，宜用泡沫板块、有机玻璃块为材料，按比例切割制成体块形的建筑实体，并用色料（丙烯颜料为宜）喷涂表面，不同区域喷涂不同颜色。如公共建筑为红色调，预留建筑为白色调，现有建筑为灰色调。规划设计模型的建筑物不要求表现较高的精度或精雕细刻，它表现的不是单体建筑的构思与造型，而着重于道路交通、功能分区、绿化、公用设施、市政配套等方面的规划设计，重点表现建筑物的群体组合与归类属性。

（2）小区建设模型建筑物的表现方法　小区建设模型一般表现数幢建筑物，比例一般在 1∶300 至 1∶1000 之间。这类模型建筑物的表现可以用有机玻璃或胶片粘合成空心的建筑框架，并简明扼要地表现墙面和门窗。

（3）单体工作模型建筑物的表现方法　作为展示性质的单体建筑模型的表现在前面几节已作介绍，而作为工作与设计性质的建筑模型表现，应力求整体、概括、简洁、易于修改。因此，单体工作模型以泡沫块为材料，按设计构思切成若干体块，再粘接组合成建筑实体。也可在整块泡沫上作切挖处理，逐步修改完善设计。

实训 06　简单纸空间模型制作

1. 实训目的

1）了解模型制作对空间理解的关键作用。

2）学会图纸与三维模型的对应关系，掌握识图的方法。

3）掌握基本模型工具的使用与不同材料的切割、连接方法。

2. 实训要求

1）由教师给定图纸。

2）由学生自由分组，两人一组（可以讨论）。
3）读图正确，尺寸准确。
4）切割、连接精致，成品整洁。
5）能够主动解决制作中的问题，对加工和材料的使用具有创新精神。

3. 图纸规格

根据图纸确定。

4. 主要工具

切割刀、乳胶、卡纸。

实训 07 根据三视图复原模型

1. 实训目的

1）学会图纸与三维模型的对应关系，掌握识图的方法。
2）掌握基本模型工具的使用与不同材料的切割、连接方法。
3）进一步接触难度较大的模型图纸。

2. 实训要求

1）由教师给定图纸。
2）由学生自由分组，三至五人一组（可以讨论）。
3）读图正确，尺寸准确。
4）切割、连接精致，成品整洁。
5）能够主动解决制作中的问题，对加工和材料的使用具有创新精神。

3. 图纸规格

根据图纸确定。

4. 主要工具

切割刀、乳胶、卡纸。

实训 08 通过模型探讨结构与围合构件的关系

1. 实训目的

1）通过模型制作探讨建筑中墙、柱等结构支撑构件和围合构件的组合关系。
2）初步接触对空间的处理问题。

2. 实训要求

1）由教师给定地块要求。
2）由学生单独设计，在地块内完成结构和围护构件的空间设计。
3）组织学生之间的讨论，对空间设计进行讨论。
4）根据个人的图纸完成模型。
5）能够主动解决制作中的问题，对加工和材料的使用具有创新精神。

3. 图纸规格

根据图纸确定。

4. 主要工具

切割刀、乳胶、卡纸。

实训 09 迷宫设计

1. 实训目的

1）通过模型制作探讨建筑中墙、柱等结构支撑构件和围合构件的组合关系。

2）将普通二维迷宫概念拓展至三维空间，处理交通空间和功能房间的关系，在模型制作中综合考虑人体尺度在平面走廊和竖向交通中的应用问题。

2. 实训要求

1）根据《迷宫》命题进行三维空间设计，要求强调交通空间的顺畅通达和行走趣味。
2）保证满足人体尺度的客观要求。
3）组织学生之间的讨论，对空间设计进行讨论。
4）根据个人的图纸完成模型。

5）能够主动解决制作中的问题，对加工和材料的使用具有创新精神。

3. 图纸规格

根据图纸确定。

4. 主要工具

切割刀、乳胶、卡纸。

＊实训 10　著名建筑设计的模型复原（结合实训 12 一起完成）

1. 实训目的

1）通过模型制作进一步加强三维空间的构想能力。

2）训练平、立、剖的读图能力与空间复原能力。

3）通过实际的模型制作了解著名建筑师对空间的处理手法。

2. 实训要求

1）由教师给定设计方案，要求空间复杂程度适中，以独立式小住宅为宜。

2）学生分组，对方案进行分析、讨论，明确其空间关系。

3）组内分工，确定成员各人的制作任务，强调成员之间的配合与沟通。

4）模型完成后组织讨论，对设计本身和制作过程进行交流。

3. 图纸规格

根据图纸确定。

4. 主要工具

切割刀、乳胶、卡纸。

实训 11　给定平面的自由体量模型练习

1. 实训目的

1）通过模型制作认识平面图形表达空间形体的多样性。

2）训练由平面设计扩展到空间设计的能力。

3）体验通过模型制作来创造空间的设计手法。

2. 实训要求

1）由教师给定平面图，要求平面复杂程度适中，可以是单体建筑，也可是群体建筑。

2）给的平面相同，学生虚拟建筑功能，对平面进行分析、讨论，明确建筑功能关系和立体构成的美学原则。

3）每人分别制作，配以简要说明。

3. 图纸规格

根据图纸确定。

4. 主要工具

切割刀、乳胶、卡纸等。

第4章

建筑名作赏析

学习目标

通过本章的学习，了解著名经典设计案例对当代建筑设计创作的影响，理解建筑专业所涉及的广阔领域，从而激发学生步入专业学习的热情与兴趣。

4.1 流水别墅

4.1.1 概述

建筑师：弗兰克·劳埃德·赖特（简称F.L.赖特）

使用对象：匹兹堡百货公司大亨考夫曼夫妇

建筑面积：400m^2

基地条件：美国宾夕法尼亚州的一个叫作“熊跑”的幽静峡谷，那里山石峻美，瀑布顺石而下，地形崎岖多变。

4.1.2 设计意向

流水别墅是美国建筑大师F.L.赖特的经典作品，整个别墅建在地形复杂、溪水跌落形成的小瀑布之上。其整体疏密有致，有实有虚，与山石、林木、水流紧密交融，人工建筑与自然环境汇成一体，交相辉映，并以四季更迭进行着自我更新。

正如赖特自己的描述——“……在山溪旁的一个峭壁的延伸，生存空间靠着几层平台而凌空在溪水之上——一位珍爱着这个地方的人就在这平台上，他沉浸于这瀑布的响声，享受着生活的乐趣。”

4.1.3 技术与艺术整合的亮点

整个别墅被构思为自然大环境肌理的艺术化构成，各个方向的艺术延伸而产生的动势，使之如同从大自然中生长出来的，又如盘固于大地之上。

4.1.4　流水别墅设计图（图 4-1 ~ 图 4-8）

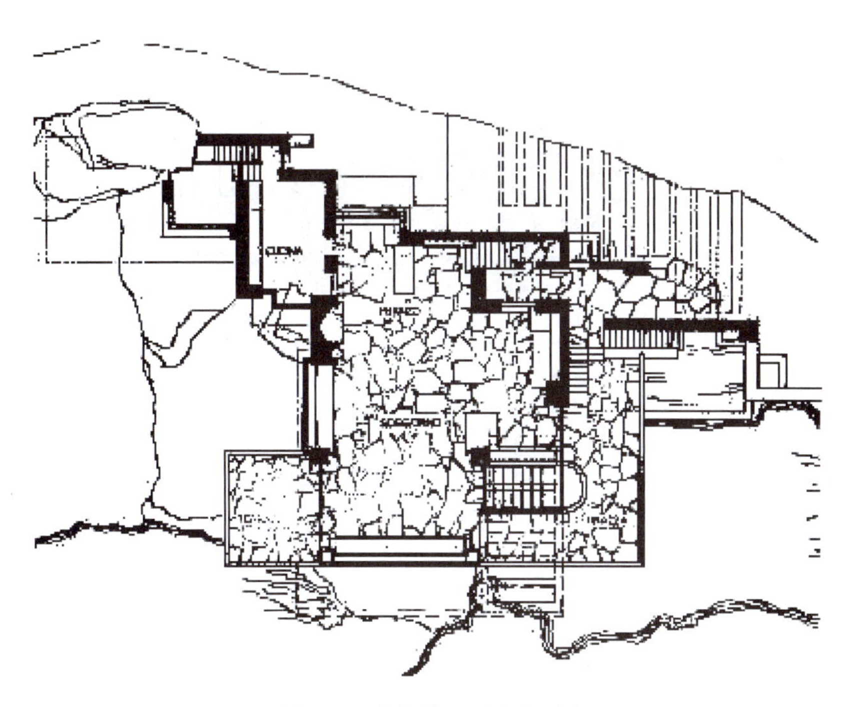

图 4-1　流水别墅一层平面图

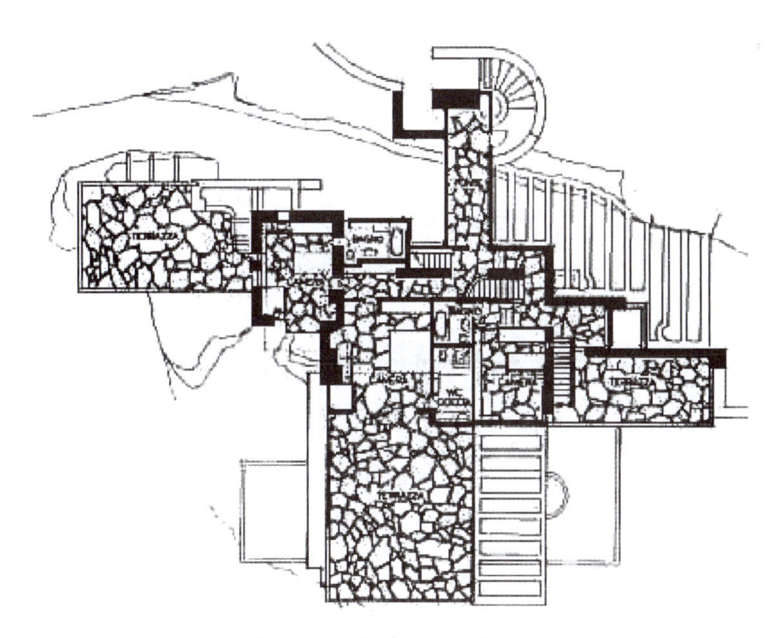

图 4-2　流水别墅二层平面图

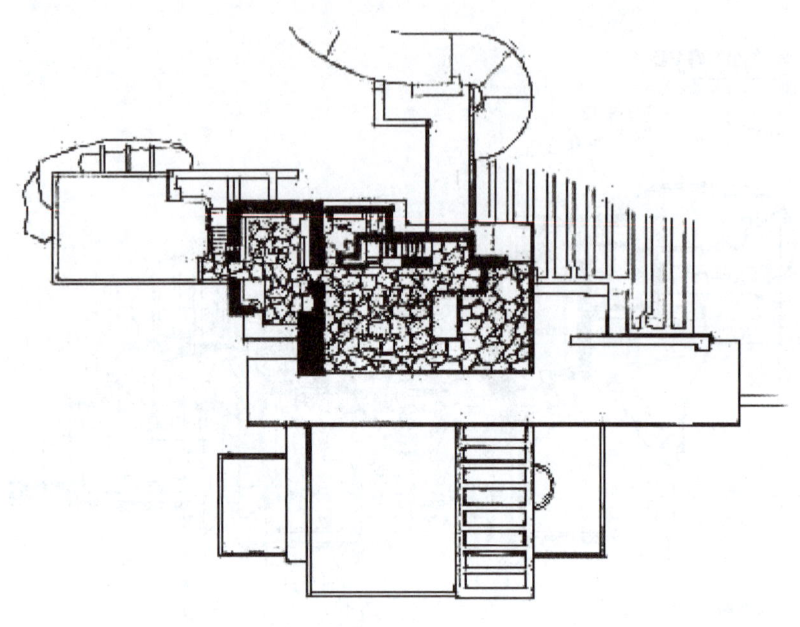

图4-3　流水别墅三层平面图

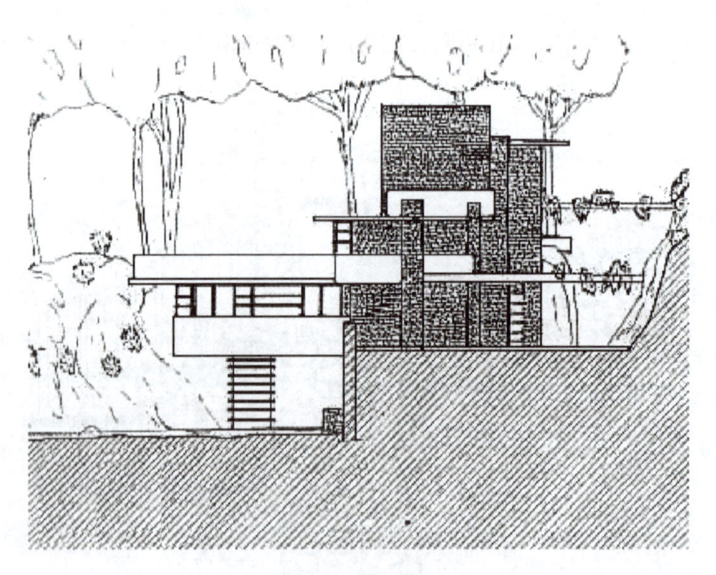

图4-4　流水别墅立面图

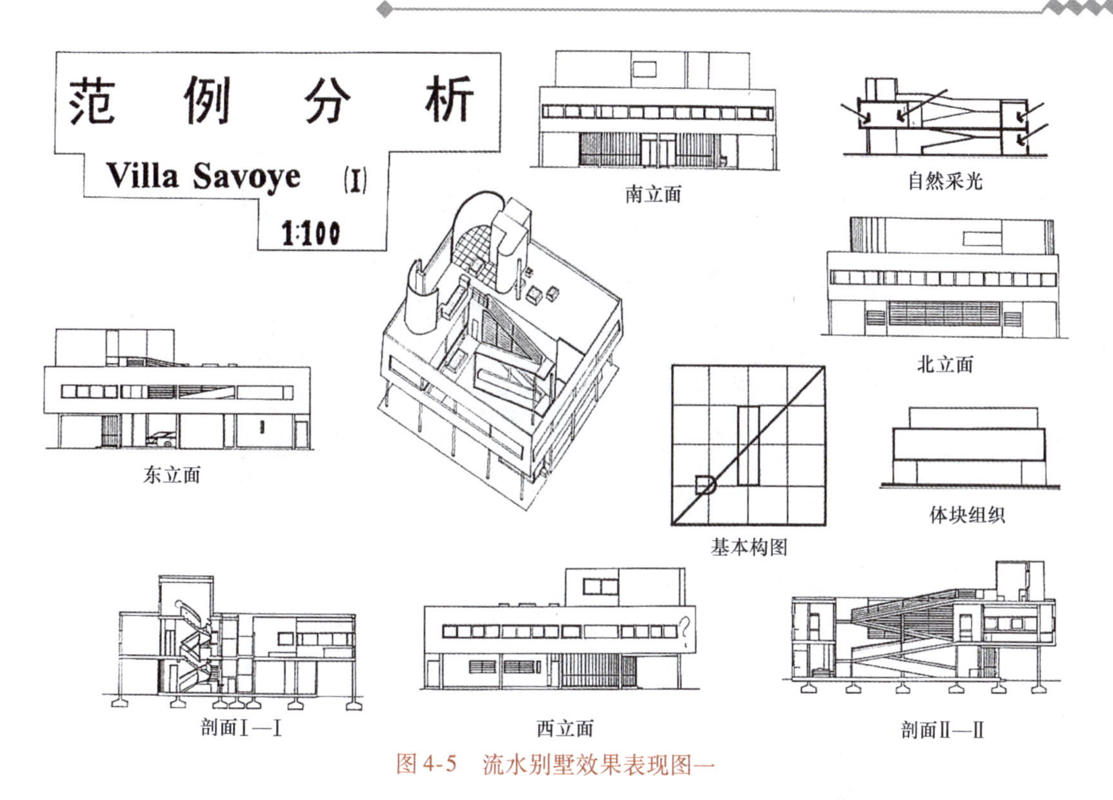

图4-5　流水别墅效果表现图一

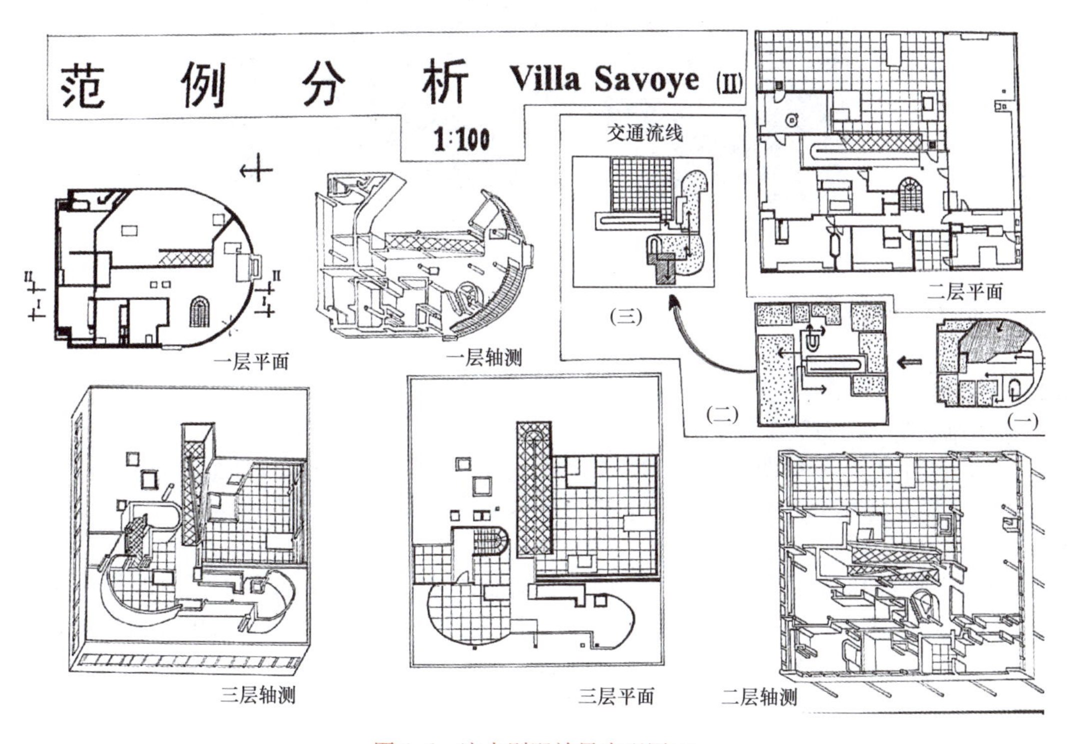

图4-6　流水别墅效果表现图二

图4-7 流水别墅内景

图4-8 流水别墅外景

4.2 萨伏伊别墅

4.2.1 概述

建筑师：勒·柯布西耶（法国）

使用对象：法国富翁萨伏伊女士

基地：位于巴黎郊区的普瓦西，宅基为矩形，长约22.5m，宽为20m。

4.2.2 设计意向

萨伏伊别墅如同静物般根植于基地中央，其设计贯穿了勒·柯布西耶经典的新建筑五特点：底层架空、横向长窗、屋顶花园、自由平面、自由立面，是现代主义建筑风格的完美典范，它代表了进步、自然和纯粹，体现了建筑的本质。

柯布西耶运用了动态、开放、非传统的空间设计语言，使空间成为建筑的主角，在三向空间维度的基础上，灌入“步移景易”的时间元素，使建筑空间呈现更多的动态变化。

4.2.3 技术与艺术整合的亮点

萨伏伊别墅纯粹用建筑自身的元素来塑造丰富的空间，使建筑形体与功能的结合达到完美统一，体现了基本几何形体的审美价值。

1）模数化设计：柯布西耶研究数学、建筑和人体比例的成果。

2）简单的装饰风格：摆脱旧有的建筑样式的束缚，创造新的建筑风格。

3）纯粹的用色：建筑采用代表“新鲜的、纯粹的、简单和健康的”颜色——白色。

4）动态的空间组织形式：使用螺旋楼梯和坡道来组织空间，是“空间—时间”营造的典范。

5）屋顶花园的设计：使用绘画和雕塑的表现技巧设计的屋顶花园。

6）车库的设计：特殊的组织交通流线的方法，使得车库和建筑完美地结合。

4.2.4　萨伏伊别墅设计图（图 4-9 ~ 图 4-17）

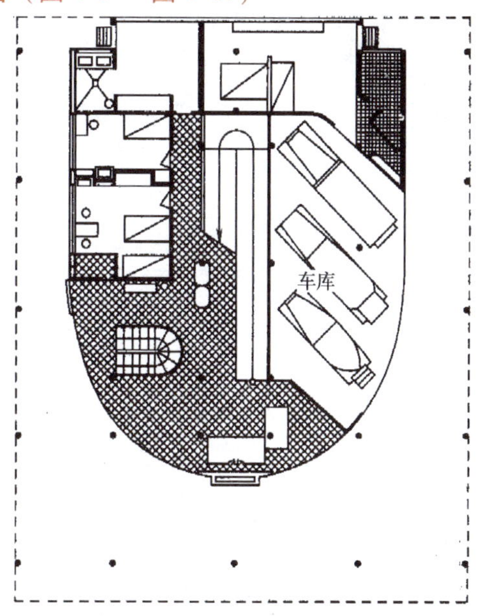

图 4-9　萨伏伊别墅一层平面图（门厅、车库、仆人用房）

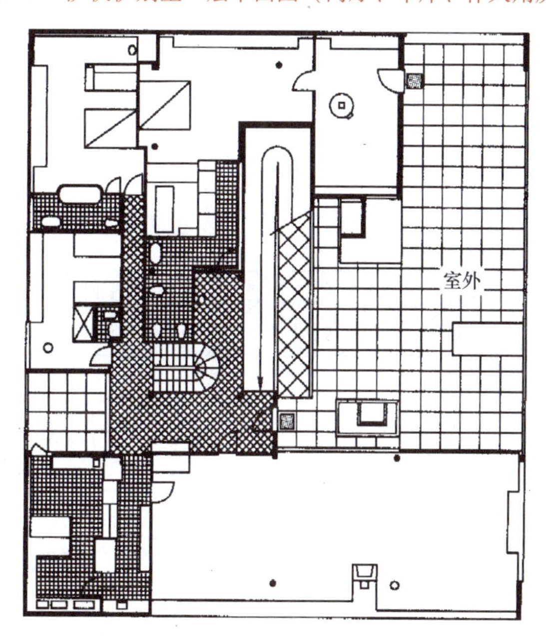

图 4-10　萨伏伊别墅二层平面图（起居室、卧室、厨房、餐厅、屋顶花园）

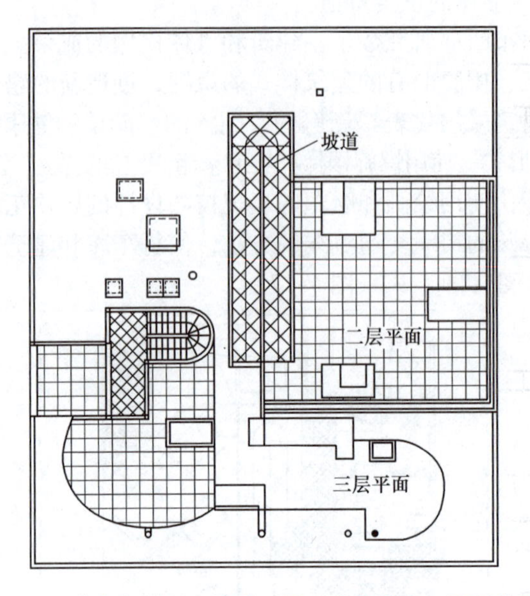

图4-11　萨伏伊别墅三层平面图（主人卧室、屋顶花园）

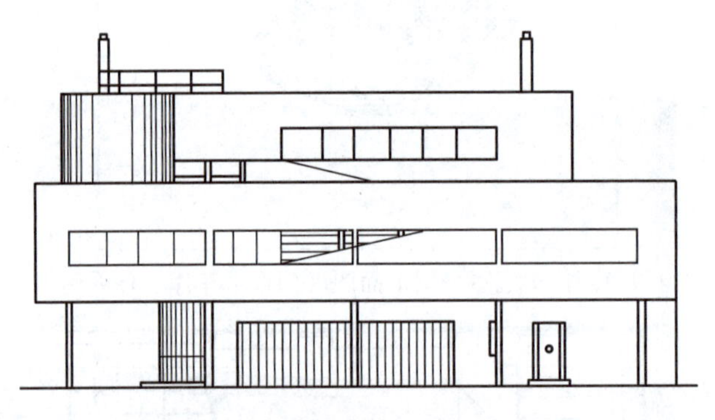

图4-12　萨伏伊别墅东立面图

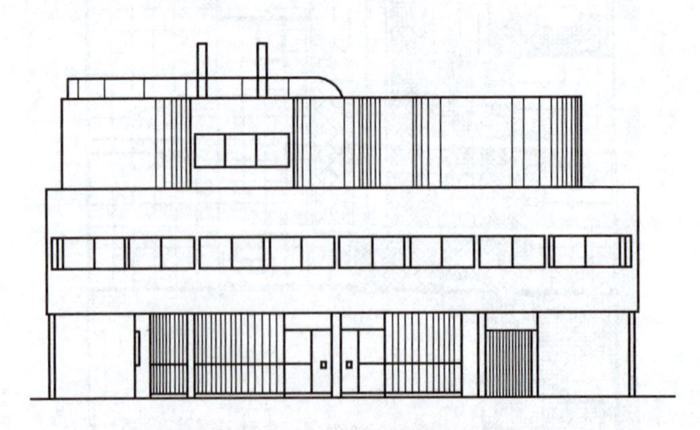

图4-13　萨伏伊别墅南立面图

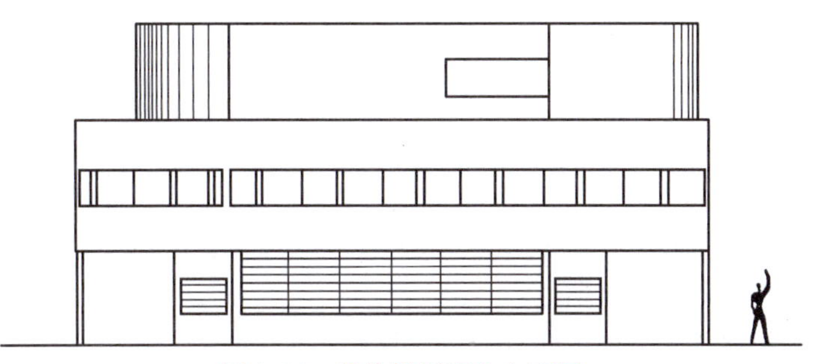

图 4-14　萨伏伊别墅北立面图

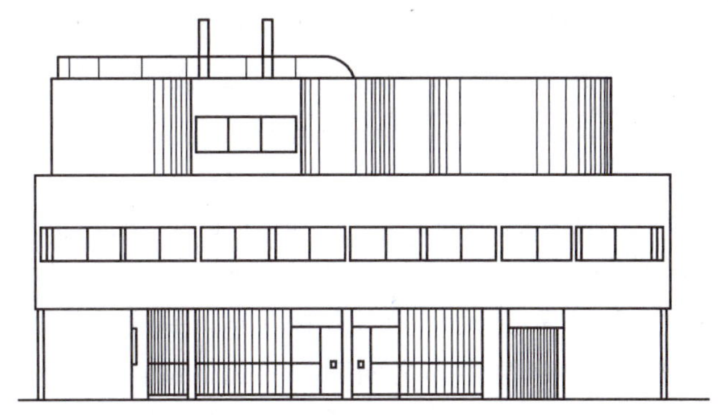

图 4-15　萨伏伊别墅西立面图

图 4-16　萨伏伊别墅内景

图 4-17　萨伏伊别墅外景

4.3 朗香教堂

4.3.1 概述

建筑师：勒·柯布西耶（法国）

使用对象：规模为200人的朝圣者

基地：法国东部索恩平原地区朗香村的一座小山上

4.3.2 设计意向

柯布西耶的意图就是希望创造一个诗意的、雕塑般的空间作为“一个强烈的集中精神和供冥想的容器”，通过一个凝聚与沉思的厅堂建造，达到建筑形式与建筑精神的统一。朗香教堂被誉为20世纪最为震撼、最具有表现力的建筑。

4.3.3 技术与艺术整合的亮点

朗香教堂采用了设计师所能想象的最奇特、最具雕塑力的建筑形式：建筑主体造型如同听觉器官，在倾听神与自然的对话；黑色的钢筋混凝土屋顶如诺亚方舟；粗面、厚重的混凝土墙“光之壁”上布满大大小小多彩点窗，并通过“光的隧道”将各色光奇妙地引入室内；不同厚重的建筑形体之间刻意留出的缝隙，也使室内产生奇特的光影效果，“谱写了一曲由光、影、明、暗、半明半暗构成的交响乐”，给人以无尽的遐想与凝思。

4.3.4 朗香教堂设计图（图4-18～图4-21）

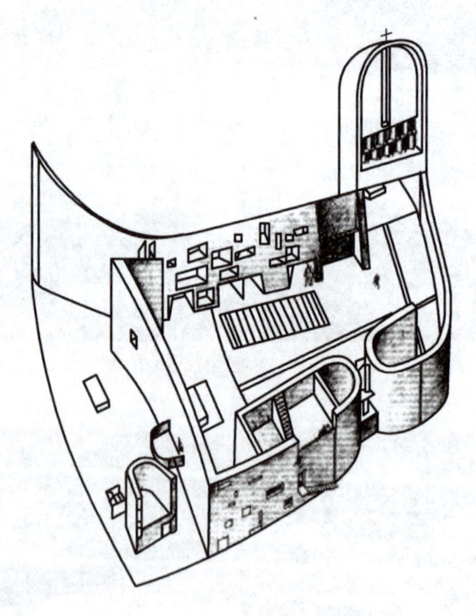

图4-18 朗香教堂平面剖切示意图

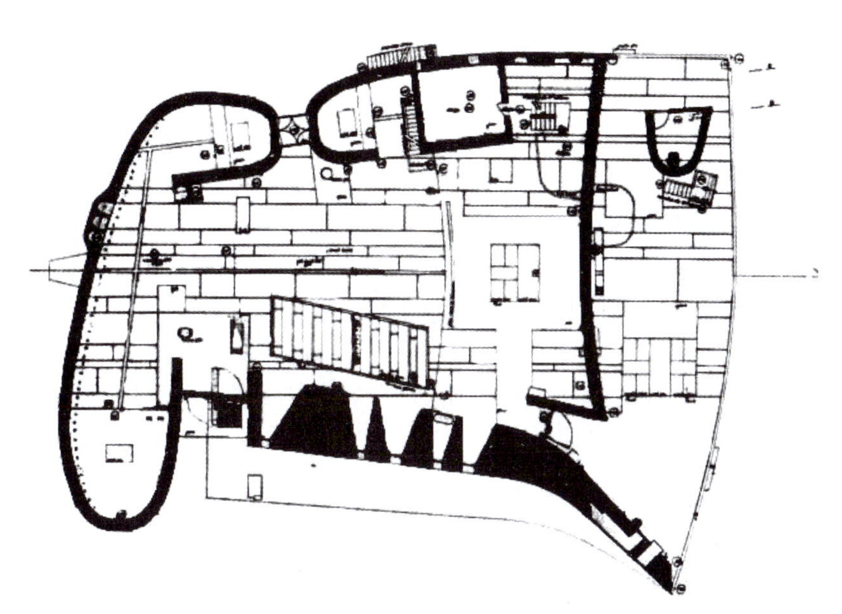

图 4-19　朗香教堂平面图

图 4-20　朗香教堂内景

图 4-21　朗香教堂外景

4.4　光的教堂

4.4.1　概述

建筑师：安藤忠雄（日本）

使用对象：朝圣者

基地：位于大阪茨木市北春日丘一片安静的居民住宅区

4.4.2　设计意向

整个建筑的重点就集中在这个圣坛后面的“光十字”上，它是从混凝土墙上切出的一个十字形开口，只因有光的存在，这个十字架才真正有意义。祈祷的教徒身在暗处，面对这个光十字架，仿佛看到了天堂的光辉。

光从安藤忠雄精心设置的各种洞口或孔隙中滤过，携着历史的永恒之所在，带着时间的流逝，一起涌入空间中。在光的笼罩之下，一切朴素而理智的细部随同生活细节得以清晰展开。

4.4.3　技术与艺术整合的亮点

简洁的建筑形体与15°的素混凝土壁的穿插，解决有限的基地难题，空间以坚实的六面混凝土体围合，创造了绝对纯净的暗空间，光线从墙体上留出的十字开口渗透进来，形成抽象、纯粹的精神空间。

4.4.4　光的教堂设计图（图4-22、图4-23）

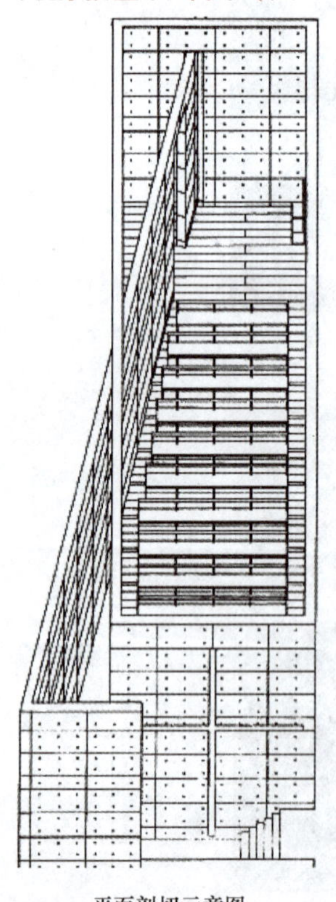

平面剖切示意图

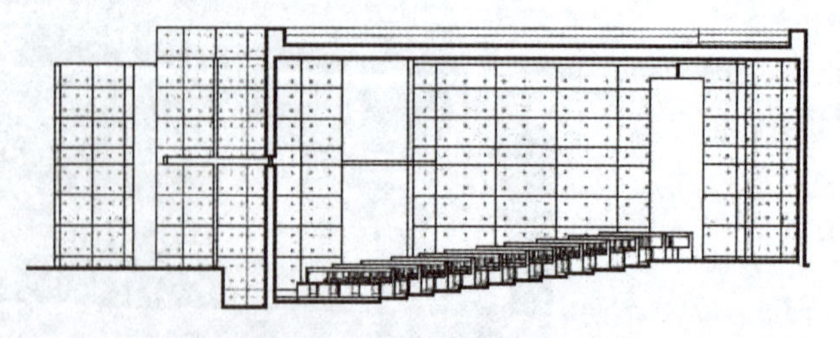

剖面图

图4-22　光的教堂剖面图

图 4-23　光的教堂内景

本章课程思政要点

建筑设计属于艺术创作范畴，应立足于前人的经验和成果，而非闭门造车。这就要求我们对历史上的经典作品进行了解、学习和借鉴，正确理解传承与创新的关系，既不厚古薄今，也不目空一切。唐太宗曾说“以古为镜，可以见兴替”，历史是创作的酵母！培养古为今用的态度及“拿来主义”精神。通过对如苏州古典园林等历史经典案例的学习，树立我们的文化自信心！

实训练习题

*实训 12　经典建筑案例分析（图 4-24、图 4-25）

1. 实训目的

通过对经典案例模型的研究，从建筑的基地、功能、空间、形式与结构的角度出发，分析建筑生成的逻辑概念，学习并领会建筑设计的基本方法，掌握图纸表现与模型表现的方法。

2. 实训内容

每 5 个同学为一组

任务一：共同完成经典案例模型的制作。

任务二：每人分别从建筑的基地、功能、空间、形式与结构的角度出发，分析建筑生成的逻辑概念，并独立完成相应的分析模型。

任务三：每组对以上模型进行编辑，同时补充相应的文字及图片，并以 PPT 的形式展示成果。

3. 进度要求

共计 2 周（16 学时）

其中：经典案例模型的制作一周，分析模型及 PPT 文件的制作一周。

4. 图纸要求

1）模型成果。

2）PPT 文件。

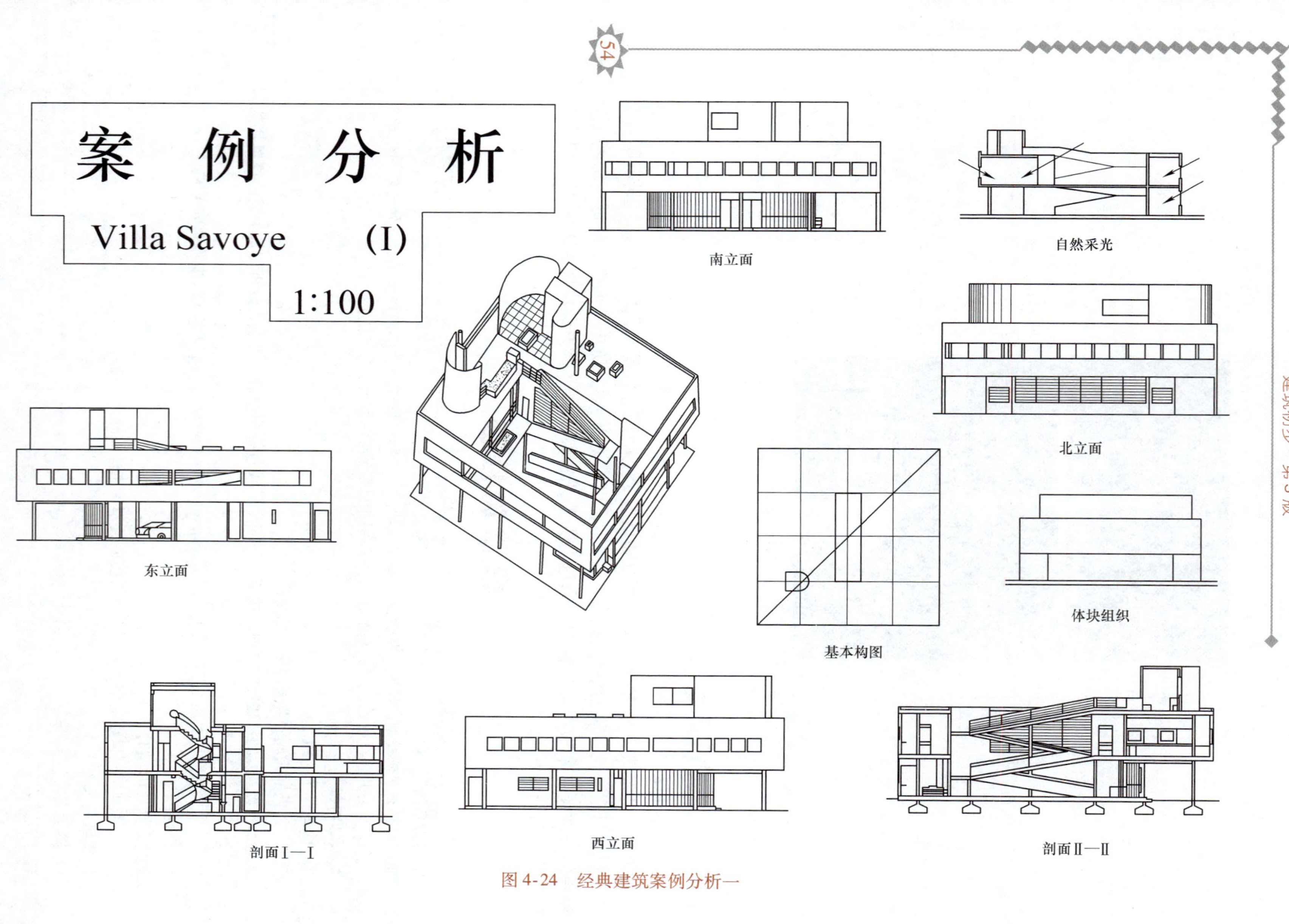

图4-24 经典建筑案例分析一

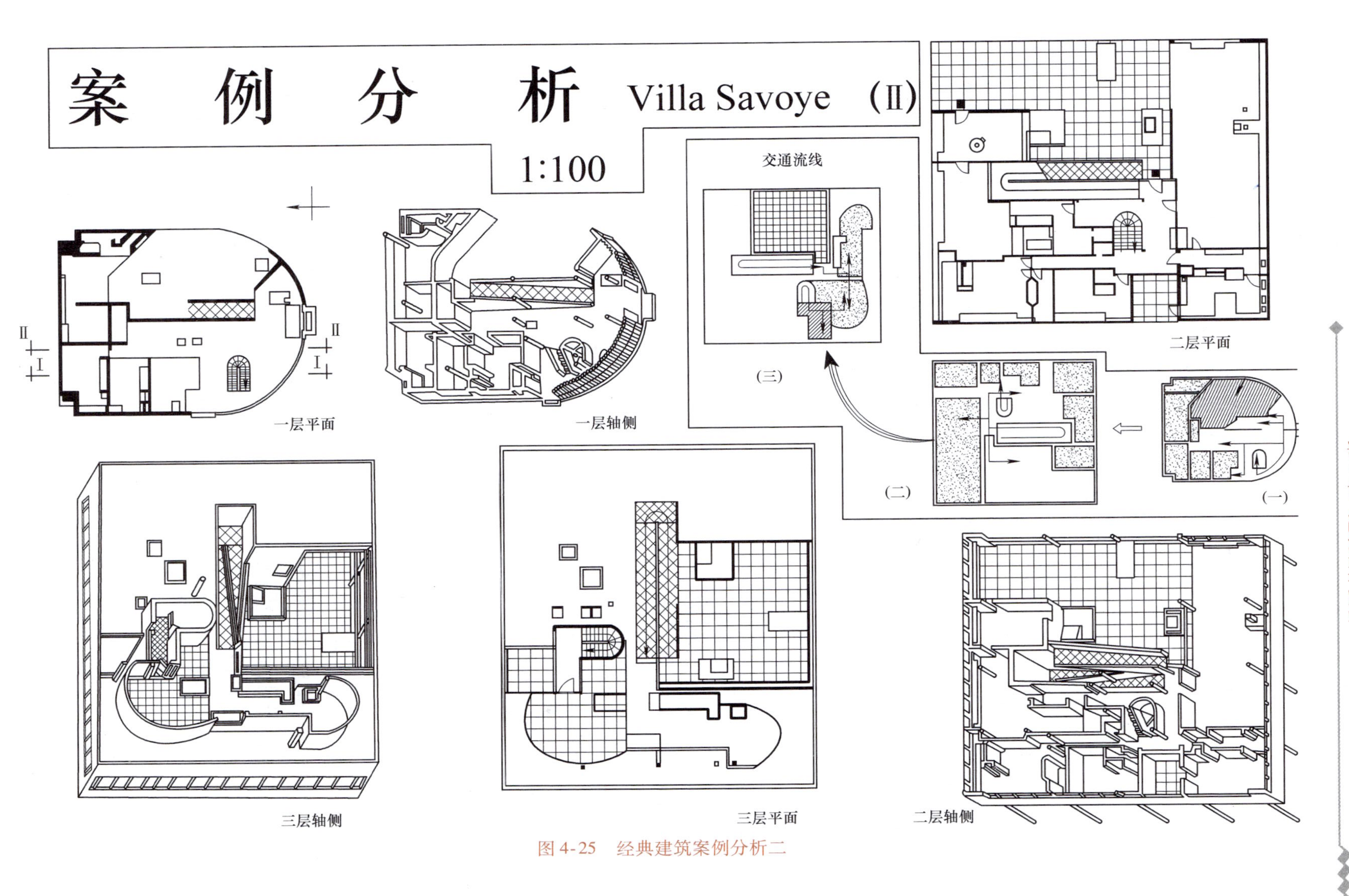

图 4-25　经典建筑案例分析二

第三篇　表达建筑

通过本篇的学习，不仅强调学生传统的表现手法的练习，同时注重设计素质与动手能力的训练，使学生在传统表现手法的练习中为未来的设计素质与动手能力打下一定的基础。

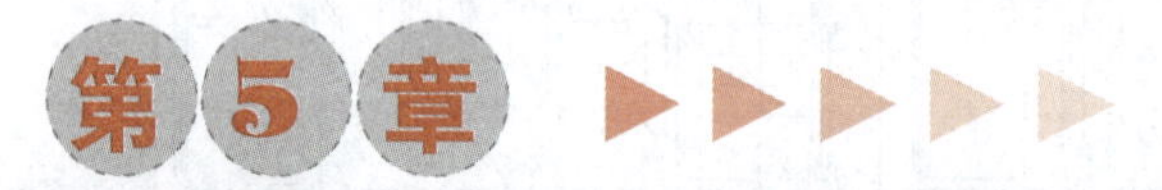

建筑徒手钢笔画技法练习

徒手钢笔线条练习

初步掌握建筑徒手钢笔画技法的基本内容及绘图技巧，增强形象思维及方案构思能力，为后续专业课程的学习打好基础。

建筑钢笔徒手画是建筑师表达建筑创作构思，推敲设计方案的最便捷的表现手段，也是最重要的基本技能。

徒手钢笔画技法是表达建筑的基本技法之一，钢笔画纯粹是线的组合，以线的粗细、疏密、长短、虚实、曲直等来组织画面，线条无浓淡之分，画面效果黑白分明，明快肯定。它的不便之处是不能擦改，作速写时画幅受到一定限制。

5.1　建筑徒手钢笔画的绘图要领

1. 线条的组织（图5-1）

线条的组织有两种目的，一是表现色调，二是表现质感。钢笔线条的表现技法多种多样。

2. 建筑徒手钢笔画的四种基本画法

（1）以勾形为主的单线画法（即所谓白描）　这种画法以画出物体的轮廓及面的转折线为主，在内容较繁杂处可加重前后交叠物体的轮廓线，以增加画面的层次。一般来说，轮廓线最重，体与面的转折线次之，平面上的纹理最轻。此种方法易取得淡雅的效果。

（2）单线勾形再加上物体质感和色感的表现　表现质感的同时也可表现色感，色感的深浅以表现质感的线组的疏密来调整。此种方法有一定的装饰效果，适用于室内设计图。

（3）单线勾形再加简单的明暗色调的表现　这种方法有一定的立体感，可产生明快简朴的效果。另一相似的方法是在画面主题上施以简单的明暗色调，而在配景中则免去明暗色

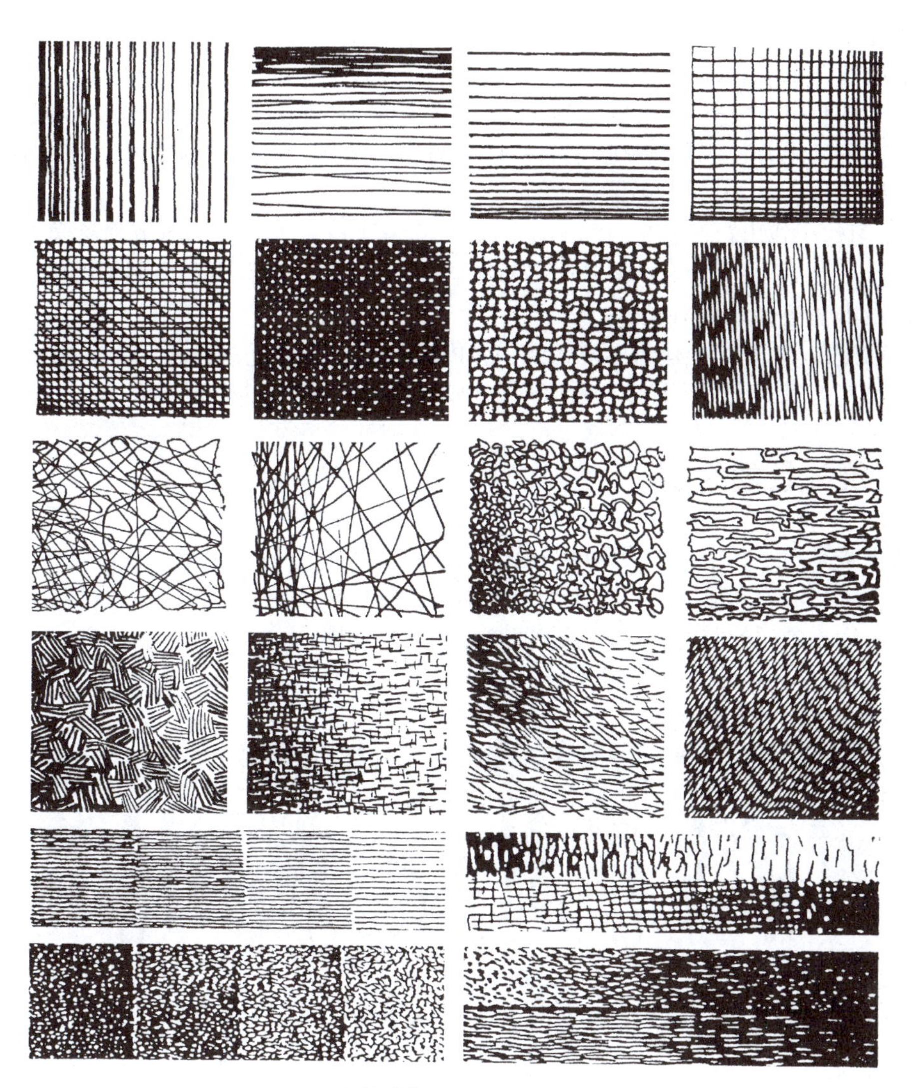

图 5-1　钢笔线条的组织——肌理和退晕

调，以加强“聚焦”的效果。

（4）以色感与光影的表现为主的画法　体和面以色和光来区分，以面的表现为主，不强调构成形的单线。此种画法的空间感强，层次多，较富有表现力，但掌握全局较难。

5.2　学习建筑徒手钢笔画的方法

将计划中的建筑物如实地预先展现于画面是建筑画的绘制目的，所以建筑画古今中外都倾向于写实，在第一印象中就要为人们所理解和接受。因此建筑画主要是要求形似，不同于一般绘画讲究神韵，因而建筑画带有一定的“匠气”。一般来说，最便捷的是通过反复的临摹和练习来掌握一两种行之有效的技法。临摹不是一味地抄袭，而是要学用结合。学习的方式有三种：

1）由简到繁，由小到大，由细部到整体，有计划、有步骤地临摹，不要用“描红”的方法，不要用铅笔起草稿，直接用钢笔描绘。临摹对象可以广泛些，从叶丛、花草、树木、人、车、家具等小单体着手，逐步深入充实，一直到较完整的建筑画。在临摹时一定要注意形象的准确性和用笔的灵活性，可用初步掌握的技法来临绘照片或作实物速写，提高迅速记录和表达形象的能力。一开始就临摹完整复杂的建筑画是没有多大意义的，很难消化吸收，反而欲速则不达。

2）从习作中找出自己的难点和不足。有的放矢地找一些有关的典范临摹学习，一般可通过"写生—临摹—写生—临摹……"也就是"发现问题—解决问题—发现问题—解决问题……"的办法逐步地巩固成果。

3）在绘制一幅正式的建筑画时，找一张内容条件相似的优秀样板，从全局到细部着意仿效，学习其处理方法。经过多次反复后，可基本学习到完整的表现方法。

5.3　建筑配景的绘制

建筑配景是建筑画中不可或缺的一部分，建筑配景的主要作用是：显示建筑物的尺度；活跃画面气氛，增添生活气息；建筑配景的动态使画面重点更为突出；远近各点适当地配置建筑配景可增添画面的空间感；丰富和完整画面的环境感。

建筑配景主要包括人物、树木、车辆、飞机、船舶等。

1. 人物（图5-2～图5-4）

人物是建筑配景的一部分，徒手钢笔建筑画中人物的绘制要领如下。

图5-2　建筑配景——人物（远景）

1）建筑画中人物尺度不易大，只要表现出比例准确的基本轮廓即可。

2）绘制人物切忌头大，人物身材要修长些。

3）建筑画中的人物一般宜用行走、坐、站等稳定安静的姿态。

4）人物动向应该有向"心"的效果，不宜过分分散和动向混乱。

5）人物衣着颜色可增加画面生动感。

6）近景人物较大，宜适当虚化概括。

2. 树木（图5-5～图5-9）

树木是建筑配景的一部分，通常采用一般的品种和常规的表现方法。

徒手钢笔建筑画中树木的绘制要领如下。

1）不宜过多强调趣味性，如盘根错节的老树枯藤或久经风吹的强烈动感。

2）树木不应遮挡建筑物的主要部分。

图 5-3　建筑配景——人物（中、近景）（一）

图 5-4　建筑配景——人物（中、近景）（二）

图 5-5　建筑配景——树木的叶丛

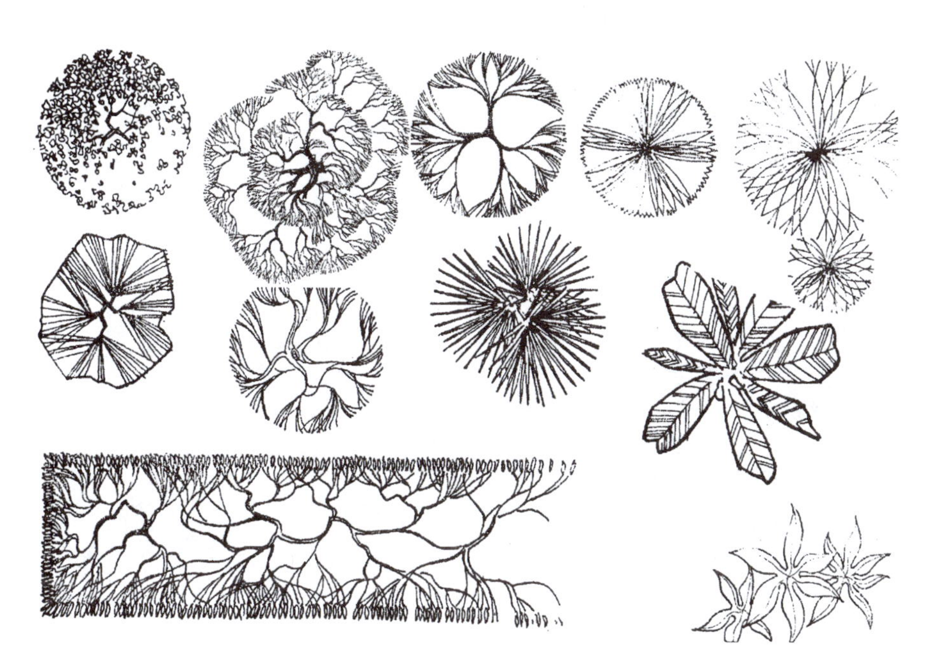

图 5-6　建筑配景——树木的平面

图 5-7　建筑配景——树木（写意）

图 5-8　建筑配景——树木（写实）（一）

图5-9　建筑配景——树木（写实）（二）

3. 小轿车（图 5-10）

图 5-10　建筑配景——小轿车

4. 飞机、船舶（图5-11）

图5-11 建筑配景——飞机、船舶

5.4　徒手建筑钢笔画临摹

徒手建筑钢笔画临摹是培养建筑设计专业学生徒手钢笔画技能以及培养建筑透视感知力的有效方法和必经过程（图5-12～图5-17）。

图5-12　钢笔画临摹——建筑内景

图5-13　钢笔画临摹——建筑（一）

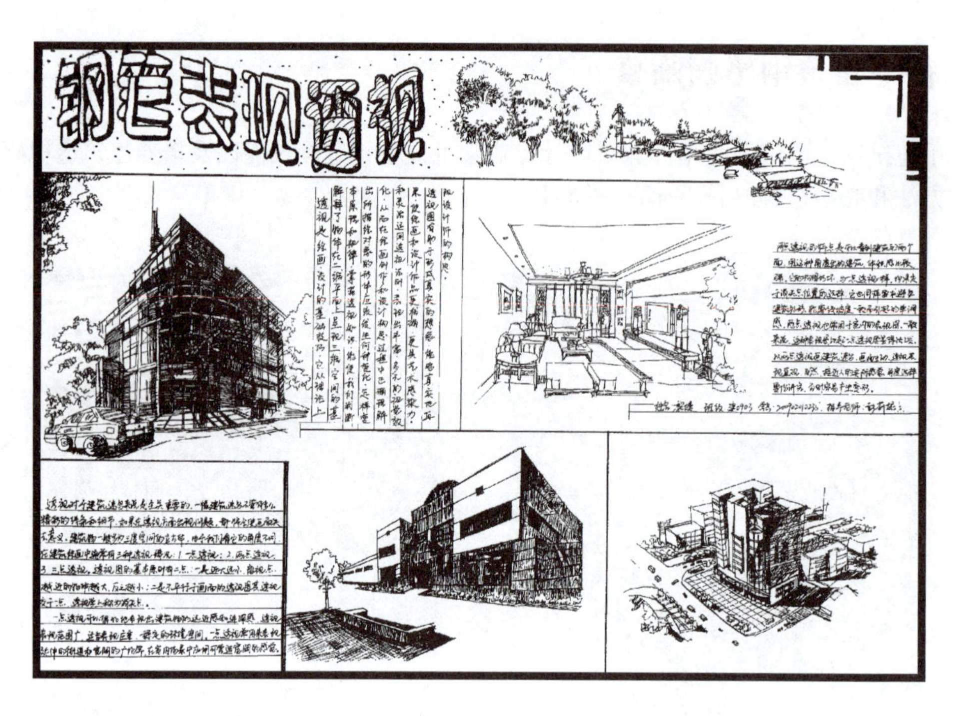

图 5-14　钢笔画临摹——建筑（二）

图 5-15　钢笔画临摹——建筑（三）

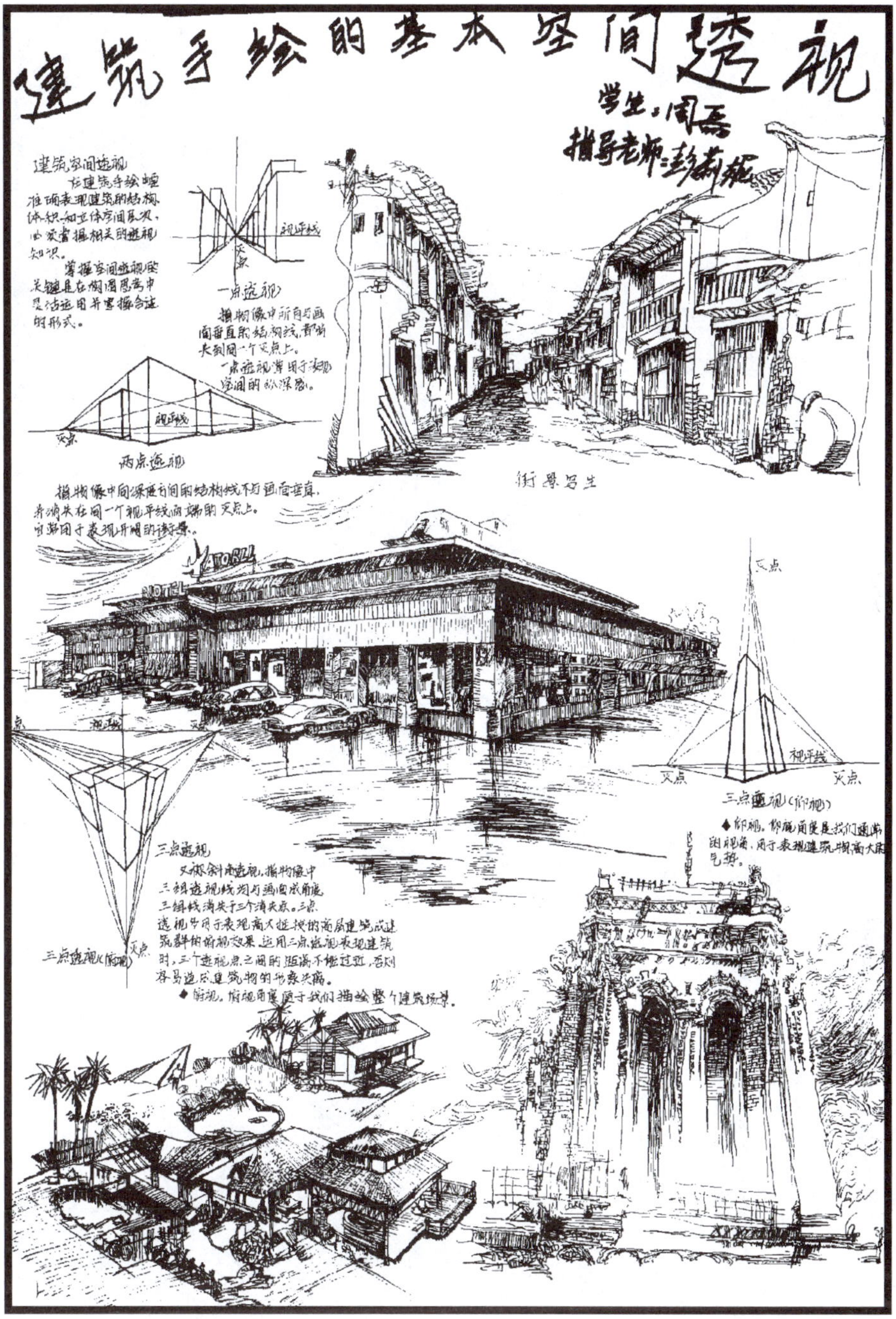

图 5-16　钢笔画临摹——建筑（四）

图5-17　钢笔画临摹——老屋

5.5　建筑实景照片改画

钢笔画教学中建筑实景照片改画是一种新的教学环节，建筑实景照片改画已成为培养学生观察分析能力、整体把握能力和尺度平衡能力的一种教学实验方法。掌握正确的临绘相片技法，可以从中学到一种带有浓厚设计思维的绘制方法，并培养浓厚的绘画兴趣，为将来绘制设计草图打下扎实的基础（图5-18～图5-21）。

图5-18　建筑实景照片改画——流水别墅（全图）

图5-19　建筑实景照片改画——流水别墅（细部）

图 5-20　建筑实景照片改画——荷兰小镇（全图）

图5-21　建筑实景照片改画——荷兰小镇（细部）

本章课程思政要点

建筑徒手钢笔画是以线的粗细、疏密、长短、虚实、曲直等来描绘建筑，它是线条的艺术，而我国传统艺术的灵魂也是线条，如书法、传统国画等。艺术家通过线条的组织与绘制，表达自己对社会、自然的看法，抒发自己的情感。建筑画倾向于写实，要为人们所理解和接受。学习建筑钢笔画，需要通过反复的临摹和练习来掌握一两种行之有效的技法，同时塑造精益求精的品格和坚强的意志。

实训 13　钢笔画训练——线条与肌理

实训 14　钢笔画训练——建筑配景（人、植物、交通工具）

实训 15　钢笔画训练——建筑钢笔画临摹

＊实训 16　钢笔画训练——景观节点练习

具体思路：充分挖掘学生的学习主动性，以传统的钢笔画为表现手法，强调设计素质与动手能力训练。在此过程中，钢笔线条练习和发散性思维训练并重。

突破点：手随心到，手脑结合，发挥想象力。

作业设计：在学校某空地为学生规划一个集休闲、娱乐、集会、学习于一体的景观。

方法：资料搜集、自觉练习钢笔画，教师分阶段点评设计草图、钢笔画作业。教师在全过程中不予过多的束缚，沿着学生的设计思路进行指点、评论。

作业成果：景观节点规划总平面一张，钢笔表现；局部景点透视图若干，钢笔表现。

第6章 色彩知识及建筑渲染

学习目标

本章主要介绍色彩的基本知识和水彩渲染的工具、方法。对于初学者来讲，在着手渲染建筑物之前，还应做一些基本练习。通过这些练习，一方面可以了解水彩颜料的性能，同时更重要的是学习掌握水分和用笔等技巧，以适应渲染的要求。

6.1 色彩基本知识

6.1.1 色彩的基本原理

1. 光与色的关系

根据物理学、光学分析的结果，色彩是由光的照射而显现的，凭借光，我们才看得到物体的色彩。太阳发射的白光是由各种色光组合而成的，1666年英国科学家牛顿把日光引入到实验室，利用三棱镜的原理使白光分解为以红—橙—黄—绿—蓝—紫的顺序排列的色带，称为光谱（图6-1）。人在光亮条件下能看见光谱中各种颜色，称为光谱色。光线照射到物体表面时，一部分色光被吸收，一部分色光则被反射出来，所反射出来的色光作用于人们的视觉，形成了各个物质所固有的颜色。

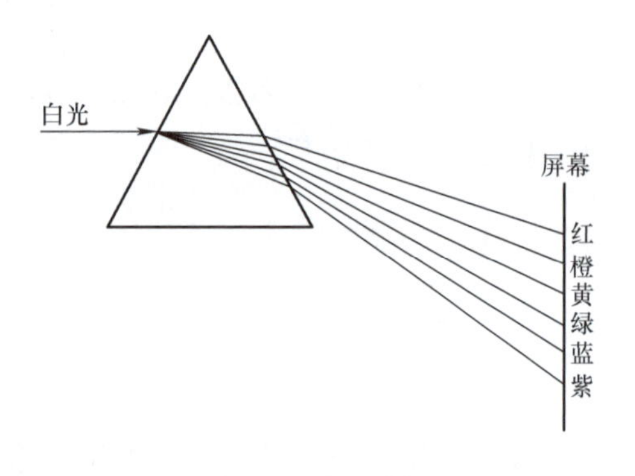

图6-1　光的分解

在客观世界中，物体呈现的颜色不是绝对固定的。任何物体都是存在于某一个特定的环境之中，它既受到当时光源的影响，也受到周围环境色的影响。我们眼睛所看见的任何一个物体，其表面色彩的形成取决于三个方面：有一定光源的照射；物体本身反射的色光；环境色彩对物体的影响。

（1）光源色　指光源的色彩，不同光源具有不同的光色。例如太阳光为白色，白炽灯偏橙色等。不同色彩的光源，会对物体色彩产生不同影响。

（2）固有色　指物体本身的颜色，一般理解为日光下物体显示的颜色，例如黑头发、蓝天、白云、红苹果等，其中的黑、蓝、白、红就是固有色。

（3）环境色　指物体由于周围环境反光的影响，而发生的色彩细微变化。一般物体表面越光滑，色彩明度越高，受环境色的影响就越大。

2. 形与色的关系

形与色是相互依存、相辅相成的。红色的苹果，在光线照射下有各种不同的色彩变化，但这种变化只是在圆球形的苹果上的变化。因此，我们在观察色彩的时候，就必须把色彩与形体联系起来，把色彩用到画面上的时候，应该使它成为具体的形体，否则就是颜色的堆积而已。

6.1.2　色彩的分类

1. 无彩色与有彩色

视觉感知下的色彩虽然是五光十色且魅力多变的，但就其本质来说，可以分为两个大的色系，即无彩色系和有彩色系。

（1）无彩色系　包括黑、白以及由黑白混合产生的多种深浅不同的灰色。从物理学的角度来看，它们不包含在可见光谱之中。

（2）有彩色系　除了黑、白、灰以外的颜色都属于有彩色系。有彩色是无数的，它以红、橙、黄、绿、蓝、紫为基本色，基本色之间按不同量进行混合或者基本色与黑、白、灰之间的不同量的混合，又可以产生成千上万种有彩色。

2. 原色、间色与复色

（1）原色　颜料中最基本的三种色为红、黄、蓝，色彩学上称它们为三原色，又叫第一次色。颜料中的原色之间按一定比例混合可以调配出各种不同的色彩，而其他颜色则无法调配出原色来。原色有两个系统：一个是从光学角度出发，即色光的三原色，分别为红（Red）、绿（Green）、蓝（Blue）；另一个是从色素或颜料的角度出发，即色料的三原色，分别为品红（Magenta）、黄（Yellow）、青（Cyan）（图 6-2）。色光三原色可以合成出所有色彩，同时相加得白色光。而色料三原色从理论上讲可以调配出其他任何色彩，同时相加得到黑色。但因为常用的颜料中除了色素外还含有其他化学成分，所以两种以上的颜料相调和，纯度受到影响，调和的色种越多就越不纯，也越不鲜明。这些将导致色料三原色相加只能得到一种黑浊色，而不是纯黑色。

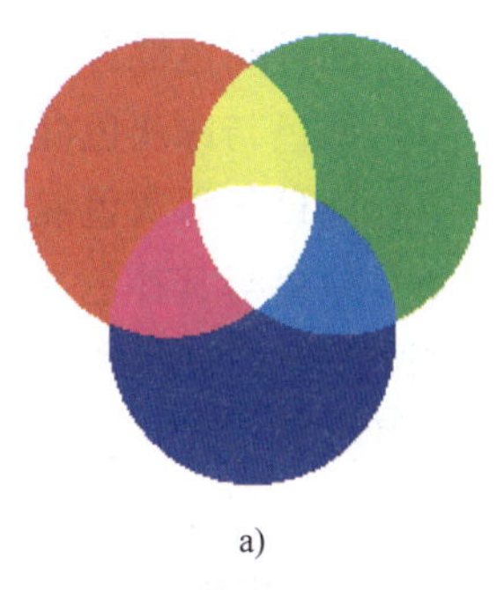

a)

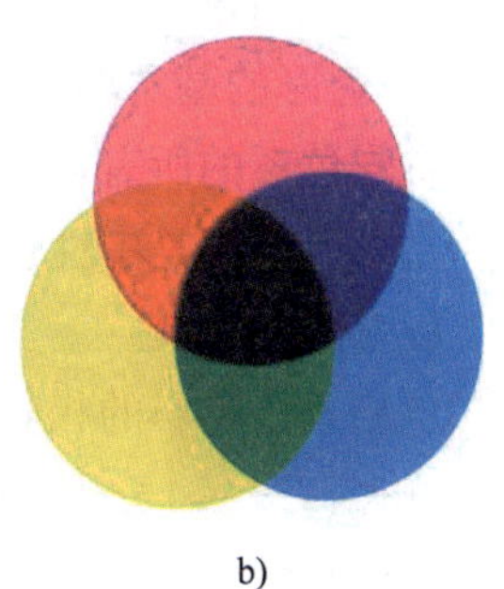

b)

图 6-2　三原色

a）色光三原色　b）色料三原色

（2）间色　三原色中任何两种原色作等量混合调出的颜色，称为间色，亦称第二次色。如红 + 黄 = 橙色（图 6-3），红 + 蓝 = 紫色，黄 + 蓝 = 绿色。如果两个原色在混合时分量不等，又可产生各种不同的颜色。如红与黄混合，黄色成分多则得中铬黄、淡铬黄等黄橙色，红色成分多则得桔红、朱红等橙红色。

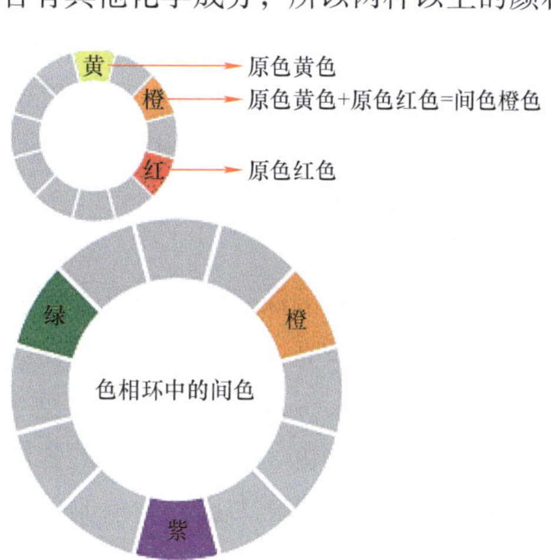

图 6-3　间色的调配

（3）复色　任何两种间色（或一个原色与一个间色）混合调出的颜色称复色，亦称再间色或第三次色。由于混合比例的不同和色彩明暗深浅的变化，使复色的变化繁多。等量相加得出标准复色，两个间色混合比例不同，可产生许多纯度不同的复色；三个原色以一定比例相混合，可得出近似黑色的深灰黑色。

需要注意的是，在水彩渲染练习中，色彩基本上都是经过调配而成的，很少用原色。复色是丰富画面色彩表现的主要手段，它的调配方式较多，大致有以下几种：

1）三原色适当混合，各原色所占比例不同，便能产生多种复色。

2）两种间色混合，所产生的复色纯度不一定高，但有沉稳的视觉效果。

3）原色与深灰色混合，降低原色的纯度和明度。

4）间色与深灰色混合，纯度、明度较低。

5）原色与其补色（色相环里相距180°的两色为互补色，是最强对比色组，富于刺激感、不安全感和极强的视觉冲击力）混合，如红和绿、黄和紫的复色调配。

在构成画面的色彩布局时，原色是强烈的，间色较温和，复色在明度上和纯度上较弱，各类间色与复色的补充组合，形成丰富多彩的画面效果。复色是一种灰性颜色，在绘画和工艺装饰上应用很广，善于运用复色的变化，能使画面色彩丰富并达到艺术效果。

6.1.3　色彩的基本属性

有彩色系的所有的颜色都具有共同的属性和特征，即色彩的三属性：色相、明度、纯度。无彩色系都是中性色，只有明度，不具备色相和纯度。

1. 色相

色相是指色彩的相貌，我们借助色彩的名称来区别色相，如玫瑰红、桔黄、柠檬黄、钴蓝、群青、翠绿……从物理学角度看，色相的差异是由于光的波长不同引起的。

在色彩学研究中，人们习惯用色相环来表达色相的秩序。最简单的色相环是采用牛顿光谱色：红、橙、黄、绿、蓝、紫制成的红与紫相连的色轮。瑞士的色彩学家伊顿教授以六色相为基础，在各色相的连接处又各增加了一个过渡色相，如在红色与橙色之间加上红橙色，在红色与紫色之间加红紫色，以此类推可以得出12色的色相环。从人眼的辨别力来看，12色相是很容易被人分清的色相。在12色的色环上每个色相都有相等的间隔，同时6个补色也分别处于直线的两端（图6-4）。依照这一思维，同样在12色色相的间隔处各增加一色，如在红色与橙红色之间再加上一个偏红的橙红色，在黄色与黄绿色之间加上一个绿味黄，以此类推就会构成一个24色色相环，它呈现出微妙而柔和的色相过渡，并在色彩设计中具有很大的实用性（图6-5）。

2. 明度

明度是指色彩的深浅明暗程度。色彩的明度变化有许多种情况：一是不同色相之间的明度变化，如白比黄亮、黄比橙亮、橙比红亮、红比紫亮、紫比黑亮；二是在某种颜色中，加白色明度就会逐渐提高，加黑色明度就会变暗，但同时它们的纯度（颜色的饱和度）会降低；三是相同的颜色，因光线照射的强弱不同也会产生不同的明暗变化（图6-6）。

在无彩色中，最亮为白色，最暗为黑色。如果把黑、白作为两个极端，中间根据明度的顺序等间隔地排列若干灰色，就成为关于明度的系列。在有彩色中，明度是依据色彩的深浅程度来决定的。以黄色系为例，从柠檬黄、中黄、桔黄到土黄，就可以明显地看出明度层次由亮到暗的变化。在有彩色中，黄色明度最高，蓝紫色明度最低，红、绿色为中间明度。

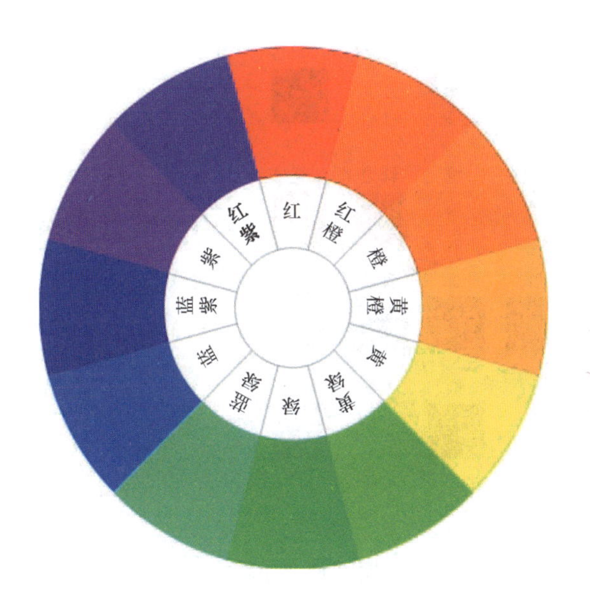

图 6-4　12 色色相环

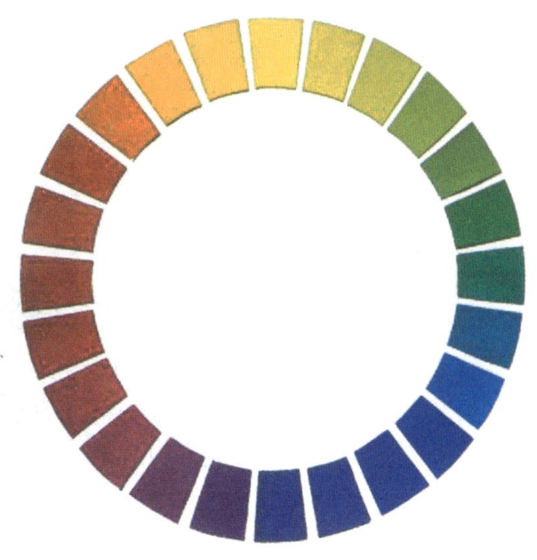

图 6-5　24 色色相环

3. 纯度

纯度是指色彩鲜艳与混浊的程度，也称为彩度或饱和度。纯度是深色、浅色等色彩鲜艳度的判断标准。纯度最高的色彩就是原色，随着纯度的降低，就会变化为暗淡的、没有色相的色彩。纯度降到最低时就会失去色相，变为无彩色。同一色相的色彩，不掺杂白色或者黑色，则被称为纯色。在纯色中加入不同明度的无彩色，会出现不同的纯度。以蓝色为例，向纯蓝色中加入一点白色，纯度下降而明度上升，变为淡蓝色。继续加入白色的量，颜色会越来越淡，纯度下降，而明度持续上升（图 6-7）。加入黑色或灰色，则相应的纯度和明度同时下降。

图 6-6　色彩的明度变化

在水性颜料中加入水，色彩的纯度会降低，但明度会随着加水量的增加而相应提高。作画时应根据需要合理选择色彩，纯度高的色彩可用来表现生机勃勃、强烈鲜明的画面效果；纯度低的色彩可用以表现柔和含蓄的意境。

6.1.4　色彩与视觉心理

1. 色彩的冷暖感

图 6-7　色彩的纯度变化

色彩的冷暖主要是指色彩结构在色相上呈现出来的总印象。色彩的冷暖感觉是人们在长期生活实践中由于联想而形成的。红、橙、黄色常使人联想起东方旭日和燃烧的火焰，因此有温暖的感觉，所以称为“暖色”；蓝色常使人联想起高空的蓝天、阴影处的冰雪，因此有寒冷的感觉，所以称为“冷色”；黄绿、红紫等色给人的感觉是不冷不暖，故称为“中性色”（图 6-8）。

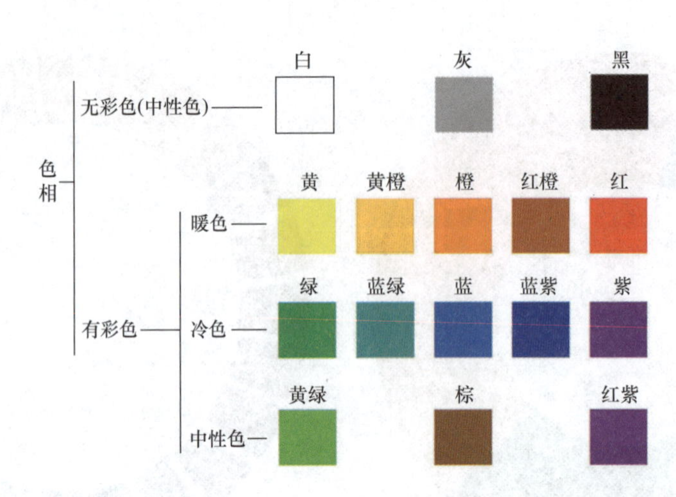

图6-8　色彩的冷暖

同时，色彩的冷暖存在着相对性。比如，红色相对于蓝色而言属于暖色，但红色之间的比较中有偏冷的红、偏暖的红。同样，任何一种颜色当中都有冷暖上的差异性。在理解这一原则的基础上就不难理解在作画过程中应该如何去画暖色物体上的冷色。其实并不是一定要那个颜色是冷色，而是相对于固有色偏冷。

2. 色彩的轻重感

明度是决定色彩轻重感的主要因素。明亮的颜色使人感觉轻盈，灰暗的颜色使人感觉厚重。由于人们对客观物体的判断总是以视觉信息为主导，因此，即使是相同重量的不同物品，由于外表色彩的不同，则给人以不同的轻重感觉。设计师对于室内顶棚、墙面、地面、家具的色彩处理往往会根据其轻重感合理选择。此外，色彩的轻重感也广泛应用于包装设计、服饰搭配等。

3. 色彩的进退感

如果等距离地看两种颜色，可给人不同的远近感。如：黄色与蓝色在以黑色为背景时，人们往往感觉黄色距离自己比蓝色近（图6-9）。换言之，黄色有前进性，蓝色有后退性。一般而言，暖色比冷色更富有前进的特性。两色之间，亮度偏高的色彩呈前进性，饱和度偏高的色彩也呈前进性。

图6-9　色彩的进退感

4. 色彩的胀缩感

比较两个颜色一黑一白而体积相等的正方形，可以发现有趣的现象，即大小相等的正方形，由于各自的表面色彩相异，能够赋予人不同的面积感觉。白色正方形似乎较黑色正方形的面积大。这种因心理因素导致的物体表面面积大于实际面积的现象称“色彩的膨胀性”。反之称“色彩的收缩性”。给人一种膨胀或收缩感觉的色彩分别称“膨胀色”“收缩色”。

色彩的胀缩与色调密切相关，从色相来看，长波长的色相，如红、橙、黄等，相对于短波长的色相，如蓝、蓝绿、蓝紫等，给人以膨胀的感觉。从明度来看，明度高而亮的色彩给人以膨胀的感觉，明度低而暗的色彩给人以收缩的感觉。从纯度来看，高纯度色相对低纯度色给人以膨胀感。以上只是一些基本规律，需注意的是背景色的变化对于人的视觉感受的影响。

6.2　水彩与水粉

水彩和水粉是现代绘画表现中常用的两种技法，因其使用的工具、材料都比较简单，应用范围十分广泛，对于画家外出写生、收集生活素材、绘制色彩画创作初稿等都非常方便合适。此外，它们也同样适宜于绘制平面广告、招贴宣传画、图案设计、建筑设计效果图、舞台美术设计图等。本节将从画面特点、颜料特性和作画方法三个方面对二者进行比较，读者可根据自己的喜好选择合适的表现方式。

6.2.1　画面特点

水彩是以水为调和媒介用以作画。一幅好的水彩画，除去内容与情感表达深刻之外，给人的感觉是轻快透明、水色渗透、湿润流畅、变化丰富，这种感觉就是水彩画的特点，也是其他任何画种都难以比拟的（图6-10）。水彩画使用的是透明或半透明的颜料，对白色的使用有很强的限制，因而在绘制时特别强调步骤的严格性。留白也是水彩画的一大特点。水彩中的白色一般是不用白粉的，因为白粉没有透明感，降低了水彩表现的效果。水彩中有些需要表现白色的地方，如体块上的高光、强光照射下的粉墙、夏日的云朵、山中的迷雾等，若留出白纸原色就显得格外纯净而透明。水彩画色彩变化微妙，画面颇能表现环境气氛，也具有直观的表现能力，可以非常真实、细致地表现出各种建筑形式和建筑材料的质感，同时画幅的大小又不受限制，保存也比较方便，因而广泛应用于设计表现中。

图6-10　水彩建筑画

水粉是介于油画和水彩之间的一个画种。它兼有油画、水彩的某些优点，但也有许多不及二者的方面。和油画比，水粉不及它厚重，色调上也不及它丰富。和水彩比，水粉不及它透明，也少有水彩那种水墨淋漓之感。但是水粉色彩的亮丽、饱和、色调的明快，一定程度上的透气感以及用笔洒脱、自如，也是油画、水彩所不可取代的（图6-11）。水粉画面色彩强烈而醒目，表现建筑物和各种实物的真实感也强，富有直观的良好表现效果，同时绘制速度快，技法比较容易掌握，能综合运用多种工具和材料，表现形式不拘一格，在表现材料的质感和环境气氛上有独到之处。正因如此，水粉能够做到雅俗共赏而被人们喜欢和接受。

图6-11　水粉建筑画

水彩画与水粉、油画相比，应该说是一种更具情感表达力，极富感情色彩的绘画形式。由于水彩画以水为调色媒介，色彩透明不易修改，因而作画时对技法的要求很高。可以说能否自如把握水与色的技法运用，是能否画好水彩画的关键。

6.2.2　颜料材质

水彩颜料最基本的特点是颗粒细腻而透明，是用水来调和作画的，有透明色与沉淀色之分。透明色如柠檬黄、普蓝等，颜料的透明度很高；而沉淀色如赭石、青莲、土黄等，很容易沉淀，其附着力也较差，容易被洗掉。水彩颜色不能覆盖底色，不像油画、水粉画颜料有较强的覆盖力。颜料的深浅是靠调整加水量的多少来控制的。利用水彩颜料，随着不同量的水分，不同的用笔法就构成了颇有韵味的水彩图。

水粉是一种不透明的粉质颜料，含有一定的胶质，需要以适量的水来调用。由于覆盖性比较强，所以作画时经常会从最深的颜色下笔，可以一层层盖上去。如果有耐心的话也可以达到模拟油画的效果。水粉颜料湿的时候颜色比较深，干后颜色变浅。此外，带紫色的比如玫瑰红、紫罗兰这些颜色容易翻出来，所以不用来打底。水粉颜料干透以后非常结实，表面呈现出无光泽的质感。

6.2.3　着色顺序

不同作画者具体的着色方法是有区别的，这里介绍的是适合初学者练习的方法步骤。水彩画由于颜料的透明性，作画时应严格按照从浅色着手的步骤开始，由浅入深，由远及近，从上到下，从左到右着色，且需要多次上色才能达到预期效果。同时，与水粉画、油画一样，要从整体到局部。为什么要从上到下，从左到右着色呢？这主要是因为画水彩画时，为避免直立的水色流淌破坏形体，图板应作适当角度的倾斜，由于着色后的水色总要流向低处，所以从上到下着色便于色彩的衔接。人们一般都是右手执笔，从左到右着色可以使涂过的颜色映入视野，便于照顾画面整体关系和色彩效果。以上的着色顺序从后面的水彩渲染步骤中能充分体现出来。

水粉画颜色虽有较强的覆盖力，但不能毫无顾忌地随便乱涂，需遵循其着色顺序，即：先整体，后局部；先深色，后浅色；先薄涂，后厚画。水粉画和别的色彩画一样，都是从整体着眼，从大体、大色块入手。应首先画准画面中主要色块的色彩关系，然后再进行局部的塑造和细节刻画。由于水粉容易泛白，故在作画中一般是先画面积较大的深重色，逐步向亮色过渡。水粉作画一般可根据总的色彩感觉，先迅速地薄涂一遍，画出大体明暗与色彩关系。随着画面不断深入，颜色逐渐加厚。

上述的着色顺序只是一般规律，在作画时应视具体对象具体分析，灵活处理。

6.2.4　色彩调配

1. 水彩调色

水彩是单纯使用水分调色来控制颜料厚薄，从而产生明度变化，并利用水色的干湿，通过颜色的渗透与叠加，获得水彩画的特殊表现效果。水彩画的调色方式主要有混合法、融合法、重置法和并置法四种。

（1）混合法　把不同色相的颜料在调色盘中用水调和，可不完全调匀，画到画面上去，使其趁湿混合形成需要的色彩。但必须注意调色种类不宜太多，否则色性和色度会减弱和浑浊。需要注意的是，对比色互相调和时，不要等量相调。

（2）融合法　将颜色在画面上直接调配，使之相互渗透或融合，获得所需的色彩。这种调色比较生动，色彩鲜明，一般适合于画大面积的色块，如天空、背景等。

（3）重置法　在画面画上一遍底色后，再在上面加上别的颜色。第一遍颜色可有意识地画暖一些，待干透后使用较冷的颜色轻轻罩上一层，使其冷色中透出一些暖色。也可先画冷色，再罩上一层暖色，根据实际情况而定，这样可使色彩丰富有变化。如画阳光下的天空，为了能表现一定的阳光感和空气感，避免把天空画成单调的蓝色，可用这种方法。

（4）并置法　将不同色相的颜色，经水调和直接运用色点和小色块并置在画面上。整体看时可得出另外的一种色彩，如黄色与蓝色并置，从视觉上可得出绿色。这种方法可使画面色彩更为鲜明、活泼，产生一种闪烁跳动的感觉。

2. 水粉调色

水粉的颜色很难在颜料盒上调准，只有涂在画纸上和旁边的颜色作比较后，才看得出深浅冷暖，因而与其说是在调色盒里调色，不如说是在画上调色。覆盖是水粉最基本的画法。这是由水粉颜料含粉量所决定的，含粉量越大，覆盖能力越强。因上层色完全可以遮挡下层色而不泛色，画面着色就较为自由，修改也就随之方便许多，画面的完成也就较有保证了。在调色中需要注意以下事项：

（1）控制好水量和覆盖层数　水粉调色时要控制好水量，水量过多，若不是湿画法，那么就会使颜色单薄，粉质容易沉淀，色块涂不均匀，覆盖不了下层色，十分难看；水量过少，则色浓发涩，拉不开笔，也不容易画得均匀。通常用水以能流畅地运笔，能覆盖住底色为宜。至于覆盖的层数也要根据着色的面积大小来定，若面积越大，覆盖层数越多，那么粉层又厚又重，干透后胶合力不够时就容易剥落下来，破坏了图面效果。

（2）把握颜色在干湿状态下的变化　水粉颜色的干湿变化非常明显。如洗衣服一样，浸在水中颜色变深，干后颜色变浅。作画时因先后顺序，画面干湿不等，新加上去的颜色干后将变成怎样，能否与前面的颜色相衔接，这些问题都是在水粉画中应认真把握的。

（3）不宜用色太杂　要调一个色，最好是通过两色相加或三色相加获得，不要什么颜色都加一点。特别是互为补色的对比色，如红与绿、黄与绿、蓝与橙相混时，两者不能等量。

（4）不宜搅拌太久　调色时搅拌太久，调得太均匀，颜色就“死”，容易起泡。一笔数色，只要略加调和，就不会产生板滞的效果。

（5）用量大的颜色宜多调备用　大面积着色的色块，要多调些颜色备用，避免由于边画边调导致接色不均匀，深浅不一。

（6）暗部的颜色应尽量不加或少加白色。

6.2.5　表现方法

1. 水彩表现

水彩的颜色浓淡靠水分的多少来控制，水多了则淡，水少则为原色。水分的掌握就成了水彩渲染最重要的问题。水彩画的基本画法有湿画法和干画法。当第一遍颜色未干，再上第二遍颜色的时候，新的颜色会化开，湿画法可以使画面产生丰富的色彩变化。干画法用层涂的方法在干的底色上着色，不求渗化效果。当第一遍颜色干后，再画第二遍颜色，即留下清晰的边缘，可用来明确物体的轮廓和画面的层次。这种画法可以比较从容地一遍遍着色，较易掌握，适合初学者进行练习。

干画法中包括层涂、罩色、接色、枯笔等具体方法。

层涂：即干的重叠，方法与前面调色中的叠加一致。在着色干后再涂色，一层层重叠颜色表现对象。在画面中涂色层数根据画面选择，有的地方一遍即可，有的地方需两遍、三遍或更多，但不宜遍数过多，以免色彩灰脏失去透明感。层涂应事先预计透出底色的混合效果，这一点是不能忽略的。

罩色：实际上也是一种干的重叠方法，罩色面积大一些，例如画面中几块颜色不够统一，可用罩色的方法，蒙罩上一遍颜色使之统一。某一块色过暖，罩一层冷色改变其冷暖性质。所罩之色应以较鲜明色薄涂，一遍铺过，一般不要回笔，否则带起底色会把色彩弄脏。在着色的过程中和最后调整画面时，经常采用此法。

接色：干的接色是在邻接的颜色干后在其旁边涂色，色块之间不渗化。这种方法的特点是表现的物体轮廓清晰、色彩明快。

枯笔：笔头水少色多，运笔容易出现飞白；用水比较饱满在粗纹纸上快画，也会产生飞白。表现闪光或柔中见刚等效果常常采用枯笔的方法。

需要注意的是，干画法不能只在“干”字方面作文章，画面仍须让人感到水分饱满、水渍湿痕，避免干涩枯燥。

湿画法的基本要领是着色在湿的状态下进行。湿画法可分两种：一种是将纸全部打湿，在湿纸上画，用色需饱满到位，最好一气呵成，遍数不宜过多。这种技法的掌握有些难度，需要一定的经验。另一种方法是趁画面未干时接色，水色流渗，交界模糊，表现色彩的过渡和渐变多用此法。接色时水分要均匀，否则易产生水渍。

画水彩多以干、湿画法结合进行。湿画法为主的画面局部采用干画，干画法为主的画面也有湿画的部分，干湿结合，相得益彰，浓淡枯润，妙趣横生。

渲染是水彩表现的基本技法，它是在裱好的图纸上，通过分大面、做形体、细刻画和求统一等步骤完成。水彩渲染中的基本方法有平涂、退晕和叠加，其具体方法步骤将在后面详述。

2. 水粉表现

水粉表现图技法概括地说是在裱好的图纸上，描画好大形体的轮廓线，以适量的水调上水粉颜料在图纸上作画。其程序原则是从大到小，从深到浅，以求得整体效果融合在对比与统一之中，如实地表现设计意图。水粉画的基本画法有干画法及湿画法两大类。前一类多用干接与覆盖来作画，类似于油画技法；而后一类多用湿接或干接，也可以覆盖，类似于水彩技法。其实这些画法是随着情况的不同而互为结合的，这就发挥了水粉表现图作画的特点。

用水粉颜料涂刷纸面时要注意水粉颜料的浓度。加水过多则颜料过稀，颜色不均匀；加水过少，则颜料过浓，运笔时发涩，颜料厚厚地涂在纸上，会留下排笔拖过的痕迹，颜料干后容易脱落；加水量合适，则颜料干后色块非常均匀。水粉颜料具有较强的覆盖性，当一块颜色不理想时，可以用另一种较浓的颜色覆盖，只要颜料水分较少，用笔轻，不反复涂刷，被盖住的颜色一般不易翻上来，这为图面修改提供了方便。

水粉和水彩渲染的主要区别在于运笔方式和覆盖方法上。大面积的退晕用一般画笔不易均匀，必须用小板刷把浓稠的水粉颜料迅速涂布在画纸上，来回反复地刷。面积不大的退晕则可用水粉画扁笔一笔笔将颜色涂在纸上。在退晕过程中，可以根据不同画笔的特点，多种方法同时使用，以达到良好的效果。水粉渲染有以下几种方法：

（1）直接法或连续着色法　这种退晕方法多用于面积不大的渲染。直接将颜料调好，强调用笔触点，而不是任颜色流下。大面积的水粉渲染，则是用小板刷往复地刷，一边刷一边加色使之出现退晕，同时必须保持纸的湿润。

（2）仿照水墨水彩“洗”的渲染方法　水粉虽比水墨、水彩稠，但是只要图板坡度陡些也可以缓缓顺图板倾斜淌下。因此，可以借用“洗”的方法渲染大面积的退晕。方法和水墨、水彩完全相同。

（3）点彩渲染法　这种方法是用小的笔点组成画面，需要很长时间，耐心细致地用不同的水粉颜料分层次先后点成。天空、树丛、水池、草坪都可以用点彩的方法，所表现的对象色彩丰富、光感强烈。

（4）喷涂渲染法　喷涂是利用压缩空气把水粉或一种特殊颜料从喷枪嘴中喷出，形成颗粒状雾。喷涂之前要准备刻制遮板，以做遮盖之用。因此，这种方法比较复杂，费时、费事。

色彩的变化在水粉画上也有其特点。与水彩不同的是，水粉色彩明度的深浅变化并不取决于用水量的多少，而是利用白粉颜料掺入量多少来改变色彩明度。同时，色彩越浅，在水粉中的含白粉量就越大，效果也将显得更加鲜明而稳定。水粉图的画面颜色有时因原色与间色用得过多，纯度太高而不含蓄，复色极少，不能给人以平静、高雅之感，这叫“俗气”。有时因画面处处都加进了白粉，则色彩不响亮，不利落，看上去粉乎乎的，画面上没有保留几处暗色块，这叫“粉气”。还有因画面颜色中不敢加入白粉，尽管用了一些复色，画面色彩效果仍然显得生硬和燥热，这叫“火气”。这些现象往往是水粉画面表现的缺陷。

总之，制作建筑表现图的目的是为了更好地表现建筑，表达建筑师的设计意图，至于选用哪种表现手法，可依据各人掌握的程度和喜好而定。

6.3　建筑渲染

6.3.1　建筑渲染的概念

用水墨或颜色通过以晕染为主的表现技法，描绘建筑物及其环境，突出表现建筑物质感、立体感、环境氛围及空间层次的建筑表现方法，称为建筑渲染。

6.3.2 建筑渲染图的分类

按基本技法可分为单一色渲染和复色渲染。按绘画材料可分为水墨渲染、水彩渲染、水粉渲染、马克笔渲染等。

水彩表现是建筑画法中的传统技法，是很多世界著名设计大师所热衷的表现方法，因为它有着别的画种所无法比拟的奇妙效果，具有明快、湿润、水色交融的独特艺术魅力，因此成为建筑渲染广泛使用的表现技法之一，以下就水彩渲染的工具及方法作简要介绍。

6.3.3 水彩渲染工具及性能

1. 水彩颜料

水彩是一种色彩鲜艳、易溶于水、附着力较强、不易变色的绘画颜料。水彩颜料分锡管装与干块状两种，专业绘画常用锡管装。目前国内生产厂家提供了多样选择，管装的湿颜料按毫升来计量，有单个的或成套的盒装颜料供选择（图6-12）。在专用画材店出售的进口干块状的水彩颜料透明度很高，便于携带，也是外出写生的可选方案，只是价格较高。水彩颜料颗粒很细，在水中溶解可显示其晶莹透明，把它一层层涂在白纸上，犹如透明的玻璃纸叠摞之效果。水彩浅色不能覆盖底色，不像油画、水粉画颜料有较强的覆盖力。

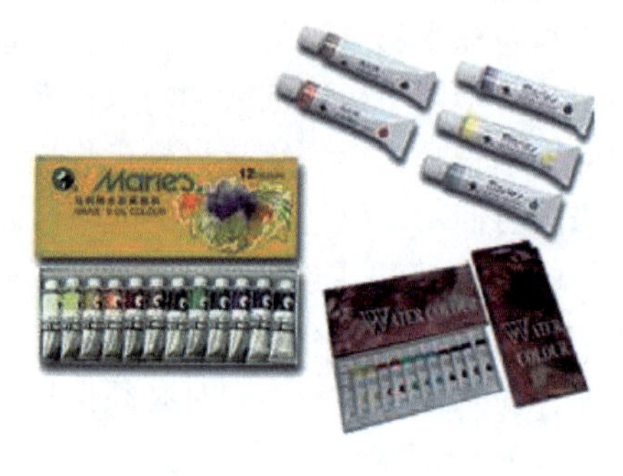

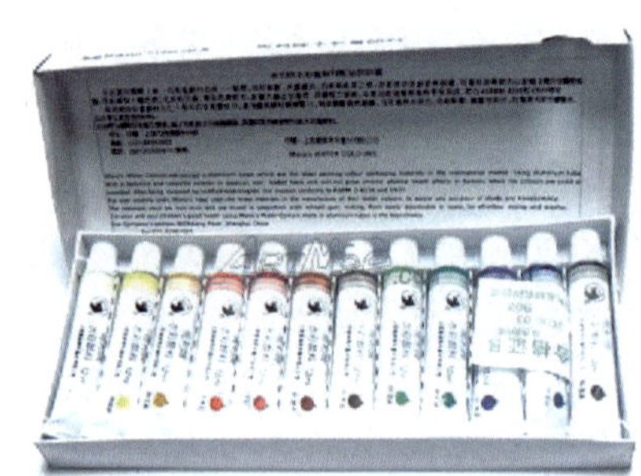

图6-12 水彩颜料

目前市场上颜料品牌众多，为使用者提供了广泛的选择。应注意选择色相准、质量好的颜料。颜色的色种也应齐全，通常应准备12、18或24色，必要时再作添加。色种越多，对丰富画面色彩，保持色彩的纯度越有利。颜料在调色盒存放的位置，可按色彩的冷暖和明度进行有序排列，避免明度和冷暖相差较远的颜料挤放在一起，不方便调色。

2. 画笔

水彩画笔需要有一定的弹性和含水能力，油画笔太硬且含不住水分，不宜用来画水彩（但有时可以用来追求某种特殊的效果）。狼毫水彩笔、扁头水粉笔、国画白云笔、山水笔等都可用来画水彩（图6-13）。

作水彩渲染时应准备大、中、小三种型号的画笔。渲染大面积的部位（如天空）最好用较大号的水彩画笔，甚至用板刷（排笔），因为这种笔的含水量大，渲染起来比较容易保持均匀。具体塑造与细节描绘有两三支中、小画笔即可。画细部的时候比较适合于使用中国画的狼毫笔，如衣纹笔，因为这种笔的含

图6-13 水彩画笔

水量较大而且又有弹性，在任何情况下笔尖都可以恢复原状，所以画起来很方便。

使用者需注意画笔的保养，以保持笔的质量和延长使用寿命。首先，选购笔后，用清水浸开画笔，整理笔毫，有必要时用剪刀根据需要修理笔头。其次，每次作画后将笔用清水洗净，整形理顺笔尖和笔头，为下次作画提供方便。

3. 画纸

水彩渲染的用纸比较讲究，纸质的优劣直接关系到渲染时水与色的表现及其把握的难易程度，因此对用纸的选择非常慎重与严格。其判断的标准首先是用纸越白，越能衬托出色彩的本来面目。用纸不白会影响画面中亮部的表达，从而影响画面效果。其次，水彩用纸表面要能够存水。这样就要求纸的表面有一定的纹路，既要有一定的吸水性，又不过于渗水。最后，要求水彩用纸遇水后不能起翘，因而纸需稍厚一些。

作为水彩渲染的初学者，需选择合适的画纸进行水彩练习。太薄的纸着色后高低不平，水色淤积，影响运笔；吸水太快的纸，水色不易渗透，难以达到表现意图；太光滑的纸水色不易附着纸面，这些都不适合画水彩之用。纸的重量分别有120g、180g、210g等规格，克数越大，纸就越厚。较厚的纸耐用性较好，适于反复刻画和修改，不会使纸面起皱或损伤纸面。作画者应熟悉自己使用的画纸性能特点，通过练习掌握用纸技巧。

4. 调色盒

可用市面上能买到的一般塑料调色盒，也可根据渲染需要，用盘、碗等来调用量较多的颜色（图6-14）。由于水性颜料易干，画完后可在调色盒的分色格上盖上一条含水分较多的薄海绵，或用清水将剩余颜料浸湿，以便下次使用。

图6-14　调色盒

5. 画板

作渲染所用的画板应比画面大，在裱画纸前应认真检查板上是否有硬物或杂质，以免在裱纸的过程中划伤画纸。

6. 海绵块

在水彩渲染过程中，笔上颜料或水分太多时可用海绵吸去多余的部分。画面中需要擦去的部分或物体边缘的修整，都可以用海绵完成。

7. 其他工具

水彩渲染大多需要裱纸，因而浆糊、排刷、毛巾、水桶也是不可少的工具。橡皮可选用软质型，避免擦伤画纸。某些特殊效果的产生，依靠画是很难实现的，还需借助一些特殊的工具，如在颜料半干时可用小刀刮的方式画木纹、岩石等的纹理。另外，为了让裱的纸或画面颜色快干，可用电吹风等。

6.4　运笔和渲染方法

6.4.1　运笔方法

水彩渲染的运笔方法大体有三种：

（1）水平运笔法　用大号笔作水平移动，适宜作大片渲染，如天空、地面、大片墙面等。

（2）垂直运笔法　宜作小面积渲染，特别是垂直长条。上下运笔一次的距离不能过长，以避免色彩不均匀。

（3）环形运笔法　常用于退晕中，环行运笔时笔触对水色能起到搅拌作用，使先后上去的颜色均匀调和，从而取得柔和的渐变效果。

需要注意的是，运笔过程实际就是赶水过程，笔每次向下移动2～3cm，纸面上水不断减少时，需蘸颜料补充水分。最后接近轮廓边缘时用笔尖或吸水纸把水分吸干。

6.4.2　水彩渲染方法

渲染是水彩表现的基本技法，它是用水调和水彩颜料，在图纸上逐层着色，通过颜色的深浅浓淡来表现对象的形体、光影和质感。平涂、退晕（图6-15）和叠加是水彩渲染中常用的方法。

1. 平涂

没有色彩变化、没有深浅变化的平涂，是水彩渲染最基本的技法之一。平涂的主要要求是均匀，多用于表现受光均匀的平面。

基本方法：大面积的平涂，首先要把颜料调好放在杯子里，稍加沉淀后，把上面一层已经没有多少杂质的颜色溶液倒入另外一个杯子里即可使用。在平涂渲染时，应把图板斜放以保持一定的坡度，然后用较大的笔蘸满颜料溶液后，从图纸的上方开始渲染，用笔的方向应由左至右，一道一道地向下方赶水。应注意用笔要轻，移动的速度要保持均匀，笔头尽量避免与纸面接触。这样逐步地向下移动，直至快要到头的时候，逐渐减少水分，最后把积在纸面上的水用笔吸掉。

2. 退晕

在水彩渲染中退晕的应用是十分普遍的，多用于表现受光强度不均匀的面，如天空、地面、水面的远近变化，以及屋顶、墙面的光影变化等。颜料随着水浸染于纸面上能产生由浅到深或由深到浅的晕变现象。不仅有单色的晕变，也有复色的晕变。不仅色彩丰富，还表现了光感、透视感、空间感，显得润泽而有生气。退晕可分为两种：一种是单色退晕，一种是复色退晕（图6-16）。

图6-15　平涂和退晕

图6-16　单色退晕和复色退晕

1）单色退晕可以由浅到深，也可以由深到浅。由浅到深的退晕方法是：先调好两杯同一颜色的颜料，一杯是浅的，量稍多一些，另一杯是深的，量稍少一些。然后按平涂的方法，用浅的一杯颜色自纸的上方开始渲染，每画一道（2～3cm）后在浅色的杯子中加进一定数量（如一滴或两滴）的深色，并且用笔搅匀，这样作出的渲染就会有均匀的退晕效果。自深到浅的退晕方法基本上也是这样，只是开始的时候用深色，然后在深色中逐渐地加进清水即可。

2）复色退晕是由一种色彩逐渐地变到另一种色彩。其基本方法有两种：一种是和单色退晕一样，即先调好两种颜色，比如红与蓝，如果要求自红变蓝，就先用红色渲染，然后逐渐地在红色中加进蓝色，使原来的红色逐渐地变紫、变蓝。这种方法的缺点是难度较大，加入的颜色和退晕效果较难控制好。还是以红蓝退晕为例，另一种方法是先从一个方向将红色由深到浅退晕一遍，待干后，从反方向将蓝色由深到浅退晕一遍，由此形成两种颜色的叠加退晕效果。这种方法的优点是便于操作和控制颜色。

3. 叠加

用叠加的方法也可以取得退晕的效果。由于这种方法比较机械，退晕的变化也比较容易控制，因而可用在一些不便于退晕的地方。如一根细长的圆柱，如果用普通的退晕方法来画，就比较困难。而如果把它竖向地分为若干格，然后用叠加退晕的方法来画，那就比较容易了。

叠加退晕的方法步骤是：沿着退晕的方向在纸上分成若干格（格子分得越小，退晕的变化越柔和），然后用较浅的颜色平涂，待干后留出一个格子，再把其余的部分罩上一层颜色；再干后，又多留出一个格子，而把其余的部分再罩上一层颜色。这样一格一格地留出来，直到最后，罩的层数越来越多，因而颜色也就越来越深，从而形成自浅至深的退晕（图6-17）。

图6-17　叠加退晕

叠加退晕因格子的分法不同可分为两种，即格子等分和按一定的比例越分越小。前者的退晕变化比较均匀，后者的退晕变化则由缓到急。

用叠加法作复色退晕，即沿着一定的方向，某一种颜色越叠次数越多；而在反方向上，另一种颜色越叠次数越多，这样就可以得出复色退晕来。

用叠加法退晕，可以保证退晕变化的均匀，因而可以用它来与一般退晕作比较，以检验后者是否均匀。叠加着色的顺序，一般为先浅色后深色，先暖色后冷色，先透明色后沉淀色。水彩颜料具有透明性，多次叠加色彩也不会失去透明感，但同时也应注意，色彩覆盖次数过多，会造成画面发灰变暗。总之，水彩画的技法变化万千，各有特色。

6.5 水彩渲染步骤

水彩渲染的步骤，简要概括就是在裱好的画纸上，用铅笔作好底稿，再通过分大面（定基调、铺底色）、做形体（分层次、作体积）、细刻画（画影子、做质感）、求气氛（画配景、衬主体）等步骤，以求得一幅统一而又富情趣的画面。下面以清式垂花门的渲染过程为例，简要介绍各步骤的操作。

6.5.1 裱纸

由于渲染需要在纸面上大面积地涂水，纸在接触水后会产生膨胀现象而变得凹凸不平，因而在进行水彩或水墨渲染之前，还必须把纸裱在画板上方能绘制。裱纸的好处是使渲染时纸面不会出现太大的凹凸，干燥后复归平整。

1. 裱纸的操作方法（图6-18）

1）清洁图板。图板上会因为各种原因布满灰尘和油污，这会影响浆糊的牢固程度和图纸背面的整洁。因此裱纸前最好用中号底纹笔把图板刷洗一遍。

2）泡纸。将裁好的水彩纸在水中充分浸泡。以前常将图板架在洗手台上，纸铺好，水龙头打开冲20min。现在当然不提倡这个办法，除了浪费资源，水流的持续冲击会破坏接触点的纸面。最简单的办法是将大塑料桶灌满水，把水彩纸直接卷好放进去。不过最常用的办法是在水池子里把纸的两面都打湿，铺到图板上用排笔进行正反面补水，无论采用哪种方法这个操作都要进行，只不过这里持续的时间更长一些。

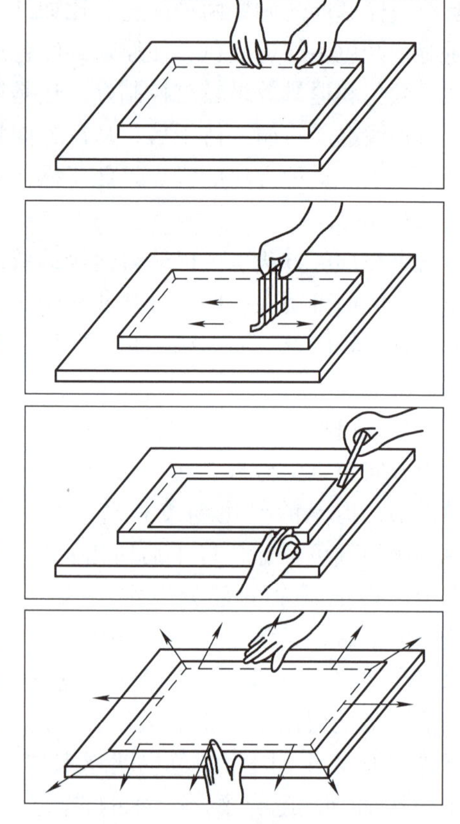

图6-18 裱纸步骤

3）刷水。纸铺在图板上的时候要注意跟图板对齐，不要放歪。如果不清洗图板，放纸前也要把大于纸的面积的一块打湿。湿的纸与图板之间易产生气泡，湿裱法的一个重要步骤就是赶气泡，把气泡赶到纸的边缘，放掉。一般采用正反面刷水法：以裱1号图纸为例，把水桶放在一边，排笔满蘸，正反面刷水，然后把纸掀回去，用这种办法能够杜绝气泡的产生，但应注意不要把纸刷毛。

4）抹浆。湿裱法不需要窝边，抹浆糊相对较快。用揉成团的纸巾沿着四边擦一遍，让水彩纸边缘部分以及外圈图板没有明水，然后把纸揭起来抹浆糊即可。

5）持水。因为浆糊在厚湿的水彩纸下干燥得很慢，因此不但不能吸水反而要保持中央区域的水分，防止其过早收缩引起脱边。此刻将湿毛巾摊在图中央，由其对附近纸面持续供水。如果没有毛巾，则需要每隔十几分钟用排笔对中间补水，使其保持明水，1～2h后撤走毛巾或停止补水并吸水。毛巾应避免拖动，以免损伤纸面。

6）风干。因为湿裱法的纸面一直保持平整，所以不容易验证是否完全干燥，只能以指背轻触来推测。一般需要半天的时间，尽量让其自然干燥，如果时间紧迫，在确定边缘已完全干燥，中央纸面基本干燥的前提下可用吹风机辅助，风口离纸面需有一定高度，切忌用近距离强热。当开始水彩渲染时，为了连续作画，较多用到吹风机，注意正常状态的纸张都有一定含水量，强热吹干后的纸面为过干燥状态，不宜立刻上色，否则会因为纸张吸水太猛而造成色晕。应稍等片刻待其吸收空气中的水分后再进行渲染。

裱纸的要领只有一条，就是让边缘（浆糊）先干燥，中间后干燥。纸张在收缩的时候会产生很大的力，裱纸失败大都因为浆糊未粘牢的时候纸已经开始收缩，把握好这点不难成功。

2. 裱纸过程中的注意事项

1）裱纸的整个过程图板要求绝对水平，特别是晾干的时候，因为板的倾斜会令水朝一侧浆糊边集中，最终将其泡开。

2）在纸干的过程中要检查边缘是否有起翘，如果有几厘米的边脱开，可用刀片抹点浆糊送进去重新按牢，如果开边过长则需撕掉重裱。

3）无论何种裱纸法都要注意环境卫生，洗图板、补水都会造成地上的积水，甩笔还会把水甩到别人身上。湿裱法要注意清洁问题，手清洗干净后再碰纸。裱纸成功并干燥后要用拷贝纸覆盖保护，避免落尘；绘图时宜戴套袖。

4）裁图后留下的浆糊边如不及时清理会越积越厚，应先将能撕掉的撕掉，然后把残余部分淋湿，浸泡十几分钟后用尺子贴着图板用力推就能去除。

6.5.2　绘制底稿

在已经裱好的纸上用软铅将图拓印下来，然后用硬铅描绘出建筑立面的轮廓线。铅笔线的颜色要浅，看得见即可。应尽量避免使用橡皮，以免把纸擦伤，以致渲染时出现斑痕。

对于初学者可在正式着色前画一张色稿小样，这样能做到心中有数，下笔肯定，减少正图上的修改。色稿小样不必太大，8 开纸即可，甚至还可以更小一些，轮廓不必画得太细。绘制色稿小样的目的是定出画面色调和总的色彩关系。色稿小样不一定要画到最满意，只要能表达出正式图的色彩关系即可。

6.5.3　分大面

这一步骤的主要任务是把建筑物和背景（天空）分开。

（1）铺底色　建筑物在阳光照射下，一般都带有暖黄的色调，为此，渲染的第一步就是用很淡的土黄色把整个画面平涂一遍，以期取得和谐统一的效果。

（2）把建筑物和背景（天空）分开　一般用普蓝画天空，从上到下作由深到浅的退晕。这样的退晕一般要分几次来画才能达到理想深度，如果一次就画得很深往往不易使退晕保持均匀。渲染天空在接近建筑边缘时要注意水分的把握，并用小笔收边，保证建筑轮廓的清晰完整。

6.5.4　做形体

这一步骤的任务是分块进行渲染，分出前后层次，分出材料的色彩，表现出光感。建筑物的屋顶、墙面、红门、绿柱、台阶和地面等都铺上各自的颜色，同时应注意颜色的冷暖深浅变化。如靠近门的地面颜色偏暖偏浅，远离门的地面则偏冷偏灰，由此表现出远近的距离感。屋顶由上向下利用退晕略为加深，表现出坡屋面上的光感。在画面左侧的局部大样中，油漆部分的颜色相比全景中门的立面更为鲜艳，拉开了远景与近景之间的距离。

6.5.5 细刻画

1. 画影子

在整个渲染过程中，画影子是比较重要的一个步骤，它能表现画面的空间层次和衬托体积，从而突出画面的表现效果。如图6-19所示，屋顶与大门之间的阴影，拉开了两者的空间层次；门前抱鼓石的阴影衬托出它们的体积感。画影子要考虑整体感，不能一块一块零零碎碎地画，而应当整片地罩。

图6-19 影子表现空间层次、衬托体积

影子在不同色彩的物体上，使原来的物体颜色变暗，但是还应该反映出该物体原来的颜色，而水彩颜料的透明性正好能做到这一点。采用这种叠加的画法通常可以使影子具有透明感的效果。

画影子还应充分地注意到色彩冷暖的变化和退晕。阴影的渲染一般是呈现上浅下深、上暖下冷的变化。此外，影子是画面中最深的色调之一，因而要留到最后来画。也就是说画完影子之后，最好不要再作大面积的渲染，以防止把它洗掉。一般地讲，大面积的影子应相对地浅一点，小面积的影子应相对地深一点。

2. 做质感

在画完影子后，建筑物的形体及凹凸转折关系基本上被表现出来了，在这个基础上，应当进一步表现出材料的质感。下面以砖墙面和瓦屋面为例，探讨一下材料质感的表现。

砖墙面在水彩渲染中可充分利用原来的铅笔线当作水平砖缝，然后适当地加深一些砖块就可以取得良好的效果。较小尺度的清水砖墙面主要有两种渲染方法：一是将底色平涂于墙面或根据需要做退晕变化，然后用铅笔画上横向砖缝（图6-20）；二是使用鸭嘴笔蘸上墙面底色画砖缝线，这种画法要注意对鸭嘴笔的熟练使用，画线条时可留有间断，效果将更真实。有些尺度很小的清水砖墙可不留砖缝地整片渲染。较大尺度的砖墙画法可先用铅笔打好砖缝，然后淡淡地上一道底色，同时留出高光，待干后作平涂或退晕着色，最后挑少量砖块作深浅不同的变化，以丰富画面效果。

陶瓦、水泥瓦和石板瓦屋面的质感表现方法大致相同，首先是上底色，并根据总体色调

图6-20　砖墙面的画法

和光影变化作退晕，表现出屋面坡度。然后作瓦缝的阴影，同时注意画出临近的树或建筑落在屋面上的阴影，最后挑出少量瓦作些细致刻画即可。

6.5.6　求气氛

求气氛是渲染的尾声，主要包括画配景、衬主体。植物、地面、人、车、远山等建筑配景都应和建筑物融合为一个环境整体。配景的渲染和勾画宜简练，用笔不要过碎，尽量一遍完成。

在实际学习和工作中，我们还会接触到建筑透视图的渲染，方法也大体如此。透视图上一般能看到相互垂直的相邻墙面，渲染时要区分出亮面和暗面，同时要注意利用色彩、冷暖、刻画的精细和粗略等手段将面的转折区分出来。

此外，水彩还可以与钢笔配合使用，以达到一定的表现效果，这种表现方式称为钢笔淡彩。在这种技法中，线条只用来勾画轮廓，不去表现明暗关系，色彩通常使用水彩颜料，只分大的色块进行平涂或略作明度变化，有时也用马克笔着色。这种技法不仅可以用来表现外观透视，也适于表现室内透视。

6.6　水彩渲染注意事项

6.6.1　水彩画中容易出现的问题

水彩颜料特性决定了水彩画区别于其他画种的独特表现技法和审美趣味。在教学中，指导学生纠正与克服水彩作画过程中出现的种种弊端，是学习色彩知识，掌握水彩画表现技巧的重要环节。概括起来，水彩画中易出现的问题主要有以下几种：

1. 脏

水彩的特性决定了其“干净”的本质，而污浊的色彩产生出黯然不洁的画面，便会失去水彩画中最动人之处。“脏”是水彩画常见的毛病，其产生原因主要有：

1）色彩的冷暖、纯度关系不明确，缺乏对比。

2）乱用黑色，造成色彩污浊。

3）用笔过度扫、刷、擦，着水色遍数过多。

纠正“脏”的弊病，首先要避免对比色、补色颜料的等量相调。其次，要谨慎使用黑色或较低纯度、低明度的色彩渗透到高纯度、高明度的色块里。需要特别指出的是，通过色彩调配产生的黑色，不仅有明确的色彩倾向，而且与其他色彩相调时，可有效避免“脏”的感觉。另外，作画用笔用色要准确肯定，尽量避免过多的重叠、洗、刷、修改，否则容易失去水彩画滋润透明的特色而色彩混浊。

2. 灰

一幅“灰”的水彩画会使人索然无味。画面“灰”的主要原因，一是色彩明度对比太弱，缺少浓重、有重量感的色彩；二是色彩纯度对比不够，缺少明快、纯度亮的色彩。因此，解决“灰”的问题就应从素描和色彩两方面入手。自然界中的物体，会因其所处空间位置的不同，固有色深浅的差异及受到光线、空气等因素影响而产生色彩明度、冷暖和纯度等关系的变化。一般来讲，一幅画面中近处的物体实而具体、明暗对比强烈、色彩鲜艳偏暖；远处的物体相对虚而模糊、明暗对比较弱、色彩偏灰偏冷。培养正确的观察、认识方法，增强敏锐的色彩感受能力，掌握色彩变化规律，处理好表达对象的明暗、主次、虚实、冷暖、纯度这几个关系，是克服画面“灰”的根本所在。

3. 花

画面主次不分、色彩杂乱、缺乏整体性是“花”的弊病产生的主要原因。面对自然景物，作者要依据画面主题的需要，大胆进行取舍、概括和提炼，删掉一些与主题无关的细节，使画面宾主分明，主体突出，这是纠正画面“花”的方法之一。要在画面上形成色彩的主色调，不宜在色相、明度、纯度上局部对比太多、太强，这是纠正“花”的方法之二。另外，画面半干半湿时不要过多重复，也可有效避免运笔留下明显痕迹而产生过多水迹的弊病。

4. 焦

透明、亮丽是水彩画的特色之一。颜色浓稠，调色不当，干画法太多是造成画面“焦”的直接原因。以水调色作画是水彩画的基本特征，水的流动、透明、渗化等特性，赋予了水彩画淋漓、润泽、明快的韵味。调色中，除依靠颜色本身的明度调配以外，以水为媒介使颜料溶化、稀释并产生明度的变化，形成水与色、色与色的相互渗化、融合和自然、丰富的色彩效果，是克服色多于水，颜色太浓、太稠，避免画面“焦”的关键一环。水彩颜料中的赭石、熟褐等色，如果与群青、青莲等透明色相调配，用水适当，会产生颜色的沉淀，出现美妙丰富的肌理效果。相反，避免将赭褐等色与其他透明性差的颜色随便混合，又会避免画面色彩的干“焦”之感，所以调色时务必小心，尽量单独使用或在调色上不超过三种颜色。多采用湿画法作画，可以极大地增强画面色彩的透明感，避免“焦”的毛病。另外，慎用土黄、肉色、粉绿等色，也是防止画面失去色彩透明性的重要方面。

5. 粉

色彩冷暖倾向不明确是产生画面“粉”的主要原因。以水作为媒介调节色彩的明暗与纯净程度是水彩调色方法之一。要明确和加强色彩的冷暖关系，避免将或冷或暖的色调画成中间灰色。其次，画面色彩较深、较重的地方，也更应明确、肯定其色彩的明度关系，这些都是避免画面“粉气”的有效方法。

6. 松

“松”是水彩作画中水分控制不当而直接造成的画面弊病。水彩画创作中，应掌握水的特性及对其灵活运用，水分能决定画面色彩的浓淡、明暗、干湿、枯涩，决定形体的虚、实、硬、柔、聚、散，产生丰富的表现技巧，使画面充满生气与韵味。如果不能熟练地驾驭水，将会使形式俱散，色淡形“烂”，画面“松”散。因此，注意两面干湿，把握好湿时重叠的时间、色中水分的多少，是水彩作画中的重点和难点，也是避免水色泛滥的关键环节。作画时，概括处要大胆心细，一气呵成，细微处层层重叠、明确肯定，富有力度。另外，克服一味追求湿画法的效果也是纠正和避免水彩画“松”散的有效途径。

水彩画作业中常见的这几种弊病，既有色彩问题，也有技法问题，还有素描问题。有一个共同点是肯定的，那就是：多观察，重感受，找规律，勤实践。

6.6.2 操作中的注意事项

一般来说，水彩颜料透明度较高，多次重复用几种颜色叠加即可出现既有明暗变化、又有色彩变化的退晕。具体退晕操作方法在此不再赘述，下面介绍一下操作过程中的注意事项。

1）前一遍未干透不能渲染第二遍，多次叠加应注意严格靠线。

2）透明度强的颜色可后加，如果希望减弱前一遍的色彩，可用透明度弱的颜色代替透明度强的颜色，如用铬黄代替柠檬黄。

3）大面积渲染后立即将板竖起，加速水分流下，以免在纸湿透出现的沟内积存颜色。

4）沉淀出现后可用清水渲染以清洗沉淀物，但必须在前一遍干透后才能清洗。

5）水分的运用和掌握：水分在画面上有渗化、流动、蒸发的特性，画水彩要熟悉“水性”。充分发挥水的作用，这是画好水彩画的重要因素。掌握水分应注意时间、空气的干湿度和画纸的吸水程度。

时间问题：采用湿画法，时间要掌握得恰如其分，叠色太早太湿易失去应有的形体，太晚底色将干，水色不易渗化，衔接生硬。一般在重叠颜色时，笔头含水宜少，含色要多，这样便于把握形体，也可使水色渗化。如果重叠的色彩较淡，要等底色稍干后再画。

空气的干湿度：画几张水彩就能体会到，在室内水分干得较慢，在室外潮湿的雨雾天气作画，水分蒸发更慢，在这种情况下，作画用水宜少；在干燥的气候情况下水分蒸发快，必须多用水，同时加快调色和作画的速度。

画纸的吸水程度：要根据纸的吸水快慢相应掌握用水的多少，吸水慢时用水可少，纸质松软吸水较快，用水需增加。另外，大面积渲染晕色用水宜多，如色块较大的天空、地面和静物、人物的背景，用水饱满为宜；描写局部和细节用水适当减少。

6）图面保护和下板：水彩渲染图往往不能一次连续完成，因此在告一段落时，必须等图面干了以后，用略大于图面的纸张将其蒙盖，以避免沾灰。渲染完成后，要等图纸完全干燥后方可下板。

本章课程思政要点

大千世界，多姿多彩。我们一方面通过色彩感知这个世界，另一方面通过对色彩的绘制表达对这个世界的认知。艺术家和工匠们通过色彩来传达时代精神，如唐三彩的浓烈体现了盛唐的气度恢宏，宋瓷的淡雅体现了宋人的内敛、雅致等。中国传统所提倡的简洁素雅之美，有明显的民族精神体现。

实训17 绘制12色色相环（图6-21）

1. 实训目的

12色色相环有着非常鲜明的优点，它直观地展示着色彩规律，比较适合初学者使用。它的构成原理是由红、黄、蓝三原色开始，两个原色相加出现间色，再由一个间色加一个原色出现复色，最后形成色相环。

2. 绘制方法

1）准备一张画纸，用圆规在纸的中心先画出一个直径为10cm的圆，然后用半径5cm把圆分成6等份。用其中的a、c、e各点连线，构成一个等边三角形，再把三角形平均分为三等份（原色的位置）。再把a、b、c、d、e、f各点连线形成另外三个等腰三角形（间色的位置）。接下来在10cm直径的圆外再画一个直径为20cm的圆，并将两个圆之间的圆环分成12个扇形等份。

2）把三个原色放在正中间的三角形内，黄色放在顶端，红色放在右下侧，蓝色放在左下侧，并同时带入三角形所指的外环中原色的位置。

3）再把调好的三个间色分别放在三个等腰三角形中，同时也放入三角形所指外环的位置内。这三个间色一定要非常仔细地进行调和，不应使它们倾斜向两种原色的任何一方。用调和的方法取得间色并非是件容易的事，橙色既不过红也不过黄，紫色既不过红也不过蓝，而绿色则既不过黄也不过蓝。最后只剩下外环12个扇形面的6个空白面，这就是复色的位置，把6个调好的复色依次填入，12色相环就制作完成了。

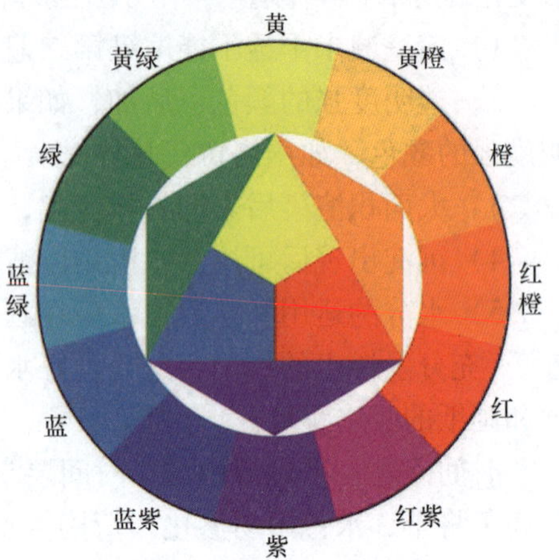

图6-21　12色色相环

原色：红、黄、蓝，三原色颜料名称为大红、柠檬黄、群青。

间色：由任意两个原色混合后的色被称为间色。那么，三原色就可以调出三个间色来，分别为橙、绿、紫。它们的配合如下：

红＋黄＝橙

黄＋蓝＝绿

蓝＋红＝紫

复色：由一种间色和另一种原色混合而成的色被称为复色。复色的配合如下：

黄＋橙＝黄橙

红＋橙＝红橙

红＋紫＝红紫

蓝＋紫＝蓝紫

蓝＋绿＝蓝绿

黄＋绿＝黄绿

所得的六种复色为：黄橙、红橙、红紫、蓝紫、蓝绿、黄绿。

3. 实训要求

1）调色准确，涂色均匀，无水迹。

2）每个色块都要求守边准确，绘制精细。

3）图面整洁，色彩美观。

这样由原色、间色、复色组成了一个有规律的12种色相的色相环。我们能够准确地看到这12色相中的任何一种色，并且可以很容易地指出任何中间的色调。色相环的产生无疑对学习色彩、认识色彩有着很重要的意义，它把人们对色彩的认识，从直观的感觉引向一个有理论指导的理性认识上，从而对客观世界的色彩有了更准确的理解与应用。

＊实训18　渲染基本练习——平涂、退晕和叠加（图6-22）

1. 实训目的

通过练习，对色彩三要素色相、明度和纯度的知识有所了解，初步掌握水彩渲染的基本技法。

2. 实训内容

1）各种深浅的色块平涂渲染。

2）由浅到深和由深到浅的退晕渲染。

3）叠加退晕渲染。

3. 绘制方法

1）根据附图用硬铅笔绘制底稿，以能见为度。

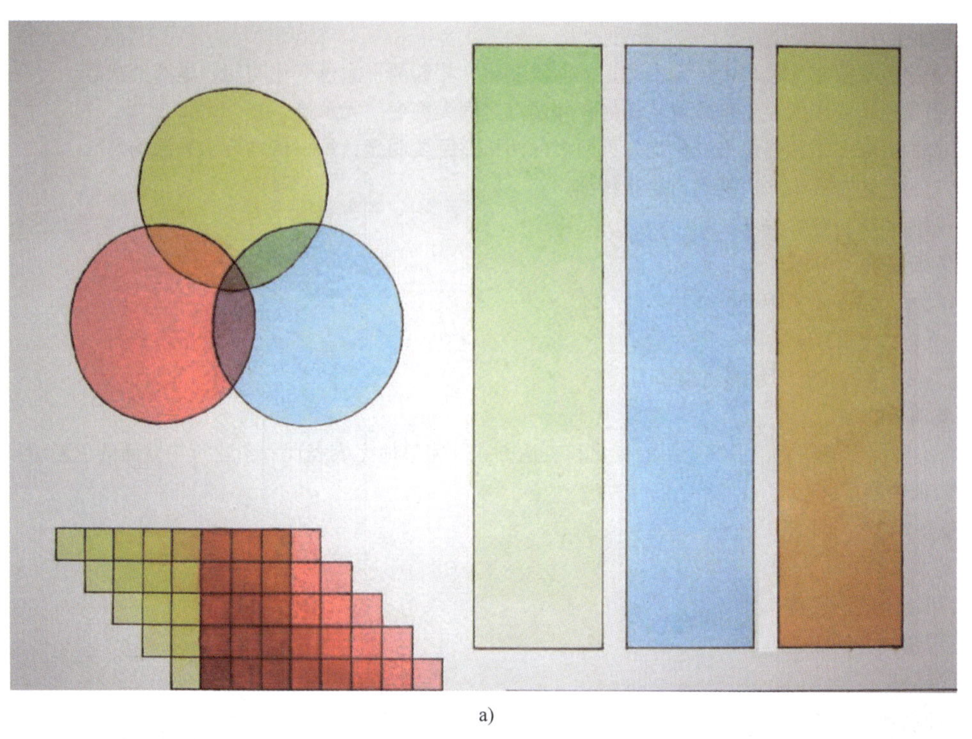

a)

b)

图 6-22　水彩渲染基本练习

2）渲染：注意由浅到深，循序渐进，每块色块都不可能一次完成。

3）整修图纸。

4. 实训要求

1）平涂色块要求涂色均匀，无水迹，无深浅变化，相邻两平涂色变化均匀，呈渐变状态。

2）退晕色块要求两极差别显著，任何相邻两点之间无突变，无水迹。

3）叠加退晕要求相邻两格变化均匀，两极的两格差距要明显，每一格均要求平涂均匀。

4）每种色块都要求守边准确，绘制精细。

5）图面整洁，色彩美观。

5. 图纸要求

1）尺寸：500mm×360mm。

2）纸型：水彩纸。

实训19　清式垂花门水彩渲染练习

1. 实训目的

综合渲染练习的技能，了解光影的变化和表达方式，完整地完成表现一个建筑物立面的色彩渲染。

2. 实训内容

参见图6-23。

3. 绘制步骤

1）用铅笔绘制底稿。

2）定基调，铺底色。

3）分层次，作体积。

4）细刻画，求统一。

5）画衬景，托主体。

4. 实训要求

1）恰如其分地表现建筑立面的光影、明暗关系。

2）平涂、退晕符合渲染要求。

3）绘制细致，光感清晰，图面整洁。

5. 图纸要求

1）尺寸：500mm×360mm。

2）纸型：水彩纸。

图6-23　清式垂花门水彩渲染练习

第7章

建筑工程图的表达及单体测绘

学习目标

掌握建筑图纸各图样的表示方法；学习建筑图纸的阅读方法；通过对某一建筑的实地测绘，进一步了解和认识建筑，提高学生综合运用各种知识在图纸上表达建筑的能力。

尺规作图绘图步骤

建筑测绘步骤

建筑图纸规格与版式

建筑测绘是指对某一建筑物（可能具有一定历史或文化价值）进行详细观察分析，并准确地测绘其平面、立面、剖面及其结构与装饰细部，学习建筑的技术和艺术处理手法，学习他人设计方法的一项工作。

建筑测绘是综合运用各门基础课和专业基础课知识的实践环节。通过建筑测绘培养专业实践技能，提高专业理论水平，增强专业研究和社会调查实践能力，为专业课程的学习奠定坚实的基础。同时，学生可进一步体验图纸与实物、实物与图纸的相互关系，提高建筑表现技能与技巧。此外，学生通过撰写相关调查报告，学习建筑的研究方法，提高语言文字的表达能力，提高理论水平。

本章所指的测绘不同于精密测绘。顾名思义，精密测绘对精度的要求非常高，是只在建筑物需要落架大修或迁建时才进行的测绘，其测量时需要搭“满堂架”，需要的人力、物力、时间都比较多。本章所指的测绘应归于法式测绘的范畴。“法式测绘”是指传统的历史建筑测绘方式，即通过简单的铅垂线、皮尺、竹竿或者使用经纬仪、水准仪甚至全站仪来获取建筑构件的二维投影尺寸，然后以一系列图纸予以表达，图样基本上是二维的平面、立面、剖面以及绘于二维图纸上的轴测图、透视图。在图纸绘制过程中，会根据建筑的建造规律对实际测量数据进行简化和归纳，绘制出由现状得出的建筑设计图。在完成的图纸上，建筑的一些实际偏差如变形、缺损、加工差异等被人为纠正（即绘制理想状态的建筑图）。这种测绘较简单易行，可借助辅助测量工具而不需搭架就可以进行，所需的人力、物力、时间都相对精密测绘少得多，在实际工作中使用也最多。

建筑测绘的意义在于：

- 提高学生认识建筑的能力　使学生了解古代和近现代建筑的基本特征和设计方法，

从感性和理性上加深对建筑的认识，正确理解建筑文化的地域性、时代性、民族性，从建筑理论上树立正确的建筑创作观。

- 提高学生对建筑的兴趣　提高学生的综合素质。通过教学使学生掌握建筑研究的基本内容和方法，提高学生观察和体验建筑的兴趣和水平。
- 提高学生的图纸表达能力　提高综合运用所学的画法几何、测量学、建筑制图、建筑设计基础、建筑历史、计算机辅助设计等课程知识的技能，提高建筑表达能力和审美能力。
- 提高学生分析问题、解决问题的能力　使学生对建筑文化有新认识，并能将对地方传统文化的思考有效地运用于建筑创作中。
- 培养团结协作的团队精神　一个测绘项目的完成需要至少几人的配合，在测绘的过程中，相互协作，互相配合，各司其职，将会对培养团队精神起到积极的作用。

7.1　建筑平、立、剖面图

7.1.1　建筑总平面图

建筑总平面图是表明新建建筑所处基地范围内的总体布置的一种图样，它反映了新建、拟建、原有和拆除的房屋、构筑物等的位置和朝向，室外场地、道路、绿化等的布置，地形、地貌、标高等以及与原有环境的关系和临界情况等。

建筑总平面图也是建筑及其他设施施工定位、土方施工以及绘制水、暖、电等管线总平面图和施工总平面图的依据。

总平面图的主要图示内容（图7-1）：

1）建设地域的环境状况，如地理位置，用地范围及建筑物占地界限，地形等高线，原有建筑物、构筑物、道路、水、暖、电等基础设施干线。

2）计划拆除的原有建筑物和构筑物。

3）新建工程所在建设区域内的总体布置，如新建建筑物、构筑物、道路、绿化等的布局情况。

4）新建建筑物的定位及层数。新建工程的定位有两种方法：一种是利用原有的建筑物、构筑物、道路等永久性固定设施，用其相互间的定位尺寸确定新建工程的位置；另一种是采用坐标网确定新建工程的位置。

5）有关的标高和尺寸。标注新建建筑物首层室内地面、室外设计地坪和道路中心线处的绝对标高，以及新建工程的有关距离尺寸等。在总平面图中，标高、距离均以m（米）为单位，注写至小数点后两位，但不注写单位。

6）未来计划扩建的工程位置。

7）指北针或风向频率玫瑰图。

8）图例。在建筑总平面图中，许多内容均用图例表示。国家有关的制图标准（以下简称“国标”）规定了一些常用的图例。“国标”未规定的图例设计者可以自行规定，但是要有图例说明。

注意：我国现行的建筑制图国家标准由中华人民共和国住房和城乡建设部主编和批准。建筑设计专业相关的建筑制图国家标准主要包括《房屋建筑制图统一标准》（GB/T 50001—

2017)、《总图制图标准》（GB/T 50103—2010）和《建筑制图标准》（GB/T 50104—2010）。

9）比例。总平面图的比例比较小，常用比例有1∶500、1∶1000、1∶2000等。

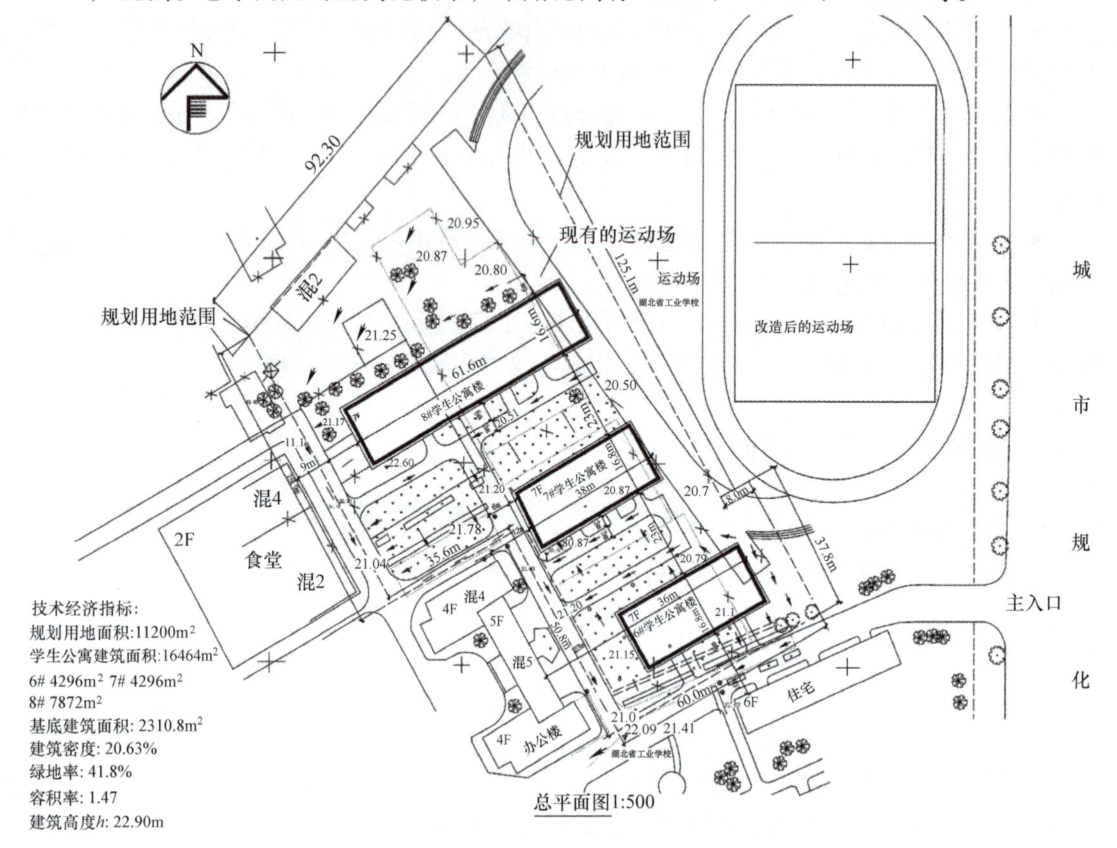

图7-1　建筑总平面图

7.1.2　建筑平面图

建筑平面图是建筑施工图的主要图纸之一，是施工图中的重要图纸。建筑平面图简称“平面图”。平面图主要表示建筑的平面形状，内部房间布置及朝向，内外交通连系以及墙、柱、门窗等构配件的位置、尺寸、材料和做法等内容。在施工过程中，它是放线、砌墙、门窗安装、设备安装、室内装修、备料及编制预算的重要依据。

1. 建筑平面图的形成

把建筑用一个假想的水平剖切平面沿门、窗洞口部位（指窗台以上，过梁以下的空间）水平切开，移出剖切平面以上的部分，把剖切平面以下的物体投影到水平面上，所得的水平剖面图即为建筑平面图，简称平面图，即平面图实际上是剖切位置位于门窗洞口之间的水平剖面图（图7-2）。

2. 建筑平面图的数量、内容分工及比例

一般情况下，建筑有几层就应画几个平面图，并在图的下方正中标注相应的图名，如底层平面图、二层平面图等。图名下方应加画一粗实线，图名右方标注比例。当建筑中间若干层的平面布局、构造情况完全一致时，则可用一个平面图来表达这若干层，称之为标准层平面图。

（1）底层平面图　底层平面图也叫一层平面图或首层平面图，是指±0.000地坪所在的楼层的平面图（图7-3）。它除表示该层相应的水平剖面图外，还应表达本栋建筑室外的台阶（坡道）、花池、散水和雨水管的形状和位置，以及剖面的剖切符号，以便与剖面图对照查阅。底层平面图上应注指北针，其他层平面图上可以不再标出。

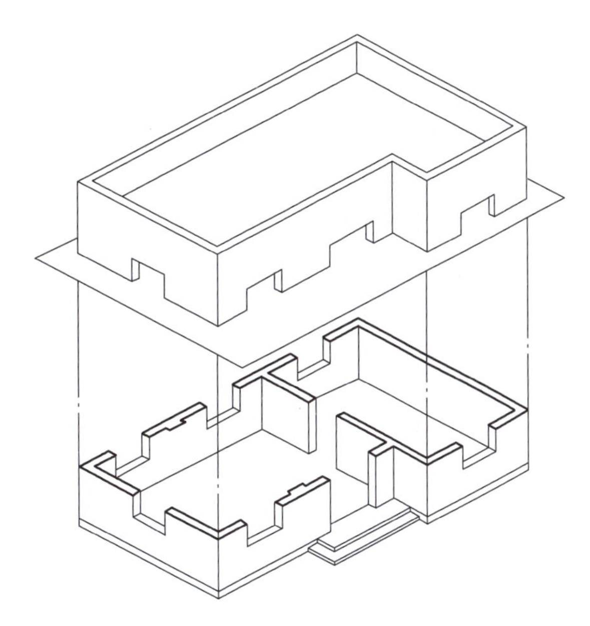

图7-2　建筑平面图的形成

（2）中间标准层平面图　中间标准层平面图除表示本层室内形状外，还应画出底层平面图无法表达的雨篷、阳台、窗楣等内容，而对于底层平面图上已表达清楚的台阶、花池、散水、垃圾箱等内容就不再画出；三层以上的平面图则只需画出本层的投影内容及下一层的窗楣、雨篷等下一层无法表达的内容。

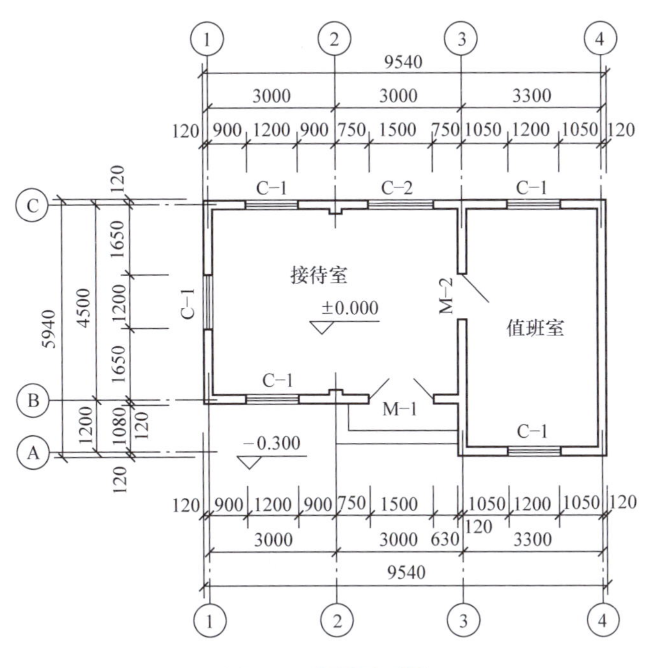

图7-3　底层平面图

（3）顶层平面图　顶层平面图也可用相应的楼层数命名，其图示内容与中间层平面图的内容基本相同。

（4）屋顶平面图　屋顶平面图是指将建筑的顶部单独向下所做的俯视图，是屋顶的H面投影，主要是用来表达屋顶形式、排水方式、排水坡度及其他设施的图样。一般在屋顶平面图附近配以檐口、女儿墙泛水、变形缝、雨水口、高低屋面泛水等构造详图，以配合屋顶平面图的阅读。在屋顶平面图中，除少数伸出屋面较高的楼梯间、水箱、电梯机房被剖到的墙体轮廓用粗实线表示外，其余可见轮廓线的投影均用细实线表示。屋顶平面图的比例常用1:100，也可用1:200的比例绘制，平面尺寸可只标轴线尺寸。

3. 建筑平面图的主要内容

1）建筑物平面的形状及总长、总宽等尺寸。

2）建筑物内部各房间的名称、尺寸、大小、承重墙和柱的定位轴线、墙的厚度、门窗的宽度，以及走廊、楼梯（电梯）、出入口的位置等。

3）各层地面的标高。一层地面标高定为±0.000，并注明室外地坪的绝对标高，其余各层均标注相对标高。

4）门、窗的编号、位置、数量及尺寸。一般图纸上还有门窗数量表用以配合说明。

5）室内的装修做法。如地面、墙面及顶棚等处的材料做法。较简单的装修，一般在平面图内直接用文字注明；较复杂的工程应另列房间明细表及材料做法表。

6）标注尺寸。在平面图中，一般标注三道外部尺寸。最外面一道尺寸为建筑物的总长和总宽，表示外轮廓的总尺寸，又称外包尺寸；中间一道为房间的开间及进深尺寸，表示轴线间的距离，称为轴线尺寸；里面一道尺寸为门窗洞口、墙厚等尺寸，表示各细部的位置及大小，称为细部尺寸。在平面图内还须注明局部的内部尺寸，如内门、内窗、内墙厚及内部设备等尺寸。此外，底层平面图中，还应标注室外台阶、花池、散水等局部尺寸。

7）其他细部的配置和位置情况，如楼梯、搁板、各种卫生设备等。

8）室外台阶、花池、散水和雨水管的大小与位置。

9）在底层平面图上画指北针符号，另外还要画上剖面图的剖切位置符号和编号，以便与剖面图对照查阅。

4. 平面图的线型

建筑平面图的线型，按“国标”规定，凡是剖到的墙、柱的断面轮廓线，宜用粗实线，门扇的开启示意线用中粗实线，其余可见投影线则用细实线表示。

5. 平面图的轴线编号

在施工图中通常将建筑的基础、墙、柱、墩和屋架等承重构件的轴线画出，并进行编号，以便于施工时定位放线和查阅图纸。对于非承重的隔墙、次要构件等，其位置可用附加定位轴线（分轴线）来确定，也可用注明其与附近定位轴线的有关尺寸的方法来确定。“国标”对绘制定位轴线的具体规定如下：水平方向的轴线自左至右用阿拉伯数字依次连续编为1、2、3…；竖直方向自下而上用大写英文字母依次连续编为A、B、C…，并除去I、O、Z三个字母，以免与阿拉伯数字中的1、0、2三个数字混淆（图7-4）。

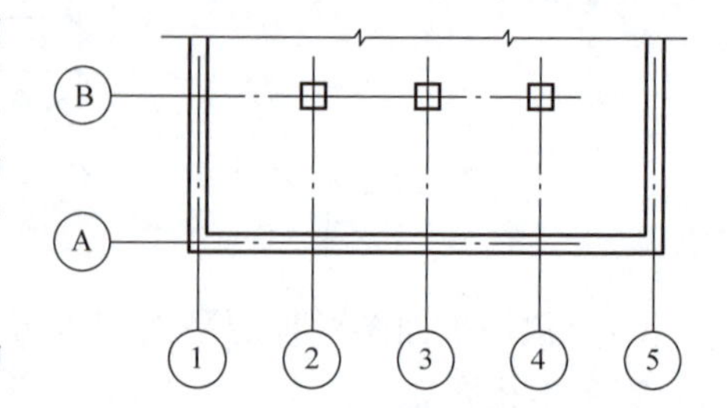

图7-4　建筑平面定位轴线的编号

如建筑平面形状较特殊，也可以采用分区编号的形式来编注轴线，其方式为“分区号—该区轴线号”。轴线线圈用细实线画出，直径为8mm（图7-5）。

如平面为折线型，定位轴线的编号可以分区编注，也可以自左至右依次编注（图7-6）。

如平面为圆形平面，其径向轴线宜用阿拉伯数字表示，从左下角开始，按逆时针顺序编写；其圆周轴线宜用大写拉丁字母表示，从外向内顺序编写（图 7-7）。

一般承重墙及外墙等编为主轴线，非承重墙、隔墙等编为附加轴线（又叫分轴线）。附加定位轴线的编号，应以分数形式表示，并应按下列规定编写：两根轴线间的附加轴线，应以分母表示前一轴线的编号，分子表示附加轴线的编号，编号宜用阿拉伯数字顺序编写；1 号轴线或 A 号轴线之前的附加轴线的分母应以 01 或 0A 表示（图 7-8）。

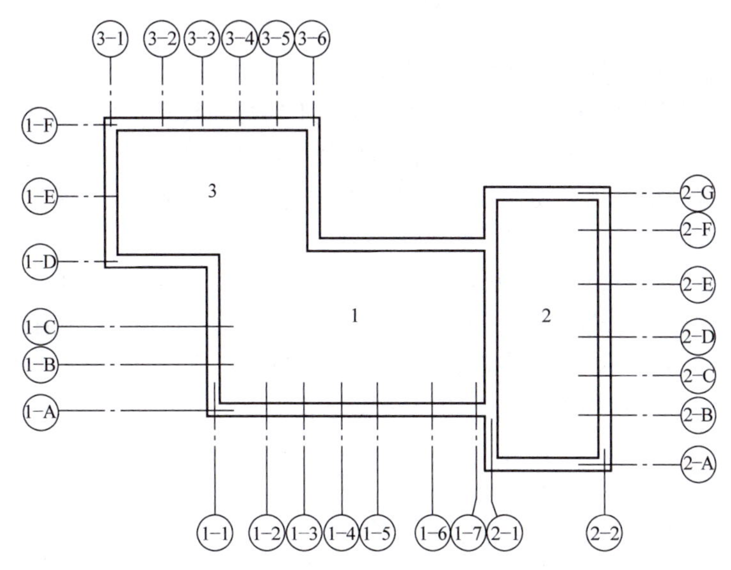

图 7-5　建筑平面定位轴线的分区编号

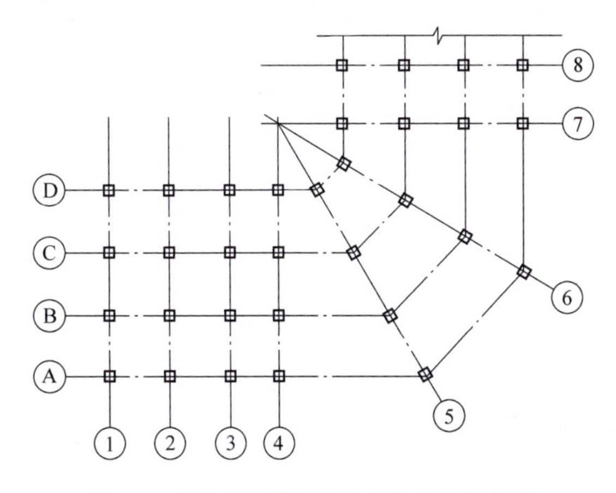

图 7-6　平面为折线型时定位轴线的编号

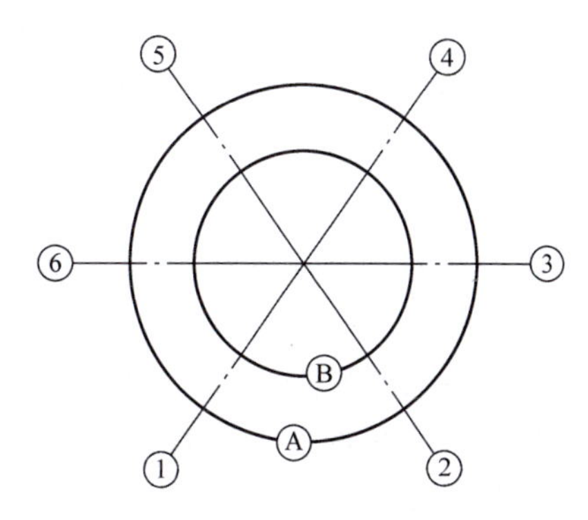

图 7-7　平面为圆形时定位轴线的编号

6. 平面图的尺寸标注

建筑平面图标注的尺寸有外部尺寸和内部尺寸。

（1）外部尺寸　在水平方向和竖直方向各标注三道。最外一道尺寸标注房屋水平方向的总长、总宽，称为总尺寸；中间一道尺寸标注房屋的开间、进深，称为轴线尺寸（一般情况下两横墙之间的距离称为“开间”，两纵墙之间的距离称为“进深”）；最里边一道尺寸

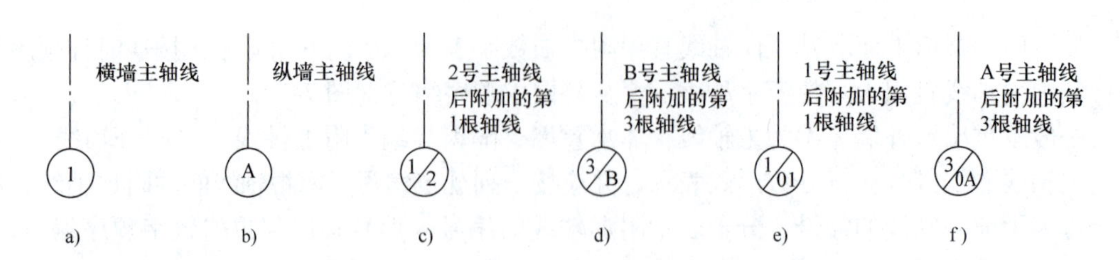

图7-8　主轴线与附加轴线的表示法

标注房屋外墙的墙段及门窗洞口尺寸，称为细部尺寸。

如果建筑平面图图形对称，宜在图形的左边、下边标注尺寸；如果图形不对称，则需在图形的各个方向标注尺寸，或在局部不对称的部分标注尺寸。

（2）内部尺寸　应标出各房间长、宽方向的净空尺寸，墙厚及与轴线的关系、柱子截面、房屋内部门窗洞口、门垛等细部尺寸。

标高、门窗编号：平面图中应标注不同楼地面标高、房间及室外地坪等标高。为编制概预算的统计及施工备料，平面图上所有的门窗都应进行编号。门常用汉语拼音的第一个字母（大写），如“M1”或“M－1”表示，窗常用汉语拼音的第一个字母（大写），如“C1”或“C－1”表示，也可用标准图集上的门窗代号来编注门窗，如“M11－0921”表示无亮窗镶板门，门洞宽900mm，门洞高2100mm，用“C122－0916”表示有上亮窗的两扇单层平开窗，窗洞宽900mm，窗洞高1600mm等。

7. 标注剖切符号、房间名称、索引符号等

（1）剖切符号　为了表示建筑竖向的内部情况，需要绘制建筑剖面图。其剖切符号应在底层平面图中标出，其符号为“└ ┘”，其中表示剖切位置的“剖切位置线”长度为6～10mm，剖视方向线应垂直于剖切位置线，长度应短于剖切位置线，宜为4～6mm。如剖面图与被剖切图样不在同一张图纸内，可在剖切位置线的另一侧注明其所在图纸的图纸号。

（2）房间名称　平面图中各房间的用途，宜用文字标出，如“寝室”、“值班室”等。

（3）索引符号　在建筑图中某一局部或某一构件间的构造如需另见详图，应以索引符号索引，即在需要另画详图的部位编上索引符号，并在所画的详图上编上详图符号，两者必须对应一致。

索引符号是由直径为10mm的圆和水平直径线组成，圆及水平直径线均应以细实线绘制。索引符号应按下列规定编写。

1）索引出的详图，如与被索引的详图同在一张图纸内，应在索引符号的上半圆中用阿拉伯数字注明该详图的编号，并在下半圆中间画一段水平细实线（图7-9a）；如与被索引的详图不在同一张图纸内，应在索引符号的上半圆中用阿拉伯数字注明该详图的编号，在索引符号的下半圆中用阿拉伯数字注明该详图所在图纸的编号（图7-9b）；如采用标准图，应在索引符号水平直径的延长线上加注该标准图集的编号（图7-9c）。

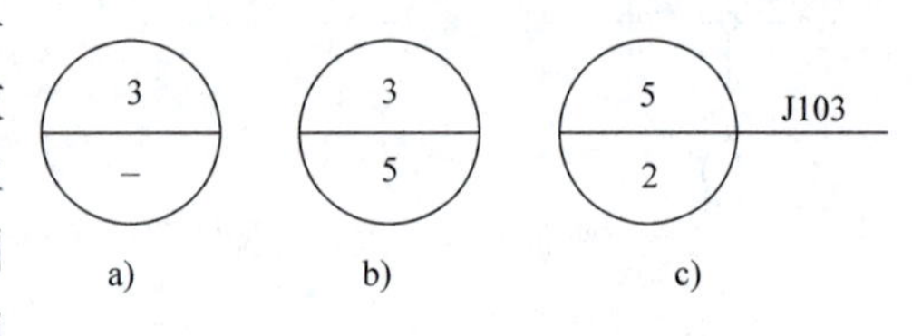

图7-9　索引符号

2）当索引符号用于索引剖面详图时，应在被剖切的部位绘制剖切位置线，并以引出线

引出索引符号，引出线所在一侧应为剖视方向（图 7-10）。

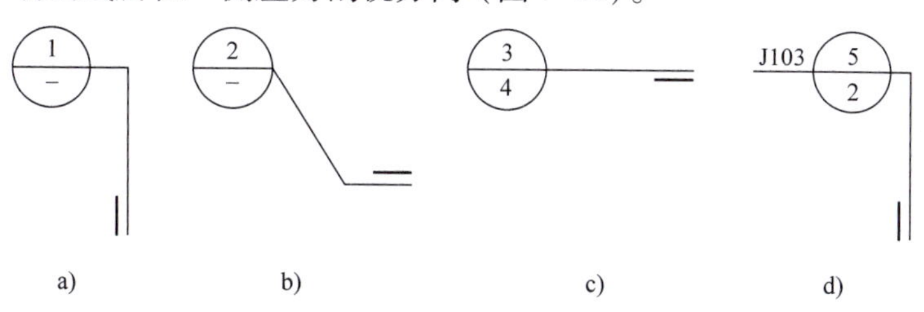

图 7-10　用于剖面详图的索引符号

3）详图的位置和编号应以详图符号表示。详图符号的圆应以直径为 14mm 粗实线绘制。详图应按下列规定编号：详图与被索引的图样同在一张图纸内时，应在详图符号内用阿拉伯数字注明详图的编号（图 7-11a）；详图与被索引的图样不在同一张图纸内，应用细实线在详图符号内画一水平直径，在上半圆中注明详图编号，在下半圆中注明被索引的图纸的编号（图 7-11b）。

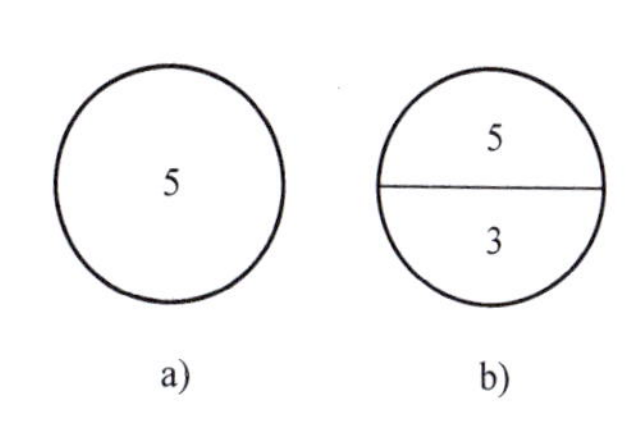

图 7-11　详图符号

7.1.3　建筑立面图

建筑立面图主要用来表达建筑的外部造型、门窗位置及形式、外墙面装修、阳台、雨篷等部分的材料和做法等。

1. 建筑立面图的形成

立面图是用正投影法将建筑各个墙面进行投影所得到的正投影图，主要用于表示建筑物的体形和外貌，立面各部分配件的形状及相互关系，立面装饰要求及构造做法等（图 7-12）。

某些平面形状曲折的建筑物，可绘制展开立面图，圆形或多边形平面的建筑物，可分段展开绘制立面图，但均应在图名后加注“展开”二字。

2. 建筑立面图的数量、比例及命名方式

立面图的数量是根据房屋各立面的形状和墙面的装修要求决定的。当房屋各立面造型不同、墙面装修不同时，就需要画出所有立面图。

建筑立面图的比例与平面图一致，常用 1∶50、1∶100、1∶200 的比例绘制。

建筑立面图的图名，常用以下三种方式命名。

1）以建筑墙面的特征命名。常把建筑主要出入口所在墙面的立面图称为正立面图，其余几个立面相应称为背立面图，左、右侧立面图。

2）以建筑各墙面的朝向来命名，如东立面图、西立面图、南立面图、北立面图。

3）以建筑两端定位轴线编号命名，如①～⑧立面图，Ⓐ～Ⓓ立面图等。“国标”规定，有定位轴线的建筑物，宜根据两端轴线号编注立面图的名称。

3. 建筑立面图的主要内容

1）表明建筑物的立面形式和外貌，外墙面装饰做法和分格。

2）表示室外台阶、花池、勒脚、窗台、雨篷、阳台、檐沟、屋顶以及雨水管等的位置、立面形状及材料做法。

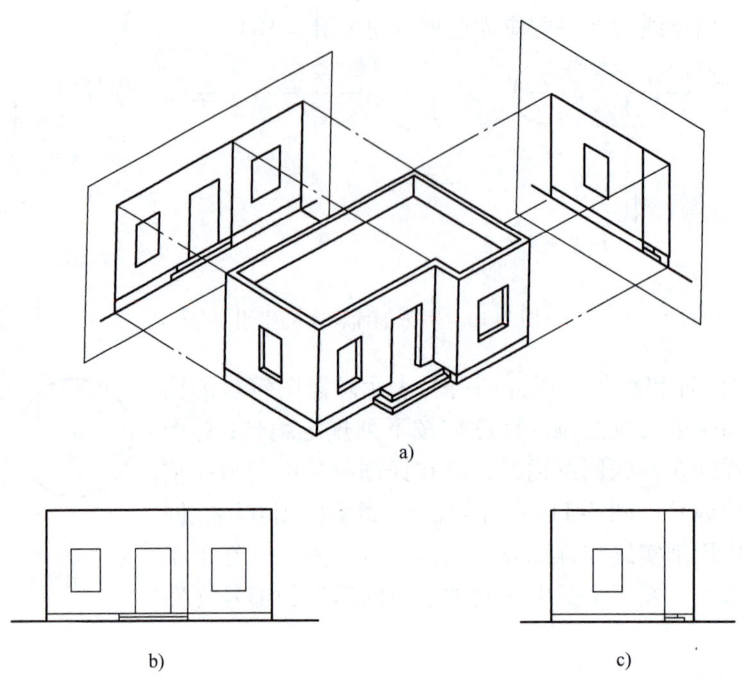

图7-12　建筑立面图的形成

a）立面图的形成　b）正立面图　c）侧立面图

3）反映立面上门窗的布置、外形及开启方向（应用图例表示）。

4）用标高及竖向尺寸表示建筑物的总高和相对标高以及各部位的高度和相对标高。

4. 立面图的线型

为使立面图外形更清晰，通常用粗实线表示立面图的最外轮廓线，而凸出墙面的雨篷、阳台、柱子、窗台、窗楣、台阶、花池等投影线用中粗线画出，地坪线用加粗线（粗于标准粗度的1.4倍）画出，其余如门、窗及墙面分格线、雨水管以及材料符号引出线、说明引出线等用细实线画出。

5. 立面图的尺寸及标注

（1）竖直方向　应标注建筑物的室内外地坪、门窗洞口上下口、台阶顶面、雨篷、房檐下口、屋面、墙顶等处的标高，并应在竖直方向标注三道尺寸。里边一道尺寸标注房屋的室内外高差、门窗洞口高度、垂直方向窗间墙、窗下墙高、檐口高度等尺寸；中间一道尺寸标注层高尺寸；外边一道尺寸为总高尺寸。

（2）水平方向　立面图水平方向一般不注尺寸，但需要标出立面最外两端墙的定位轴线及编号，并在图的下方注写图名、比例。

（3）其他标注　立面图上可在适当位置用文字标注其装修，也可以不注写在立面图中，以保证立面图的完整美观，而在建筑设计总说明中列出外墙面的装修做法。

7.1.4　建筑剖面图

建筑剖面图是表示建筑内部垂直方向的结构形式、分层情况、各层高度、建筑总高、楼面和地面的构造以及各配件在垂直方向上的相互关系等内容的图样。在施工时，可作为分层、砌筑内墙、铺设楼板、屋面板和内装修等工作的依据，是与平、立面图相互配合的不可缺少的重要图样之一。

1. 建筑剖面图的形成

假想用一个平行于投影面的剖切平面，将建筑剖开，移去观察者与剖切平面之间的房屋部分，作出剩余部分的房屋的正投影，所得图样称为建筑剖面图，简称剖面图。将沿着建筑物短边方向剖切后形成的称为横剖面图，将沿着建筑物长边方向剖切形成的称为纵剖面图。一般宜选择在复杂、高差变化的部位进行剖切，尽可能清楚地表述建筑内部的空间变化（图 7-13）。

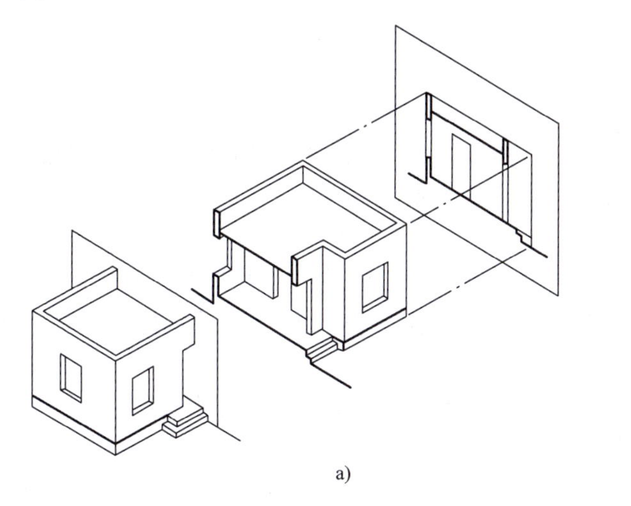

a)

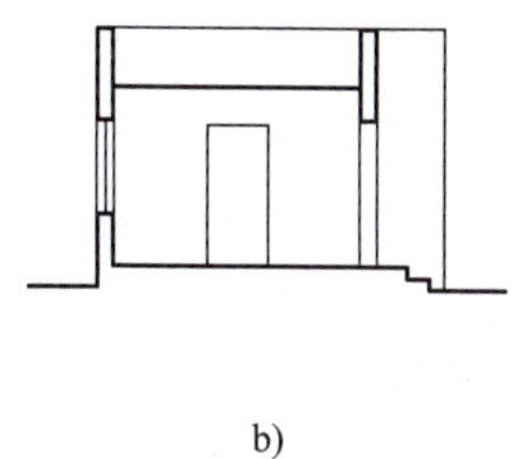

b)

图 7-13　建筑剖面图的形成

a）剖面图的形成　b）剖面图

2. 建筑剖面图的数量及比例

根据工程规模大小或平面形状复杂程度确定剖面图的数量。一般规模不大的工程中，房屋的剖面图通常只有一个。

剖面图的比例常与同一建筑物的平面图、立面图的比例一致，即采用 1∶50、1∶100 和 1∶200的比例绘制，由于比例较小，剖面图中的门、窗等构件也采用“国标”规定的图例来表示。

为了清楚地表达建筑各部分的材料及构造层次，当剖面图比例大于 1∶50 时，应在剖到的构件断面中画出其材料图例。当剖面图比例小于 1∶50 时，则不画具体材料图例，而用简化的材料图例表示其构件断面的材料，如钢筋混凝土构件可在断面涂黑以区别砖墙和其他材料。

3. 剖切位置及剖视方向

剖面图的剖切部位应根据图样的用途或设计深度，在平面图上选择能反映全貌、构造特征以及有代表性的部位剖切，一般在楼梯间、大厅以及阳台等处，并通过需要剖切的门、窗洞口。实际工程中，剖切位置常选择在楼梯间处。剖面图的剖切位置应标注在同一建筑物的底层平面图上。

剖面图的剖视方向：平面图上剖切符号的剖视方向宜向左、向上，看剖面图应与平面图结合并对照立面图一起看。

4. 建筑剖面图的主要内容

1）表示被剖切到的建筑各部位，如各楼层地面、内外墙、屋顶、楼梯、阳台、散水、雨篷等的构造做法。

2）用竖向尺寸表示建筑物、各楼层地面、室内外地坪以及门窗等各部位的高度。竖向尺寸包括高度尺寸和标高尺寸。

3）表示建筑物主要承重构件的位置及相互关系，如各层的梁、板、柱及墙体的连接关系等。

4）表示屋顶的形式及泛水坡度等。

5）索引符号。

6）施工中需注明的有关说明等。

5. 剖面图的线型

剖面图的线型按“国标”规定，凡是剖到的墙、板、梁等构件的剖切线用粗实线表示，而没剖到的其他构件的投影线，则常用细实线表示。

6. 剖面图的尺寸标注

在建筑的平面图、立面图和剖面图中，图示的准确性是很重要的，应力求贯彻“国标”的相关规定，严格按“国标”规定绘制图样；其次，尺寸标注也是非常重要的，应力求准确、完整、清楚，并弄清各种尺寸的含义。

建筑平面图中总长、总宽尺寸，立面图与剖面图中的总高尺寸为建筑的总尺寸；建筑平面图中的轴线尺寸，立面图、剖面图中的层高尺寸为建筑的定位尺寸；建筑平面图、立面图、剖面图及建筑详图中的细部尺寸为建筑的定量尺寸，也称定形尺寸，某些细部尺寸同时也是定位尺寸。

剖面图的标注在竖直方向图形外部标注三道尺寸及建筑物的室内外地坪、各层楼面、门窗洞的上下口及墙顶等部位的标高。图形内部的梁等构件的下口标高也应标注，且楼地面的标高应尽量标在图形内。外部的三道尺寸，最外一道为总高尺寸，从室外地坪起标到墙顶止，标注建筑物的总高度；中间一道尺寸为层高尺寸，标注各层层高（两层之间楼地面的垂直距离称为层高）；最里边一道尺寸为细部尺寸，标注墙段及洞口尺寸。

1）水平方向：常标注剖到的墙、柱及剖面图两端的轴线编号及轴线间距，并在图的下方注写图名和比例。

2）其他标注：由于剖面图比例较小，某些部位如墙脚、窗台、过梁、墙顶等节点，不能详细表达，可在剖面图上的该部位处画上详图索引标志，另用详图来表示其细部构造尺寸。此外楼地面及墙体的内外装修，可用文字分层标注。

7.2 建筑设计图纸的阅读

阅读建筑施工图，除应了解建筑施工图的特点和制图标准之外，还应按照一定的顺序进行阅读，才能够比较全面而系统地读懂图纸。

一套建筑施工图所包含的内容比较多，图纸往往有很多张，在阅读一套建筑施工图时，应该从宏观到微观，从整体到局部，然后再回到整体。

7.2.1 图纸阅读顺序

1. 了解建筑整体概况

（1）看标题栏及图纸目录　了解工程名称、项目内容、设计日期等。

（2）看设计总说明　了解建设规模、技术经济指标、室内外装修标准。包括工程设计的依据、批文；相关整体工程或相关配套工程的概括说明；建筑用料、门窗明细表以及其他无法用图示表达清楚的内容。

（3）看总平面图　读图步骤如下：

1）阅读标题栏和图名、比例，通过阅读标题栏可以知道工程名称、性质、类型等。

2）读设计说明，在总平面图中常附有设计说明，一般包括如下内容：

① 有关建设依据和工程概况的说明，如工程规模、投资、主要的技术经济指标、用地范围、有关的环境条件等。

② 确定建筑物位置的有关事项。

③ 标高及引测点的说明，相对标高与绝对标高的关系。

④ 补充图例说明等。

3）了解新建建筑的位置、层数、朝向等。

4）了解新建建筑的周围环境状况。

5）了解新建建筑物首层地坪、室外设计地坪的标高以及周围地形、等高线等。

6）了解原有建筑物、构筑物和计划扩建的项目等。

7）了解其他新建的项目，如道路、绿化等。

8）了解当地常年主导风向。

总平面图因工程规模和性质的不同而繁简不一，在此只列出读图要点。

2. 看平、立、剖面图

看建筑的平、立、剖面等各图样，深入了解建筑平面、剖面、空间、造型、功能等。

3. 看详图

通过以上两阶段的读图，已经完整、详细地了解了该工程，此时还有一些疑问，如楼梯栏杆的做法、卫生间的详细分隔与防水、装修等做法，雨篷的具体造型与做法等，而这些一般都在详图中加以放大表示。

阅读建筑详图不一定需要按照规定的先后顺序阅读，可以先通过目录了解本工程图纸包含哪些详图，然后逐一阅读，但应注意同时阅读与该详图有关的图纸。

7.2.2 建筑平面图的阅读

1. 看图名、比例

了解平面图层次及图例，绘制建筑平面图的比例有 1∶50、1∶100、1∶200，常用 1∶100。

2. 看图中定位轴线编号及其间距

了解各承重构件的位置及房间的大小。

3. 看房屋平面形状和内部墙的分隔情况

了解房屋内部各房间的分布、用途、数量及其相互间的联系情况。

（1）看底层平面图　阅读轴线网，了解尺寸；认清各区域空间的功能和结构形式；认清交通疏散空间，如楼梯间、电梯间、走道、入口、消防前室等；认清各房间或各空间尺度、功能、门窗位置，了解结构形式、空间形式及相互关系。

（2）看标准层平面图　除阅读以上内容之外，还应了解各部分空间与下部楼层的功能与结构的对应关系。

（3）看顶部各层平面图　建筑顶部楼层因功能、造型等因素可能与其下部楼层差别较大，如减少结构柱的大空间会议厅，屋顶花园与室内外空间的穿插变化等。注意建筑功能、交通、结构等与下部楼层的对应关系；注意屋面类型、排水方式、檐口类型等。

（4）看地下室各层平面图　主要了解地下室与上部建筑在结构布置、垂直交通、建筑功能等方面的对应关系，要求按照轴线对应的方式与一层平面图对照读图，了解地下室的功能类型与分区，如某些建筑地下室有地下车库和战时人防两种功能，这两种功能相差甚大，其平时车库的交通流线与战时人防的人流流线可能完全是两套系统。大部分建筑的地下室都布置有水泵房、变配电室、发电机房、空调机房等设备用房；某些建筑地下室也可能是一层空间向下的延伸，如展厅、商场等。尤其要注意各种管道、电缆井、通风井、排烟气井等与上部建筑的关系。

4. 看平面图的各部分尺寸

房间的开间、进深的大小，门窗的平面位置及墙厚、柱的断面尺寸等。

5. 看楼地面标高

平面图中标注的楼地面标高为相对标高，且是完成前的标高。一般在平面图中地面或楼面有高度变化的位置都应标注标高。

6. 看门窗的位置、编号和数量

为便于施工，一般情况下在首页图上或在本平面图内，附有门窗表，列出门窗的编号、名称、尺寸、数量及其所选标准图集的编号等内容。

7. 看剖面的剖切符号及指北针

在底层平面图中了解剖切部位，了解建筑物朝向。

7.2.3 建筑立面图的阅读

了解建筑整体形象、层数规模和外墙装饰做法等。

1）看图名、比例、轴线及其编号，了解立面图的观察方位，立面图的绘图比例、轴线编号与建筑平面图上的应一致，并对照阅读。

2）看房屋立面的外形、门窗、檐口、阳台、台阶等形状及位置，了解屋顶的形式以及门窗、阳台、台阶、檐口等的形状与位置。

3）看立面图中的标高尺寸，了解建筑物的总高度和各部位的标高，如室内外地坪、檐口、屋脊、女儿墙、雨篷、门窗、台阶等处的标高。

4）看房屋外墙表面装修的做法和分格线等，了解建筑各部位外立面的装修做法、材料、色彩等。

7.2.4 建筑剖面图的阅读

了解各层层高、建筑总高、各楼层关系、是否有地下室及其深度。

1）看图名、比例、剖切位置及编号，根据图名与底层平面图对照，确定剖切平面的位置及投影方向，从中了解该图所画出的是房屋的哪一部分的投影。

2）看房屋内部的构造、结构形式和所用建筑材料等内容，如各层梁板、楼梯、屋面的结构形式、位置及其与墙（柱）的相互关系等。

3）看房屋各部位竖向尺寸，详细了解层高、总高、室内外高差、门窗、阳台、栏杆等高度，吊顶及其他空间尺度与标高。

4）看楼地面、屋面的构造，在剖面图中表示楼地面、屋面的多层构造时，通常用通过各层引出线，按其构造顺序加文字说明来表示。有时将这一内容放在墙身剖面详图中表示。

阅读时要和平面图对照看，按照由外部到内部、由上到下，反复查阅，最后在头脑中形成房屋的整体形状。

7.3　建筑单体抄绘的内容及方法

建筑图是施工的依据，图上一条线、一个字的错误，都会影响基本建设的速度，甚至会带来极大的损失。我们应该采取认真的态度和极端负责的精神来绘制好建筑图，使图纸清楚、正确，尺寸齐全，阅读方便，便于施工。

修建一幢建筑需要很多图纸，其中平、立、剖面图是建筑的基本图样。规模较大、层数较多的建筑，常常需要若干平、立、剖面图和构造详图才能表达清楚。对于规模较小、结构简单的建筑，图纸数量自然少些。在画图之前，首先应考虑画哪些图，在决定画哪些图时，要尽可能以较少的图纸将房屋表达清楚。其次要考虑选择适当的比例，以决定图样的大小。有了图样的数量和大小，最后考虑图样的布置。在一张图纸上，图样布置要匀称合理。布置图样时，应考虑标注尺寸的位置。上述三个步骤完成以后便可开始绘图。

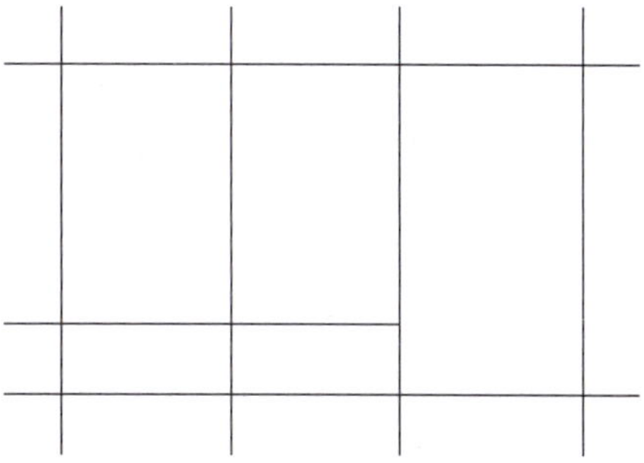

图 7-14　平面绘制步骤一

7.3.1　平面图的绘图步骤

1）画出墙、柱的定位轴线（图 7-14）。

2）画出墙厚、柱子截面，定门窗位置(图 7-15)。

3）画台阶、窗台、楼梯（本图无楼梯）等细部位置（图 7-16）。

4）画尺寸线、标高符号，检查无误后，按要求加深各种图线，并标注尺寸、数字，书写文字说明（图 7-17）。

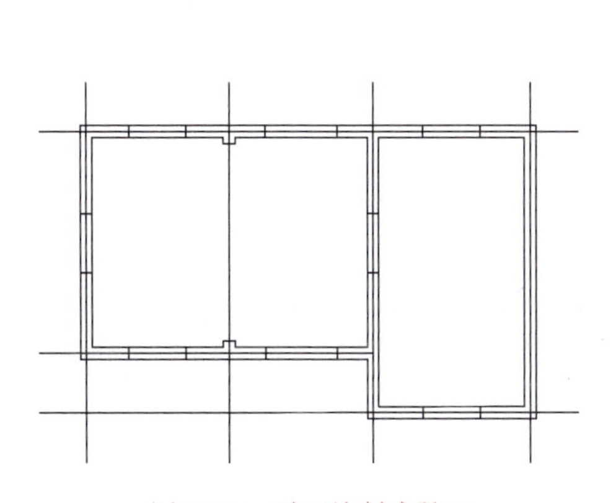

图 7-15　平面绘制步骤二

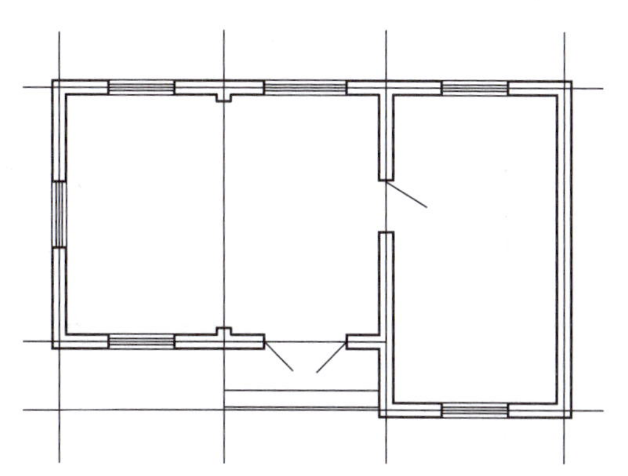

图 7-16　平面绘制步骤三

7.3.2　立面图的绘图步骤

1）画室外地坪、门窗洞口、女儿墙等高度线，并由平面图定出门窗孔洞位置，画墙（柱）身的轮廓线（图 7-18）。

2）画勒脚、台阶、窗台、屋面等细部（图 7-19）。

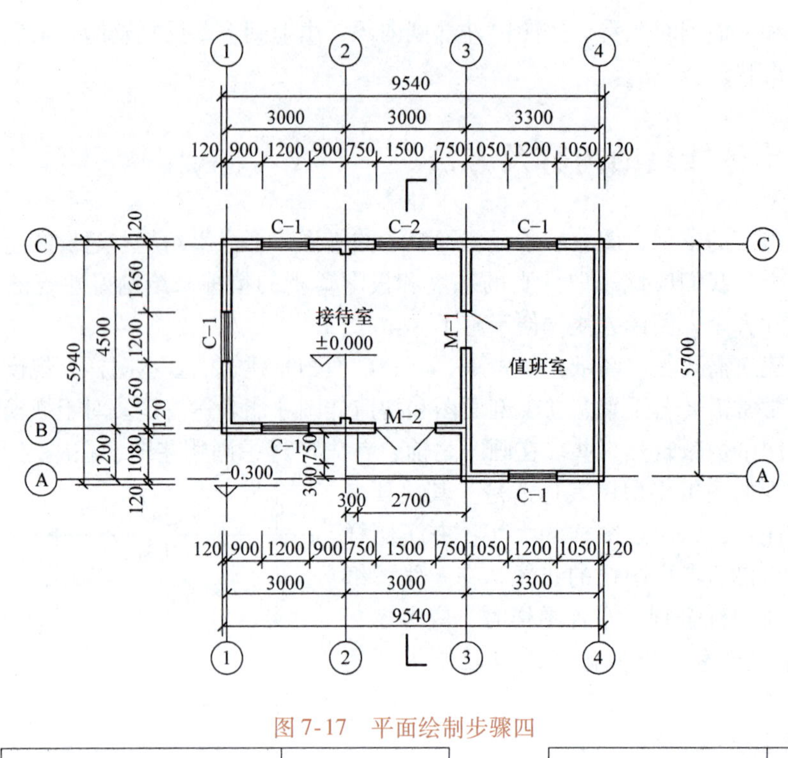

图7-17　平面绘制步骤四

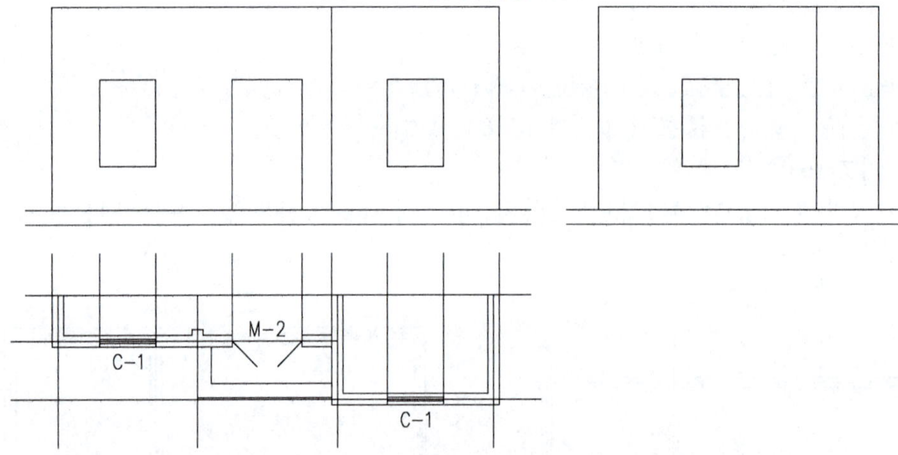

图7-18　立面绘制步骤一

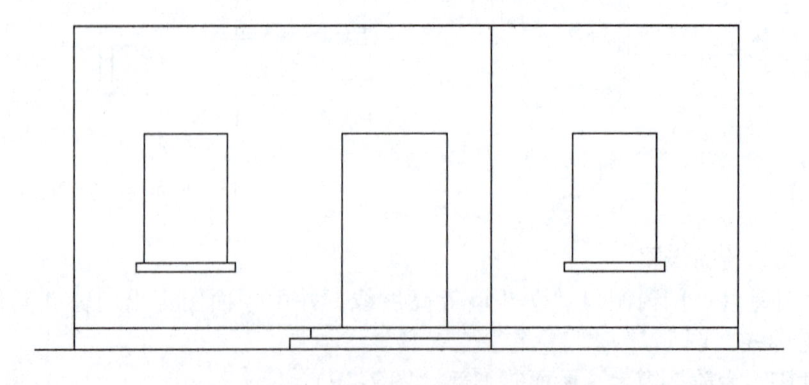

图7-19　立面绘制步骤二

3）画门窗分隔、符号材料，并标注尺寸和轴线编号。加深图线，注写尺寸和文字说明（图 7-20）。

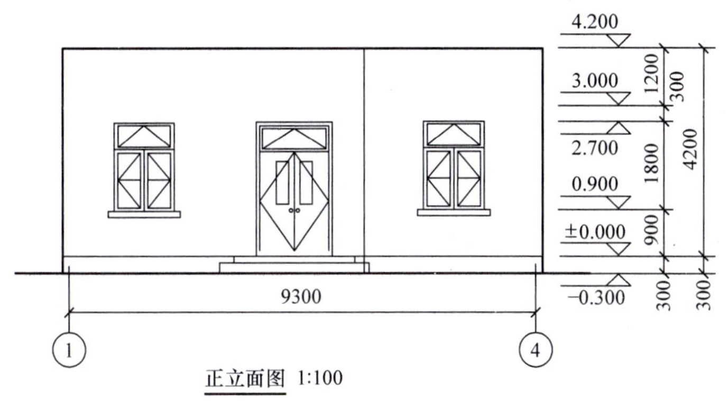

图 7-20　立面绘制步骤三

7.3.3　剖面图的绘图步骤

1）画室内外地坪线、最外墙（柱）身的轴线和各种高度（图 7-21）。

2）画墙厚、门窗洞口及可见的主要轮廓线（图 7-22）。

3）画屋面及踢脚板等细部。加深各种图线，标注尺寸并书写文字说明（图 7-23）。

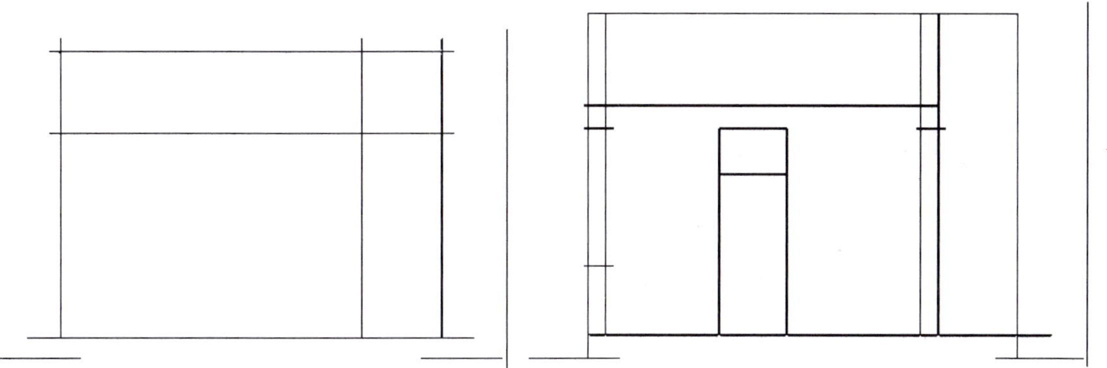

图 7-21　剖面绘制步骤一

图 7-22　剖面绘制步骤二

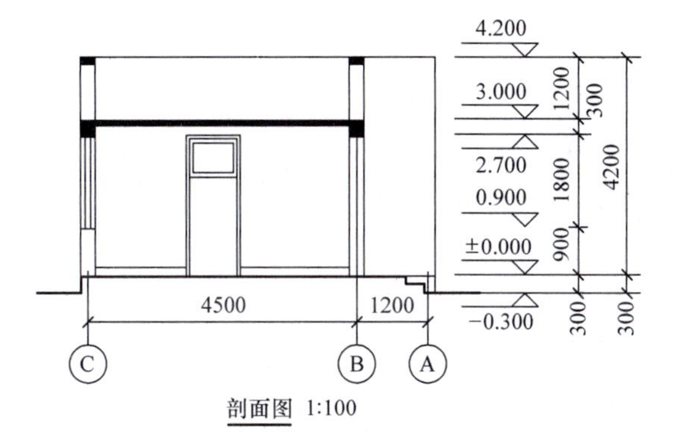

图 7-23　剖面绘制步骤三

以上所讲都是建筑方案图及建筑施工图的一些基本知识，而这些知识都是为后面的重点内容——建筑单体测绘作准备的。

7.4　建筑单体测绘的内容

建筑测绘一般包括以下几方面的内容：

（1）建筑群的总平面图　这是对有院墙、花坛、场地、道路等构筑物的建筑而言的，测绘总平面图应该准确地表现出各建筑物、构筑物之间的相对位置和间距，使其总体布局和环境一目了然。

（2）单体建筑的各层平面　这一项内容的测绘相对容易。对于大部分的建筑而言一般只需皮卷尺、钢卷尺、卡尺或软尺就可以测出所有单体建筑的平面图。测绘平面时最重要的是先确定轴线尺寸，之后单体建筑的一切控制尺寸都应以此为根据。确定轴线尺寸后，再依次确定台阶、室内外地面铺装、山墙、门窗等的位置。

（3）单体建筑的正立面、侧立面、背立面　因为没有搭架，无法上到建筑物上用皮卷尺测量高度，所以这一类立面图都必须借助辅助工具进行测量。粗略测量时，可以仅借助竹竿和皮卷尺、铅垂球测出高度。测出各点高度后，各个立面图就可以确定了。

（4）单体建筑的纵剖面、横剖面　测量方法与测绘立面图的原理一样，不同的是剖面图要更清晰地表达出各层之间的构造关系。

（5）屋顶平面图　包括女儿墙的位置和高度、局部出屋面部分（如楼梯间和设备房）的墙体、门窗位置及尺寸、屋面的构造方式等。

（6）大样图　包括各种楼梯、线脚、墙身等部分的大样。

7.5　建筑单体测绘的步骤及方法

1. 分组

每班学生以5～6人为1个小组，每组准备皮尺和钢卷尺各1把。1人为组长，组长负责本组人员分工，至少应分成以下几个工种：跑尺和记数（兼绘制草图）。

2. 熟悉即将测绘的建筑

了解该建筑的外观造型、立面、内部房间组成、构造、与周围的环境协调等，获得对即将测绘建筑的观感认识。待测建筑以图7-24～图7-27为例。

图7-24　待测建筑实景一

图 7-25　待测建筑实景二

图 7-26　待测建筑实景三

3. 绘制草图

在草图纸或者速写本上将测绘对象的平、立、剖面逐一绘出，要求注意各图样的比例关系（图 7-28、图 7-29）。同时，对于一些建筑细部也要求绘出（图 7-30）。

4. 初测尺寸

按照分工，将各图样所需要的数据同时测出，并标注在草图上（图 7-31、图 7-32）。

图7-27 待测建筑实景四

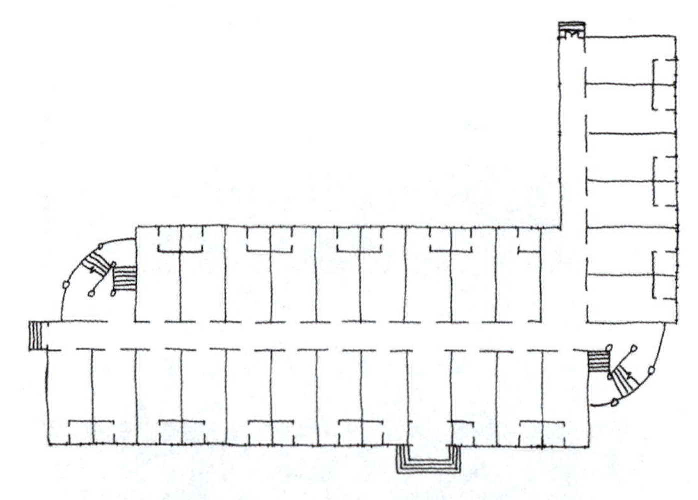

图7-28 平面测绘草图

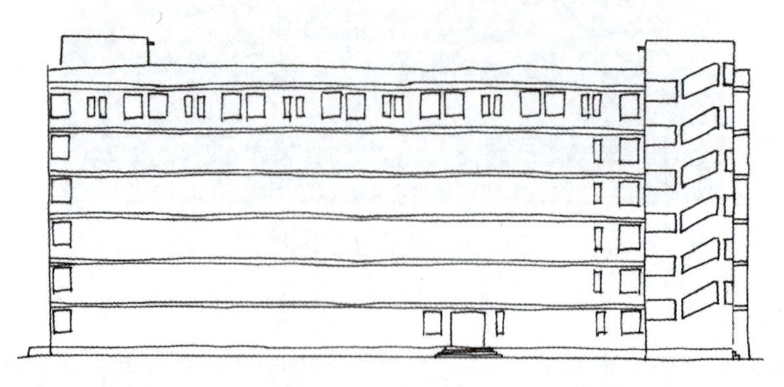

图7-29 立面测绘草图

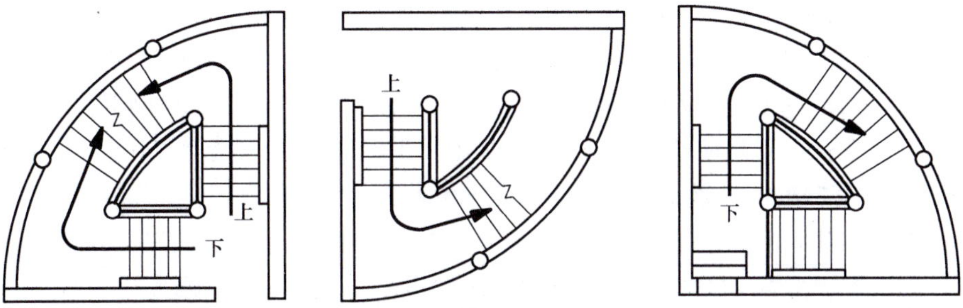

图7-30　建筑细部放大草图

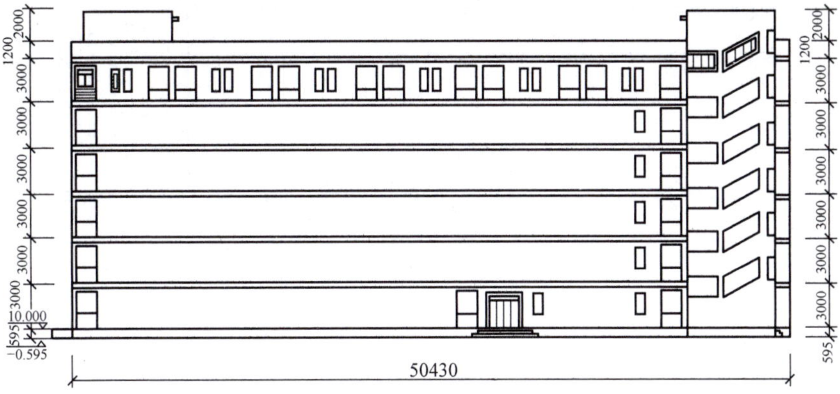

图7-31　立面尺寸测绘、标注尺寸

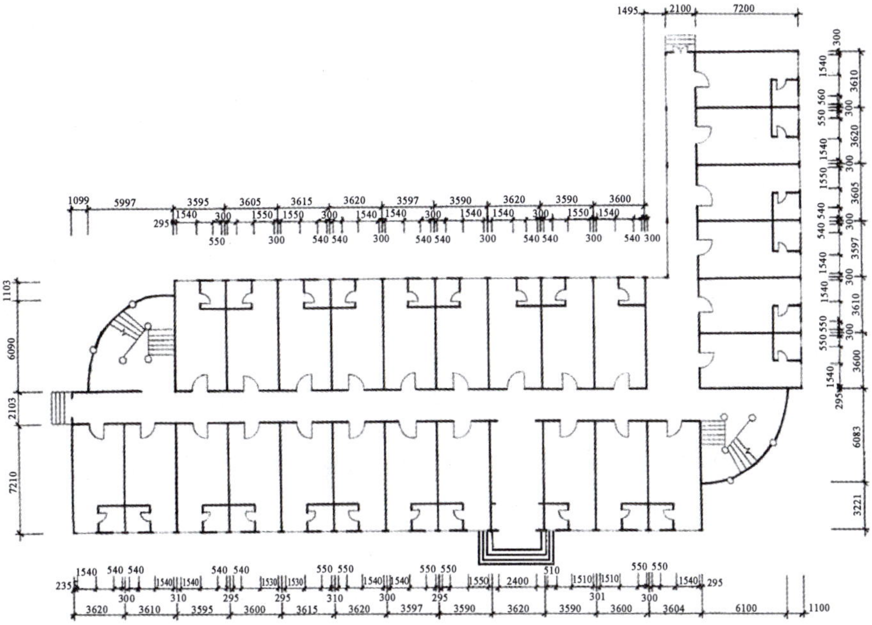

图7-32　平面尺寸测绘、标注尺寸

5. 尺寸调整（图7-33、图7-34）

1）尺寸是否符合模数协调标准？所测建筑在施工时所依据的图纸尺寸一般应是符合模数的，但由于误差及粉刷层的原因，所测量得到的尺寸并不是那样理想，这就需要对测得的尺寸进行处理和调整，使之符合模数标准。调整原则举例：同侧墙皮之间的测量尺寸就近取整，如1511mm就应该被调整为1500mm；同房间相对内墙皮之间的测量尺寸加上粉刷层厚度后就近取整，如测量值为2767mm，加上粉刷层厚度（内墙取每边粉刷厚度为15mm）后为2797mm，尺寸就近取整调整为2800mm，加上墙厚（这里暂取墙厚200mm），得到房间轴线宽度或长度为3000mm，符合模数；其他情况依此类比处理。

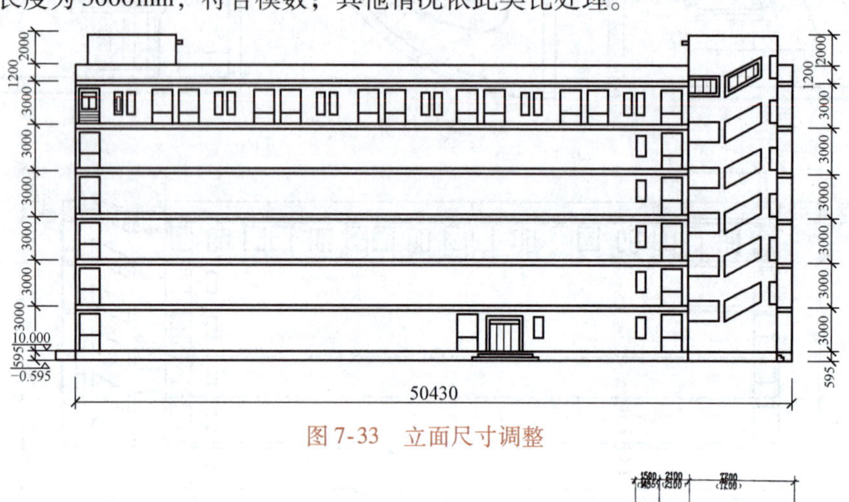

图7-33　立面尺寸调整

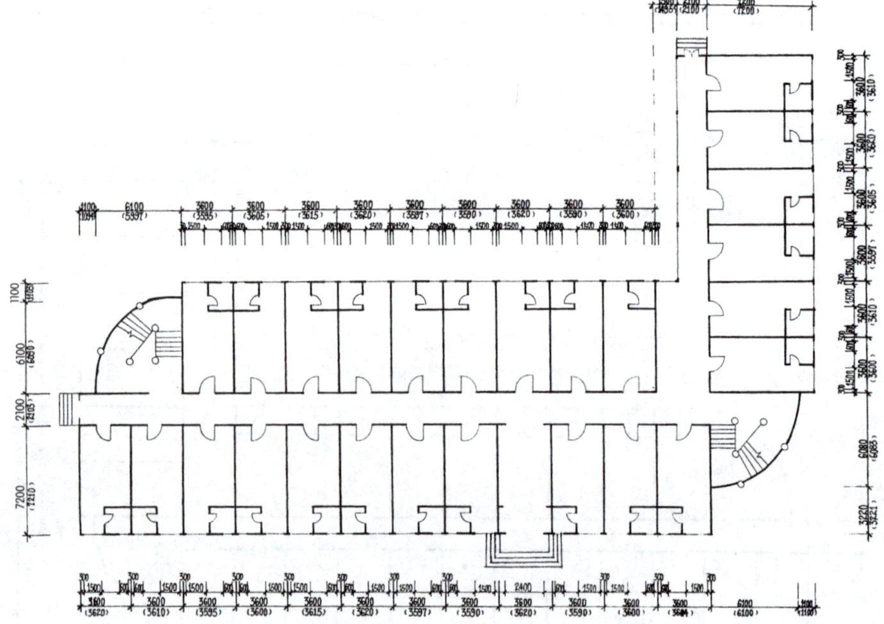
图7-34　平面尺寸调整

2）尺寸是否前后矛盾？误差是否较大？检查各分部尺寸之和是否与轴线尺寸相等；各轴线尺寸之和是否与总轴线尺寸相等。如果不相等，则需要返回上一步检查，看看是否有尺寸调整得过大或者过小。

3）检查有无漏测之尺寸。

6. 补测尺寸

在初次的测绘过程中不可避免会有一些尺寸没有测到，在这一阶段中将之补充完整；另外，有些细部尺寸由于考虑欠周而没有测量的，也应该在这次的补测中加以测量，并绘制相关的测绘草图。在前一步的调整过程中，过于矛盾的某些尺寸也可以在这一次的补测中加以复核，以便找出问题所在。

7. 绘制正图

各个图样的画法及步骤如前所述，此处不再重复。不要求一种图样一张图纸，可以对各种图样进行综合布图；在布图的过程中应注意构图的均衡与完整；每套图纸应有大标题以及图纸编号。

一般来说，作为学生作业的测绘图纸可以按照建筑方案图纸的要求，包含以下图样：总平面图、各层平面图、各立面图、剖面图、透视图。如图 7-35、图 7-36 所示为学生测绘作业实例。

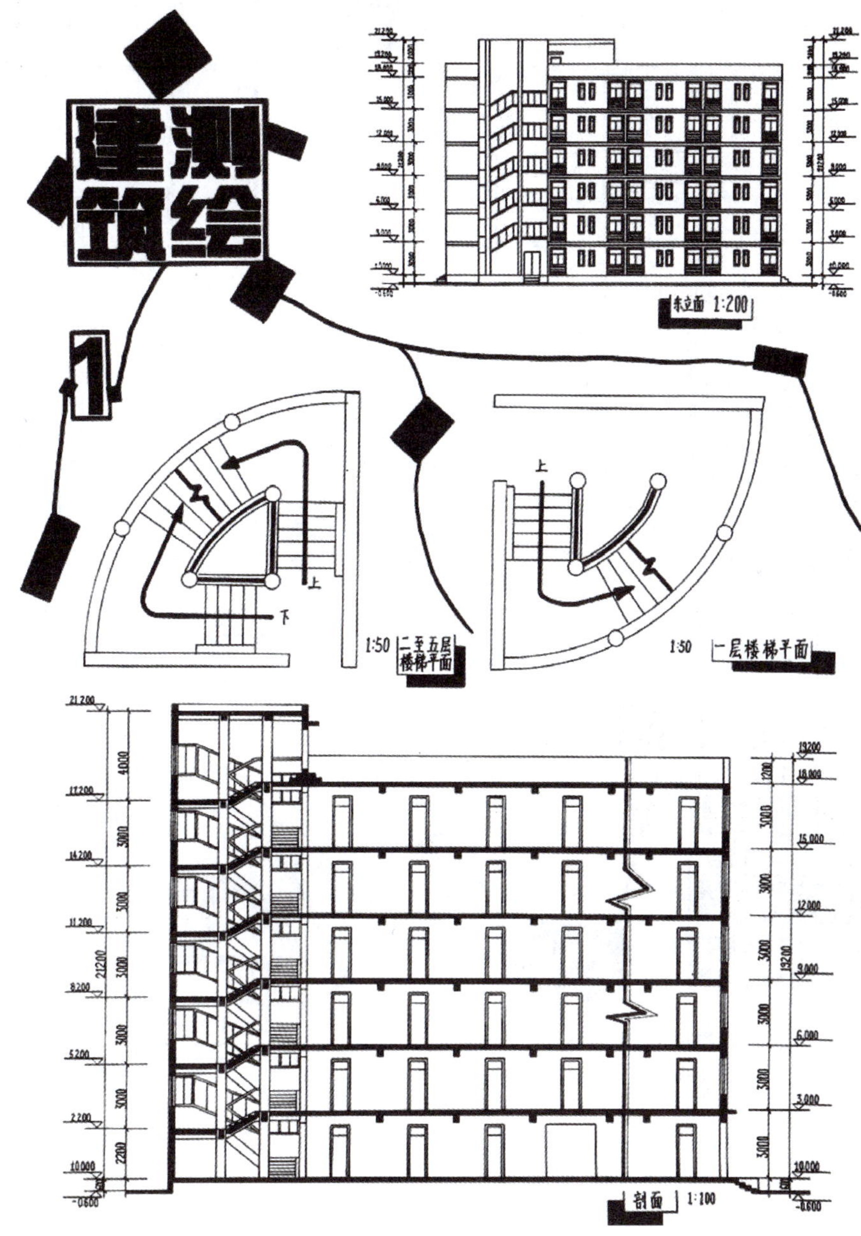

图 7-35　正图一

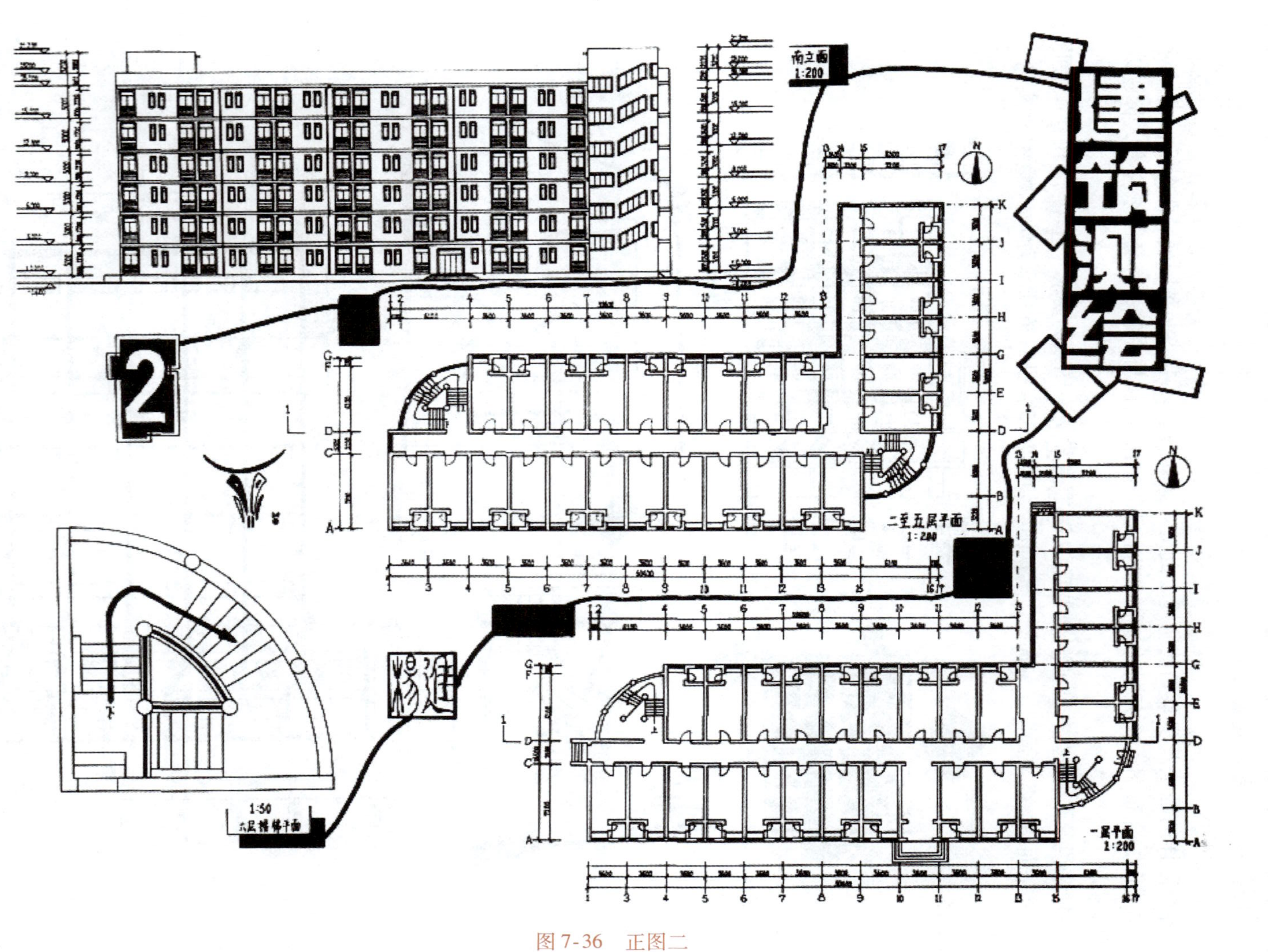

图 7-36　正图二

本章课程思政要点

建筑测绘可理解为测量建筑物的形状、大小和空间位置，并在此基础上绘制相应的平、立、剖面图。建筑测绘的对象不仅仅是现当代建筑，也包括古代建筑。通过优秀建筑的测绘实习，一方面可以学会分析、借鉴不同类型的建筑，另一方面还可以培养团体合作精神。

实训练习题

实训 20　建筑方案图纸抄绘

1. 实训目的

学习建筑图纸的阅读方法，了解建筑的基本表现方法。

2. 实训要求

1）由教师指定抄绘图纸。

2）在版面范围内进行排列组合，并确定最佳的版式效果。

3）以工具墨线的形式完成图样绘制部分。

4）用仿宋字书写说明部分。

5）对钢笔画和仿宋字的要求均等同于以前的训练要求。

3. 图纸规格

841mm × 594mm（A1）或 594mm × 420mm（A2）绘图纸。

* 实训 21　建筑单体测绘练习

1. 实训目的

培养学生综合运用各种知识在图纸上表达建筑的能力。

2. 实训要求

1）由教师指定测绘对象，以中小型建筑为佳。

2）在版面范围内进行排列组合，并确定最佳的版式效果。

3）以工具墨线的形式完成图样绘制部分。

4）用仿宋字书写说明部分。

5）对钢笔画和仿宋字的要求均等同于以前的训练要求。

3. 图纸规格

841mm × 594mm（A1）或 594mm × 420mm（A2）绘图纸。

第四篇　设计建筑

建筑设计的目的是以人为本，一切为人所用，通过本篇的学习，使学生初步了解与建筑设计有关的基本原理，包括人体尺度与建筑设计、构图原理、建筑方案设计的基本方法，重点培养学生的实际动手能力，以及未来设计师的工作方法及思维方式。

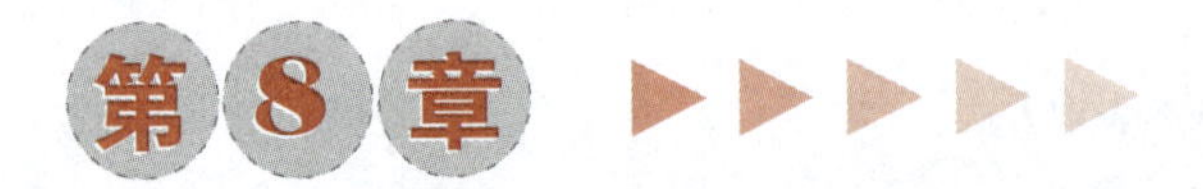

人体尺度与建筑设计

学习目标

人体尺度与建筑设计的关系相当密切，建筑设计的目的是以人为本。通过本章的学习，了解人体工程学与行为建筑学的基本含义及尺寸，为以后的建筑设计打下基础。

8.1　人体尺度

1. 人体活动尺度

人在建筑所形成的空间中活动，人体的各种活动尺度与建筑空间具有十分密切的关系，为了满足使用活动的需要，首先应该熟悉人体活动的一些基本尺度（图 8-1）。

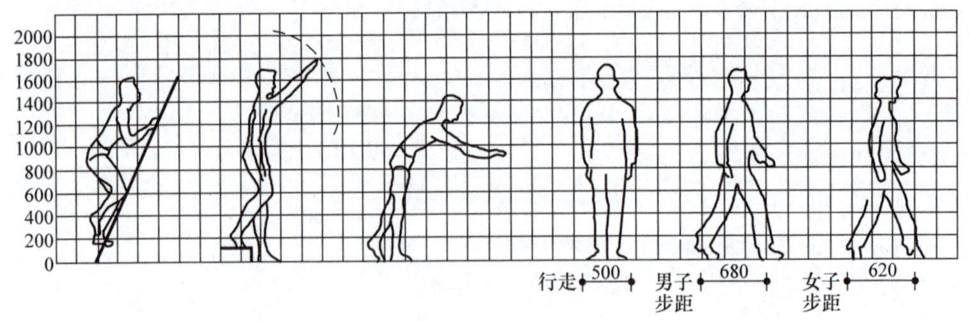

图 8-1　人体基本动作尺度

（1）人体静态尺度　人体静态尺度主要是确定人在立、坐等情况下的基本尺度。

据统计，我国成年人平均高度，男子为 1.67m，女子为 1.56m。各地区人体高度有差异，河北、山东、辽宁、山西、内蒙古、吉林、青海等地偏高，四川、云南、贵州及广西等地偏低。图 8-2 为中等人体地区的人体各部分平均尺寸（单位：mm）。不同年龄人体高度也不相同。图 8-3 表示出了我国人体平均身高随年龄变化的基本规律。

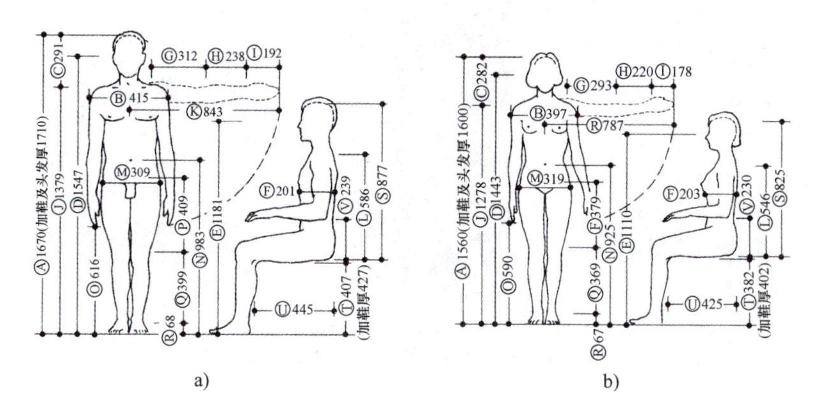

图 8-2　中等人体地区的人体各部分平均尺寸

a）成年男子　b）成年女子

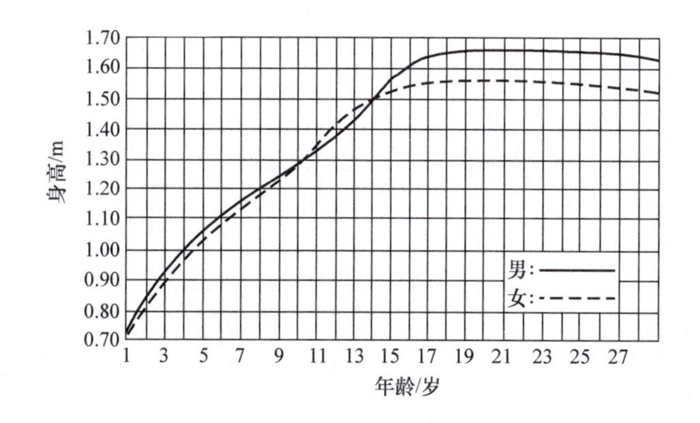

图 8-3　不同年龄人体的高度

建筑设计遵循“以人为本”的原则，由此在运用人体基本尺度时，除考虑地域、年龄等差别外，还应注意以下几点。

1）设计中采用的身高并不一定都是平均数，应视情况在一定幅度内取值，并酌情增加戴帽穿鞋的高度。例如：在设计楼梯净高、栏杆安全高度、地下室与阁楼净高、门洞高度、淋浴龙头安装高度、床上的净空高度等时，应取男子身高幅度的上限值，即 1.74m；在设计楼梯踏步、碗柜、搁板、挂衣钩、物品堆放、舞台、盥洗台、家务操作台、案板等高度时，应取女子平均身高，即 1.56m。以上参数应考虑人穿鞋，所以须另加 20mm 高度。

2）时代不同，身高也在变。近年来我国不少城市调查表明，青少年平均身高有增长趋势，所以在使用原有资料数据时应与现状调查结合起来。

3）针对特殊的使用对象，人体尺度的选择也应作调整。例如：一般外国人和运动员身高较高；老年人身高比成年人略低；乘轮椅的残疾人应将人与轮椅结合起来考虑其尺度。

（2）人体动态尺度　人体在各种动态中的尺度与解剖学和生理机能有关。为了便于设计时选用，可以将测量数据制成图表，也可以采用比例法进行估算（图 8-4）。

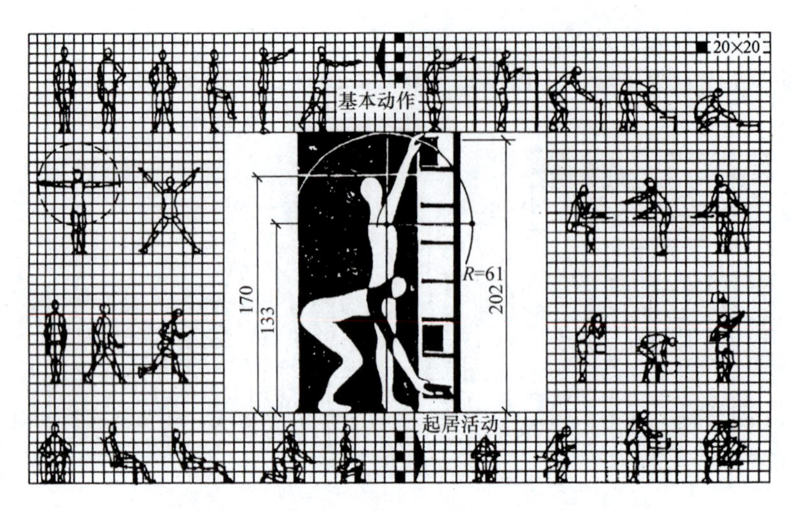

图8-4 人体活动基本尺度（单位：cm）

人在社会活动中不仅要着衣，有时还要携带物品，并与一定的家具设备发生关系，因此，还应测量人在各种社会活动中的尺度（图8-5）。

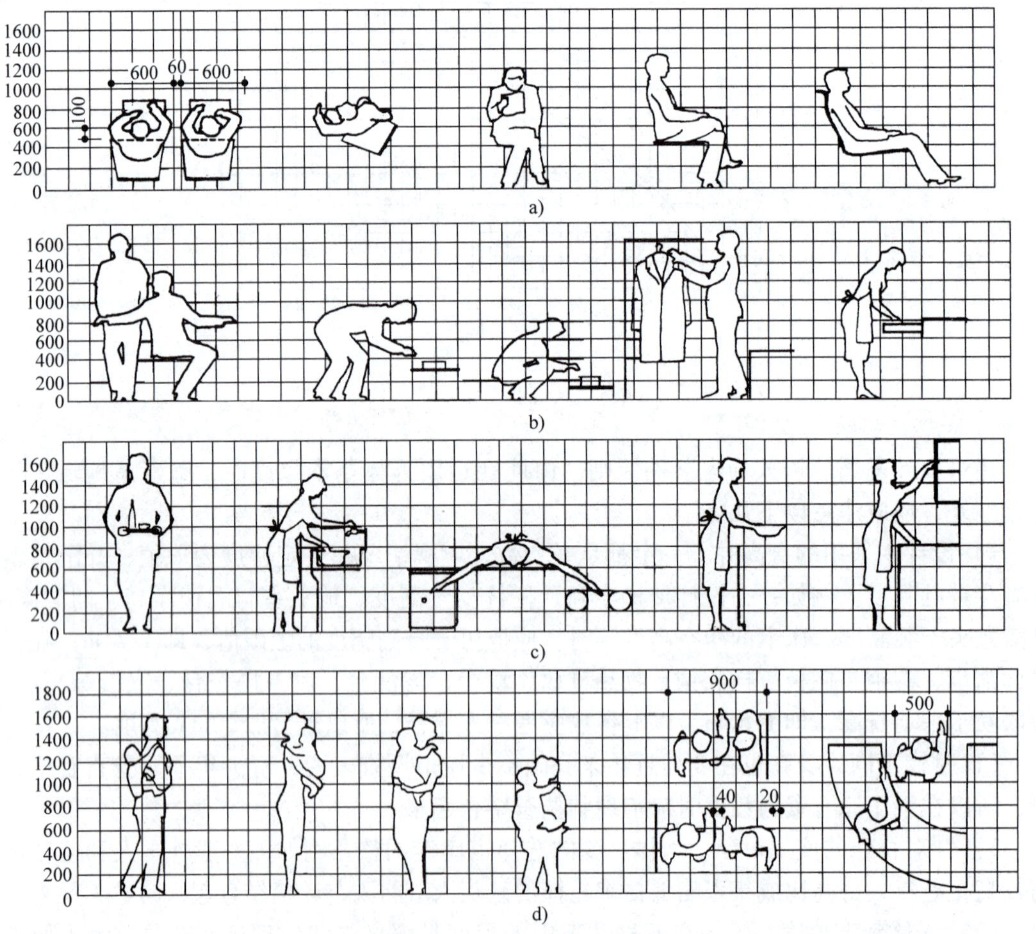

图8-5 人在各种社会活动中的尺度（单位：mm）

a）生活起居动作 b）存取动作 c）厨房操作动作 d）其他动作

家具尺寸反映出人体的基本尺度，建筑设计人员应该知道这些尺寸（图8-6）。

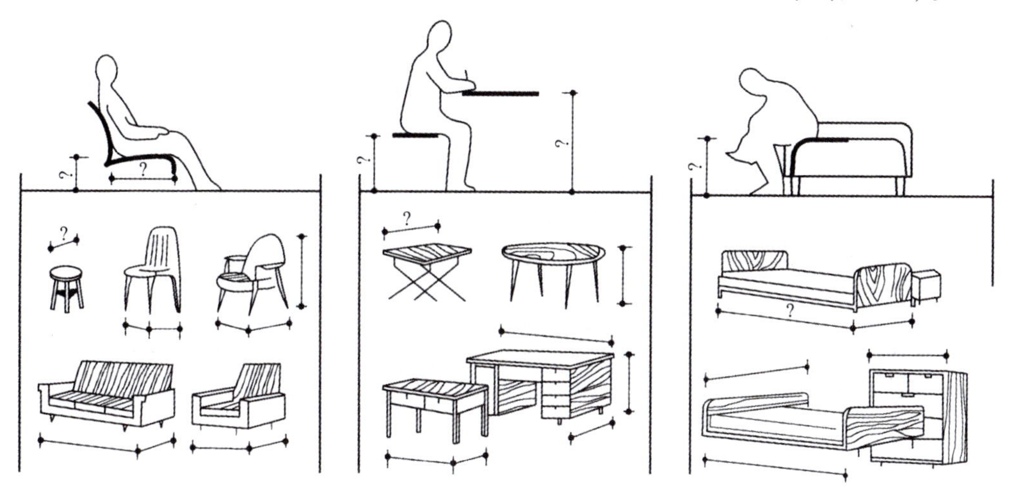

图8-6　常用家具尺寸

2. 常用家具设备尺寸

在建筑设计时，必然要考虑室内空间、家具陈设等与人体尺度的关系问题，为了方便建筑设计，这里介绍一些常用的尺寸数据（表8-1～表8-4，图8-7）。

表8-1　房屋常用构造尺寸

各组成部分名称	高/mm	宽/mm	厚度/mm
入户门	2000～2400	900～1000	
室内门	2000～2100	800～900	
厕所、厨房门	2000～2100	700～800	
窗台	800～1000		
单扇窗户		400～1200	
支撑墙体			240
室内隔墙段墙体			120
踢脚板	80～200		
墙裙	800～1500		

表8-2　卫生间常用洁具尺寸

常用洁具类型	长/mm	宽/mm	高/mm
浴缸	1220、1520、1680	720	450
坐便器	750	350	
盥洗盆	550	410	
淋浴器			2100
化妆台	1350	450	

表 8-3　交通空间尺寸

各交通空间	净高/mm
楼梯间休息平台	≥2000
楼梯梯段	≥2200
使用房间	≥2400
走廊净高	≥2000
楼梯扶手高	850～1100

表 8-4　家具基本尺寸

常见家具		基本尺寸/mm				
		长	宽	高	深	靠背高度
床		1900～2000	900～1800			850～950
床头柜			500～800	500～700	450	
衣柜			800～1200	1600～2000	500	
沙发			600～800	350～400		1000
茶几	前置型	900	400	400		
	中心型	900（700）	900（700）	400		
	左右型	600	400	400		
办公桌		1200～1600	500～650	700～800		
办公椅		400～450	450	450		
书柜		1800	1200～1500	350～500		
书架		1800	1000～1300	350～450		

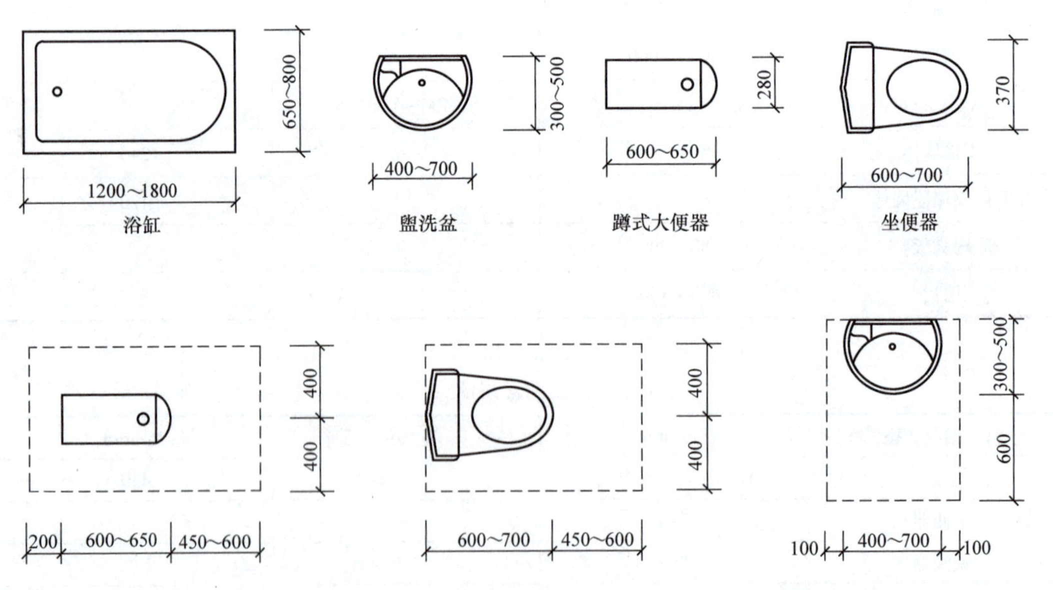

图 8-7　常用洁具尺寸（单位：mm）

3. 人体尺度对建筑设计的影响

人体尺度为建筑设计提供了大量的科学依据，并使建筑的空间环境设计进一步精确化，比较突出的有以下四个方面。

1）根据人体尺度，对家具进行科学分类，并合理确定家具的各部分尺寸，使其既具有实用性，又能节省材料（图 8-8）。

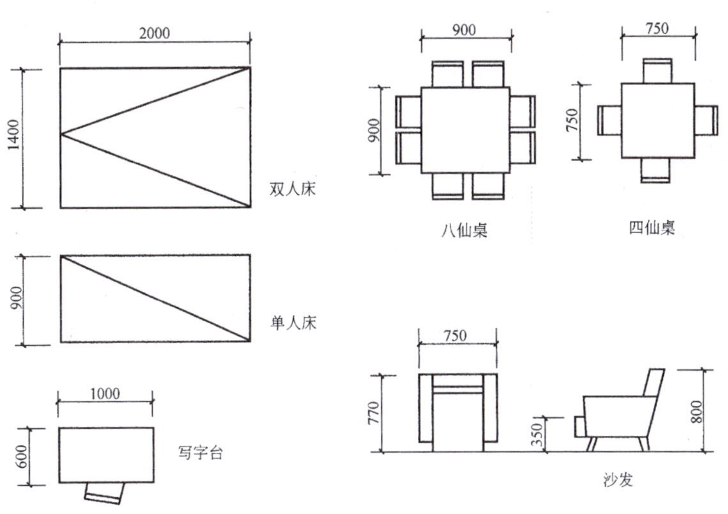

图 8-8　常用家具尺寸

2）人体尺度、动作范围的精密测定，为确定室内空间尺度、室内家具设备布置提供了定量依据，增强了室内空间设计的科学性。

3）室内环境要素参数的测定，有利于合理地选择建筑设备和确定房屋的构造做法。

4）由于建筑艺术要求真、善、美统一，建筑空间环境引起的美感常常和实用舒适分不开，所以人体尺度也在一定程度上影响了建筑美学。建筑师柯布西耶研究了人的各部分尺度，认为它符合黄金分割等数学规律，从而建立了他的模数制，并运用于建筑设计中（图 8-9、图 8-10）。

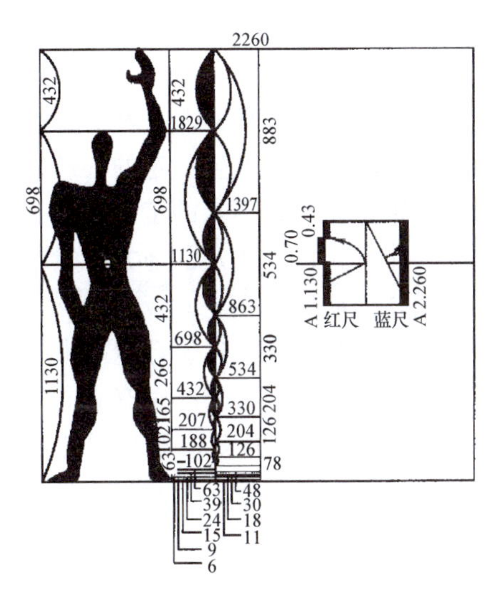

图 8-9　柯布西耶模数尺度

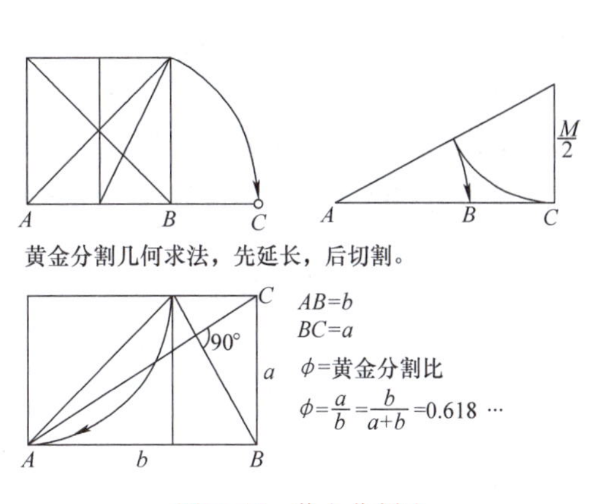

图 8-10　黄金分割比

8.2　行为建筑学

1. 行为建筑学的涵义

行为建筑学是建筑学与行为科学、心理学交叉的学科，主要研究人的需要、欲望、情绪、心理机制等与环境及建筑的关系，研究如何通过城市规划与建筑设计来满足人的行为心理要求，以达到提高工作效率，创造良好生活环境的目的。

2. 行为建筑学的主要内容

行为建筑学研究的范围十分广泛，大致可分为两类。

（1）人、人际关系与空间　人处于空间中，单个人所需要的空间包括人体自身所占的空间、动作域空间和心理空间。前两类空间可以通过人体工程学进行测定，后者则依赖于心理学的研究。

人在空间中具有方向性，除动作外，还会有上下、前后、左右方向上的判断，这种判断会产生不同联想，如上升、下降；前进、后退；胜利、失败等。人有领域感，领域感是人所占有的与控制的一定空间范围。它可以是建筑空间的一部分，也可以只是象征性的（图8-11）。

图8-11　空间的产生

（2）人与环境　早期研究的一个重要领域是工作环境与工人心理。研究表明，人的行为受心理活动支配。环境影响心理，也影响人的行为。一定的环境会产生一定的心理，一定的心理将影响工人工作的积极性。例如，井然有序的室内布置，有条不紊的工艺流程，清洁卫生的工作场所，充足而柔和的光线，赏心悦目的色彩，在工人目之所及的地方布置绿树鲜花，都有利于提高工人的工作热情，减弱疲劳感，从而提高劳动生产率。

行为建筑学研究的另一重要领域是城市环境与居民心理。各种规模建筑环境对人的行为影响是不同的，如生活在独户住宅、非独户住宅、街道、居民区、郊区的居民有不同的行为特点。住宅的类型和位置，可以影响家庭成员的相互关系，影响邻里交往和儿童的娱乐活动。同样的环境，对不同年龄、经济地位、文化水平的人的影响也有差异。有人认为，通过设计不同的环境，可以在一定程度上影响人的行为。例如，优美而整洁的建筑环境，有利于使人养成讲究卫生的习惯，培养爱美的心理。行为建筑学还考察了现代化大城市的各种弊端，如人口密度太大，交通问题突出，污染与噪声严重，信息过量，人工环境过多，人的精神负担过重，人际关系冷漠等（图 8-12）。

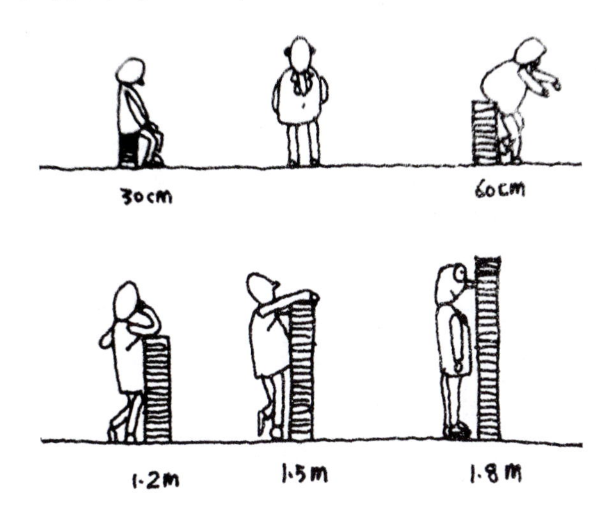

图 8-12　垂直面高度与空间的封闭性

建筑既然必须满足人们的物质活动需要，那么无论室内外空间的形状和大小，无论门窗的位置和尺寸，无论家具及其他部件的布局与大小，都应当考虑人体尺度和行为特点（图 8-13）。

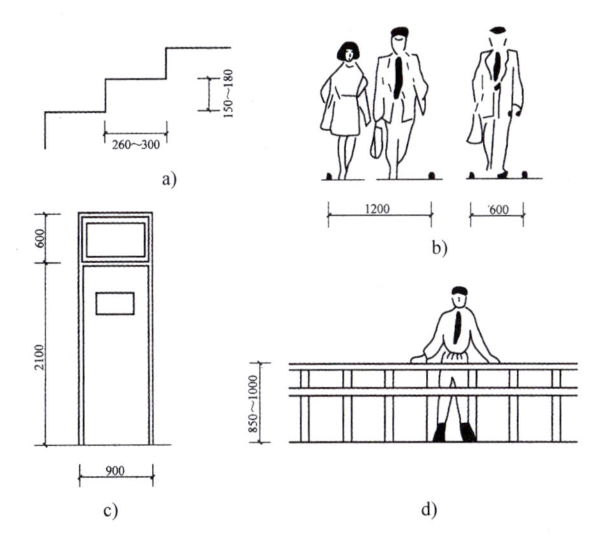

图 8-13　建筑局部尺度

建筑与人体的基本尺度，例如在设计小学生教室时所要考虑的小学生教室面积指标：1 ~ 1. 2m^2/人（图 8-14）。

当今，社会发展向后工业社会、信息社会过渡，重视“以人为本”，为人服务，人体工程学强调从人自身出发，在以人为主体的前提下研究人们衣、食、住、行以及一切生活、生产活动中综合分析的新思路。

图 8-14　小学生教室尺寸

本章课程思政要点

建筑是为人服务的，形体、空间的比例与尺度，都要遵循人体的生理和心理尺寸。我们要坚持“以人为本”，从人的角度和立场出发，才能设计出实用又美观的建筑作品。

实训练习题

*实训22　人体尺度数据测绘

1. 实训目的

获得尺度感。

2. 测绘数据内容

1）人体数据测绘。

2）家具数据测绘。

3）建筑细部数据测绘。

4）分组测绘与小组交流。

5）单独完成数据测量报告。

第9章

构图原理与建筑设计

学习目标

理解形式美学基本原则；学习构图原理，了解建筑形式美的基本法则，并会运用这些法则创造美的形式。

构图是一个外来语，是造型艺术的术语（英文 Composition）。构图的含义是：把各部分组成、结合、配置并加以整理出一个艺术性较高的画面。《辞海》中对“构图”的解释是“艺术家为了表现作品的主题思想和美感效果，在一定的空间内，安排和处理人、物的关系和位置，把个别或局部的形象组成艺术的整体”。研究构图就是通过自然美表象发掘形式美的规律。一般来说，构图涉及各种形式法则，其基本原理主要是对变化统一法则的应用，由此产生对比、均衡、统一、节奏、韵律、比例等构图的基本规律。

9.1 构图要素

构图的基本要素是点、线、面、体：从无方向的点到一维的线；从一维的线到两维的面；从两维的面到三维的体。当这些要素只在人的头脑中存在时，它们是不可见的概念性要素。在两条线的相交处我们可以感知点的存在；一条线可以标识出平面的轮廓；平面可以围成一个体，并且这个体量构成了占据空间的实体。所有的画面和结构在概念上均由这些要素组成，可以把这些要素看作是写作文的词句（图9-1）。

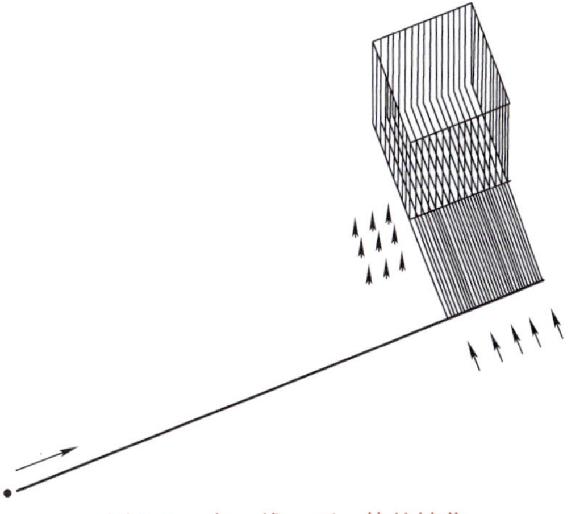

图9-1　点、线、面、体的转化

当这些要素在纸面上或在空间中变成可见元素时，它们就演变为具有内容、形状、规模、色彩和质感等特性的形式。当仅从构图角度体验建筑时，可以忽略建筑的色彩、质感、装饰、功能等，将其简化和分解为基本要素——点、线、面和体，以此来考察建筑的构图方式。

9.1.1 点

点是所有形式之中的原生要素。在构图的各要素中，点是相对较小的元素，也是最基本和最重要的元素；它与面的概念是相互比较而形成的，如圆形，如果布满整个构图画面，就可以被看成是面，如果这个圆在画面上占据较小的面积，它就可以被看成是点；如果在一个构图中多处出现，也可以被理解为点。

从理论上讲，点没有长、宽或高，因而它是静态的、集中性的，而且是无方向的。与其他元素相比，点在平面上最容易吸引人的视线。点最重要的功能就是表明位置和进行聚集。

作为形式语汇中的基本要素，点可以标识以下内容（图9-2）。

1）一条线的两端。

2）两条线的相交处。

3）面或体的边界线相交处。

4）一个范围或空间的中心。

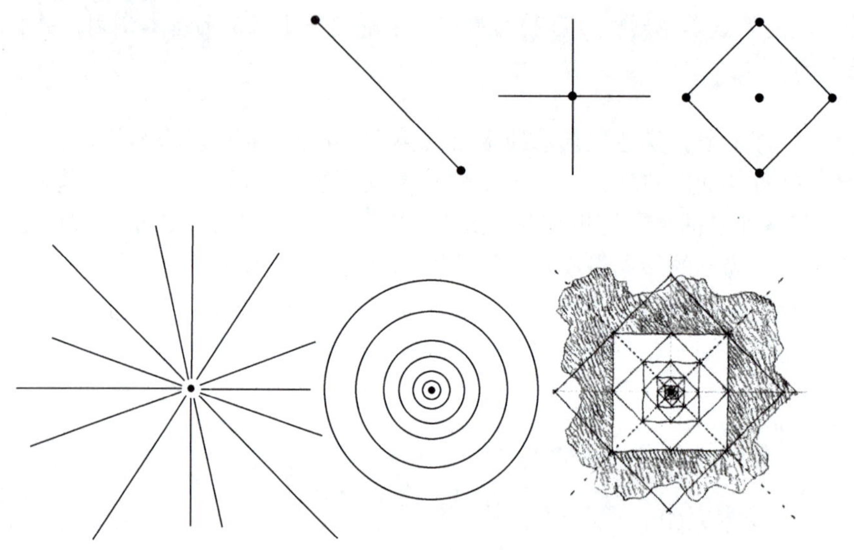

图9-2　点的标识内容

作为概念元素的点是没有长、宽或高的，但当把它放在某个空间中时，它便形成存在感。当一个点处于某个空间时，它是稳定的、静止的，以其自身为中心来组织围绕在它周围的诸要素，并且控制着它所处的范围（图9-3）。

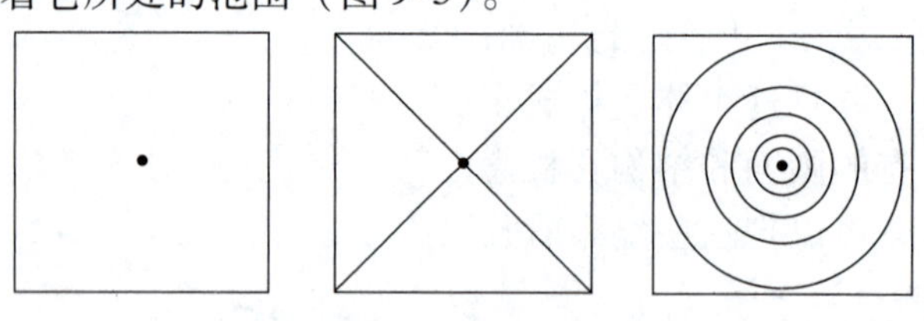

图9-3　点的中心属性

当这个点从某个空间中心偏移的时候，它所处的这个空间就会变得比较有动势，并开始与这个点争夺在视觉上的控制地位。点和它所处的空间之间就造成了一种视觉上的紧张关系（图9-4）。

两点可以确定一条直线。虽然两点使此线的长度有限，但此线也可以被认为是一条无限长直线上的一个线段（图9-5）。

我们也可以从两点的连线中引伸出一条垂直于此线段的轴线。由于这条轴线可能是无限长的，所以在某种情况下，可能比所连成的直线更居于主导地位（图9-6）。

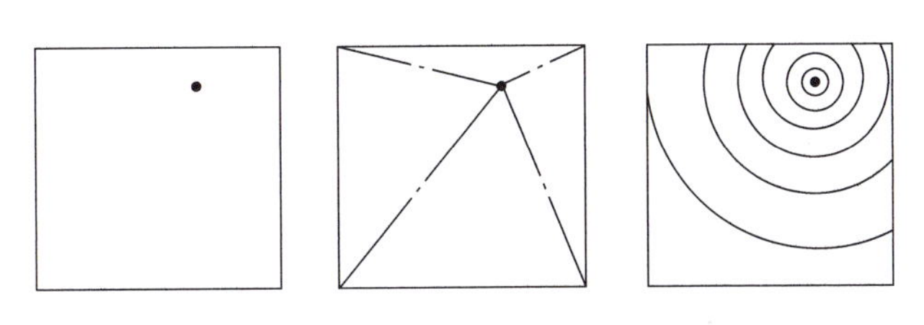

图9-4　点所造成的动势

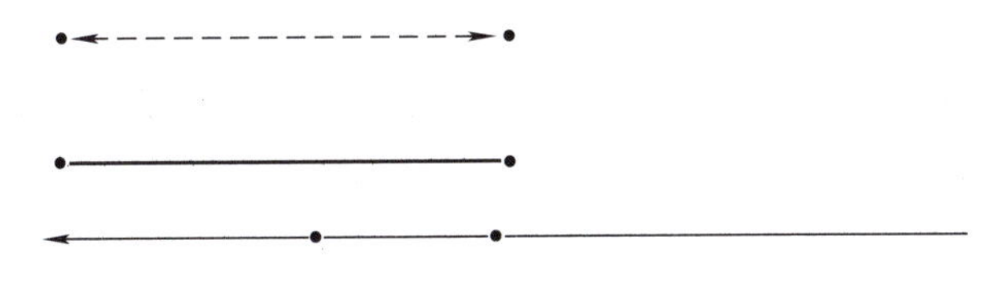

图9-5　两点确定的线

点的不同排列状态所表达的性格特征也不同：连续的、规律性的排列强调韵律；非线性规律性的组合强调变化。

以上讨论的都是概念中的点，是抽象的。就建筑形式而言，点有具体的形式，不再是抽象的概念。下面所要讨论的就是建筑中可以被看作点的建筑构件和建筑组成部分及其特点。

作为建筑构成要素的点包括：平面中的列柱或者垂直的线要素（如方尖碑或塔），一个柱状要素，在平面上是被看作一个点的，因此保持着点的视觉特征（图9-7）；立面中的门窗、装饰；群体布局中的建筑单体；具有点的视觉特征的其他派生形式（图9-8）。

由空间中的柱状要素或集中式要素所形成的两个点，可以限定一条轴线，这是历史上惯用的手法，用来组合建筑形式和空间。在平面中，两个点可以用来指示一个门道，这两个点升起来限定入口的面，并垂直于它的引道（图9-9）。

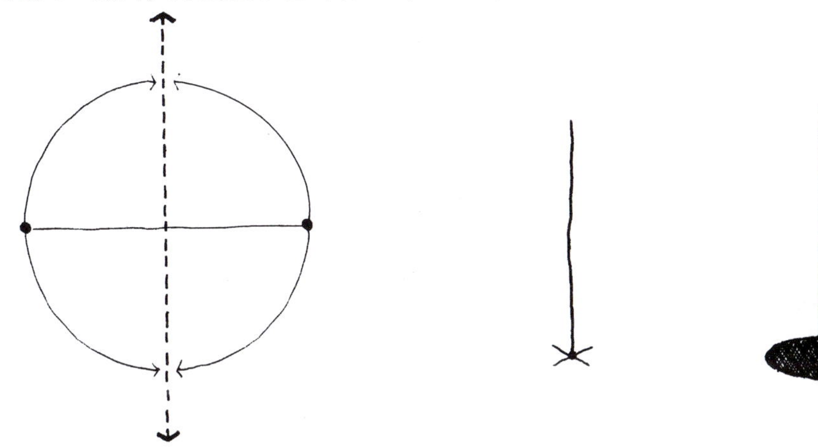

图9-6　由两点引伸出的轴线　　图9-7　垂直线的点特征

9.1.2　线

点经过连续不断的运动而成为一条线，线在视觉上表现出方向、运动和生长的特性。从理论上讲，一条线只有长度，没有宽度或高度，但它必须有一定的粗细才能看得见。线之所以被当成一条线，是因为其长度远远超过其宽度。一条线，不论是拉紧的还是放松的、粗壮的还是纤细的、流畅的还是参差的，都取决于我们对其连续程度的感知（图9-10）。

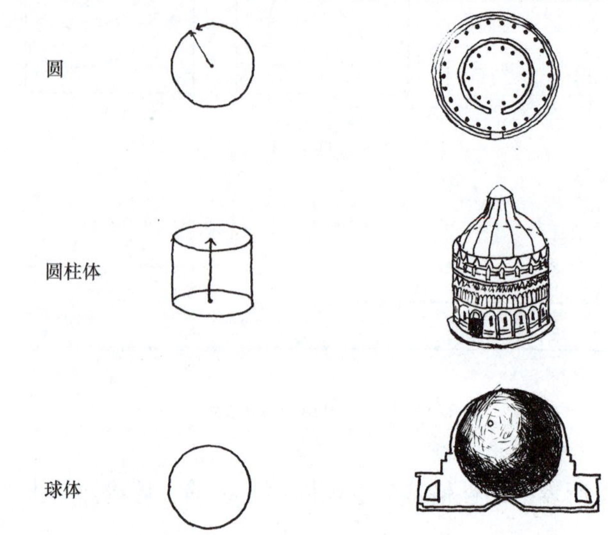

图9-8　点的其他派生形式

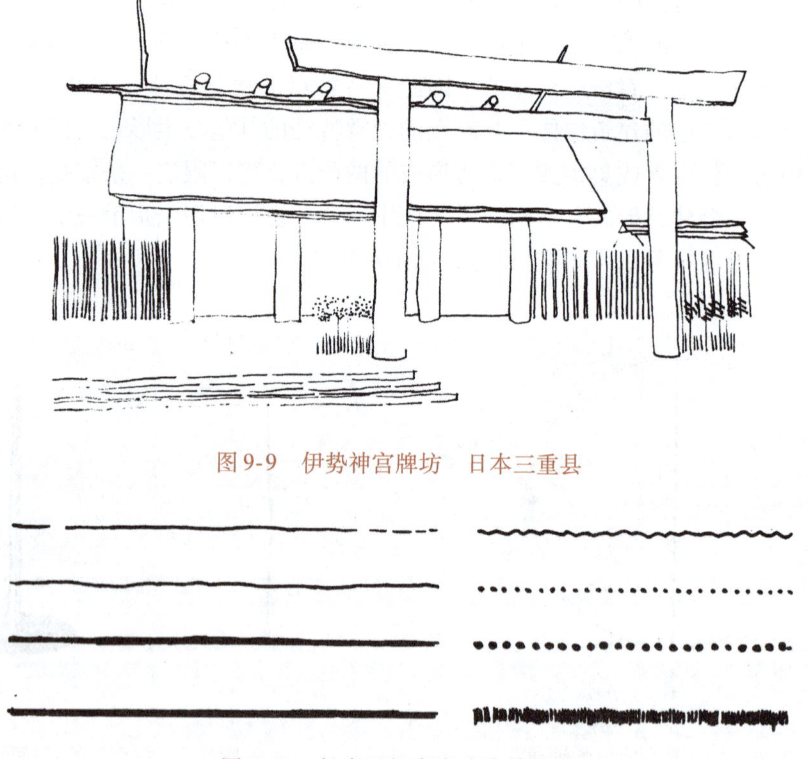

图9-9　伊势神宫牌坊　日本三重县

图9-10　长度远超宽度才称其为线

如果同样或类似的要素作简单的重复，并达到足够的连续性，那也可以看成是一条线。这种类型的线具有重要的质感特征（图9-11）。

abcdefgghbijklmnopqrstuvwxyz(&!?$.,1234567890

图 9-11　个体重复形成的线

线是视觉作品的一个重要构图元素，它表达长度、方向和位置，可以用来标识以下内容（图 9-12）。

1）连接、联系、支撑、包围或贯穿其他视觉要素。

2）描绘面的轮廓，并给面以形状。

3）表达平面的外观。

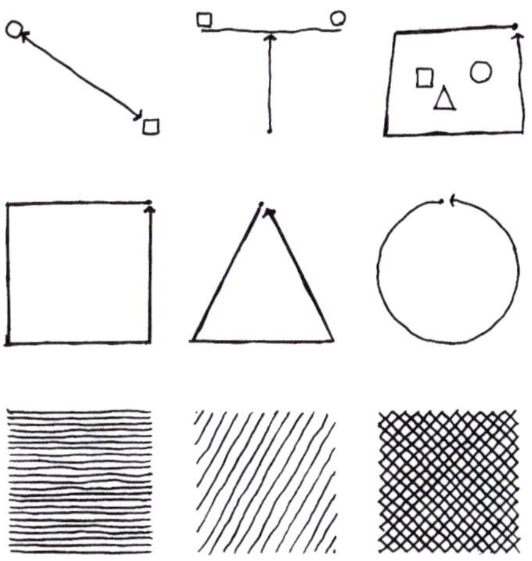

建筑构图中的线要素包括以下两种。

实线——三维空间中的柱体，平面中的墙体，立面中的带状窗，剖面中的屋面，带状形态的建筑单体及建筑群等。

虚线——平面中的柱廊、轴线（表示潜在的秩序约定）。

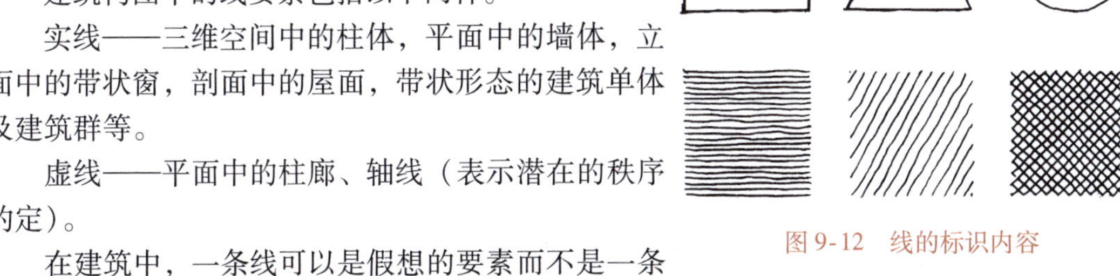

图 9-12　线的标识内容

在建筑中，一条线可以是假想的要素而不是一条真实可见的线。轴线就是一个例子，它是在空间中两个彼此分离的点之间建立的控制线，各要素则相对于轴线对称安排（图 9-13）。

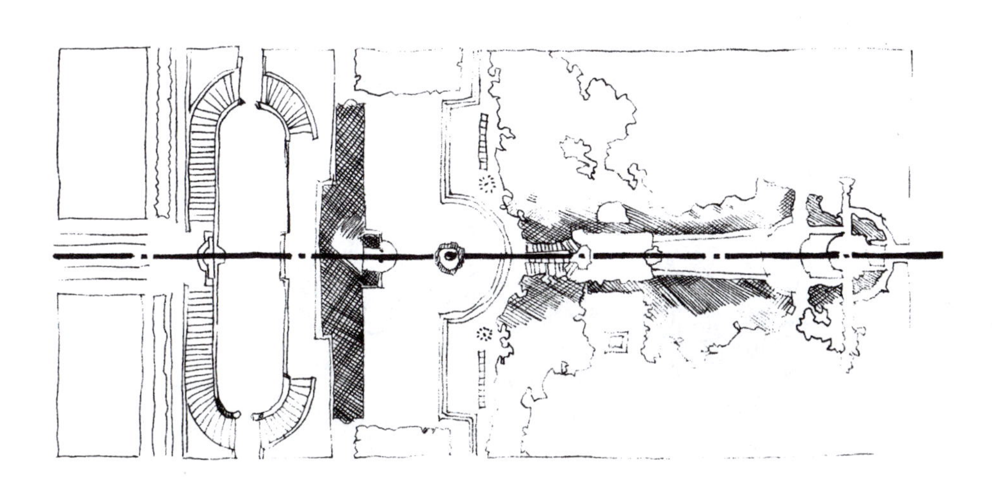

图 9-13　奥多布兰狄尼别墅　意大利　G. 德拉波尔塔

线的形态特征如下。

直线：包括垂直线、水平线、斜线。直线具有力量、稳定、生气、坚硬的意味，给人以明确简洁和锐利的感觉。

垂直线——庄严、挺拔、权威。一条垂直线可以表达一种与重力平衡的状态，表现崇高与庄重，或者标识出空间中的一个位置。

垂直的线要素，如柱子、方尖碑和塔，在历史上已被广泛采用，用来纪念重大事件（图9-14）。

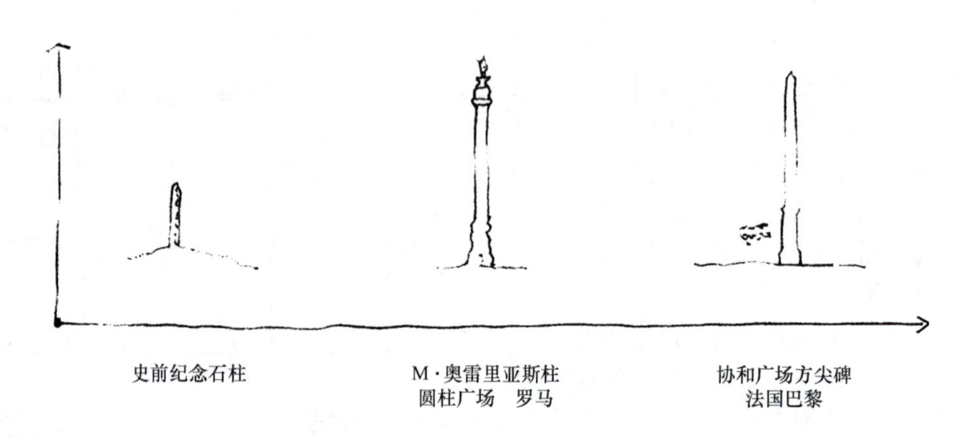

图9-14　垂直线的纪念性

垂直的线要素可以在空间中建立起特定的点（图9-15）。垂直的线要素也可以限定一个明晰的空间形状（图9-16）。图9-16表明，四个伊斯兰尖塔（垂直线要素）限定出一个空间领域，圣·索菲亚教堂的穹顶在这一领域中壮观地升起。

图9-15　沃克辛尼斯卡的教堂钟塔　芬兰　A. 阿尔托

拥有必要的材料强度的线要素能够发挥结构的作用：表现穿越空间的运动；为顶面提供支撑；形成三度的结构框架以包容建筑空间（图9-17）。

柱除了起到支撑楼板或屋面板的结构作用之外，还可以清楚地表明空间区域（内部空

图 9-16　圣・索菲亚大教堂　土耳其　S. 艾迪恩

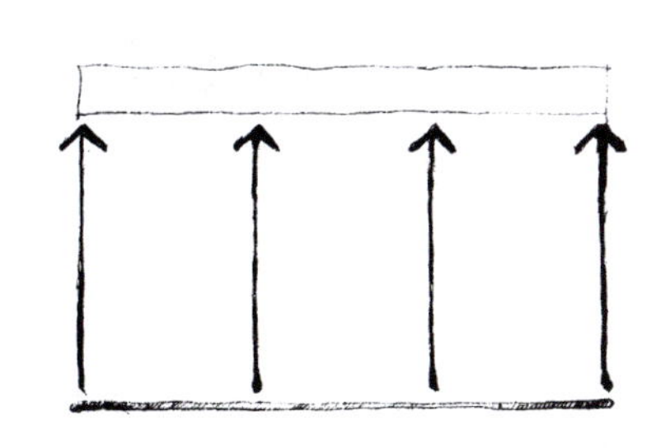

图 9-17　伊瑞克提翁神庙女像柱廊　希腊雅典　穆尼西克里

间或外部空间）的界线，同时又能使这些空间很容易地与邻近空间进行渗透（内内渗透或内外渗透）；而且，成排的柱子能够形成富有节奏的空间韵律（图 9-18 ~ 图 9-21）。

一排柱子支撑着建筑物的顶部，形成柱廊，常常用来表达建筑物的公共面孔或正立面，特别是面对主要城市空间的立面。柱廊式的正立面能够使人一目了然地看到入口。这些柱子在一定程度上提供了遮风避雨的场所，并形成一层半透明的帘幕，这层帘幕使其背后的个体建筑形式得到统一（图 9-22）。

水平线——稳定、平静、舒展和安全。一条水平线，可以代表稳定性、地平面、地平线或者平躺的人体（图 9-23）。

斜线——动感。偏离水平或垂直的线为斜线，是介于垂直线与水平线之间的形态。因为斜线处于不平衡状态，所以其具有不安定感和动态感，是视觉上的活跃因素（图 9-24）。

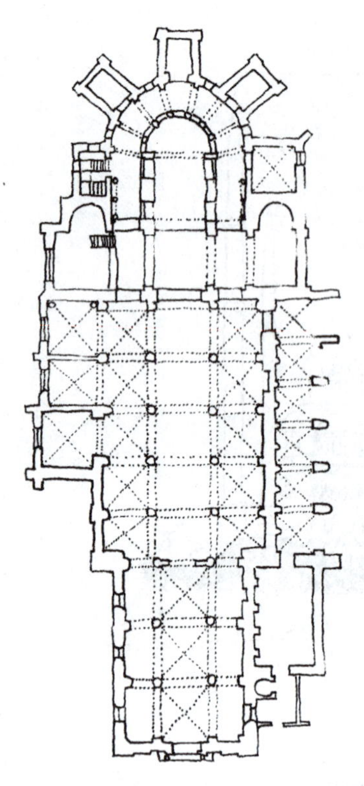

图9-18　圣·菲利伯大教堂平面　法国

图9-19　圣·菲利伯大教堂室内　法国

图9-20　莫瓦萨克修道院室内回廊　法国

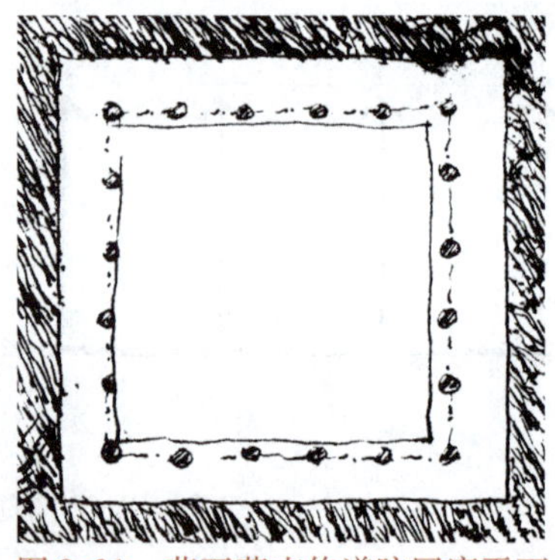

图9-21　莫瓦萨克修道院回廊平面

图9-22　阿尔蒂斯博物馆　德国柏林　辛克尔

图 9-23　水平线的形态特征

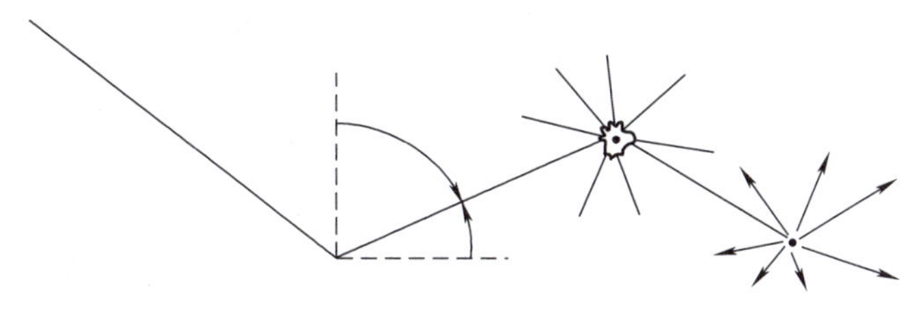

图 9-24　斜线的形态特征

曲线：包括几何曲线和自由曲线。曲线具有柔和、流畅、轻婉、优美的意味，给人以丰满、柔软、欢快、轻盈和调和的感觉。

几何曲线——规整、严格，富于节奏性、比例性、精确性、规整性等特点，并富于某种现代感的审美意味。

自由曲线——活跃、灵动，形态富于变化，追求与自然的融合。

虽然建筑空间存在于三个量度之中，但其形式可以是线式的，特别是建筑中包含着沿交通流线组织的重复性空间时，以适应穿越建筑物的运动轨迹，并使其空间与其他空间彼此相连（图 9-25）。

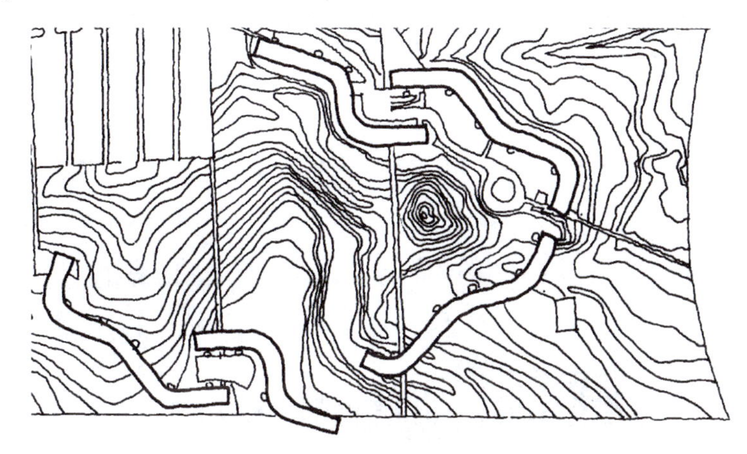

图 9-25　康奈尔大学本科生公寓　美国纽约　理查德 · 迈耶

如图 9-25 所示，线式建筑形式能够围合外部空间，也能够适应基地的环境状况。

垂直和水平的线要素组合在一起，可以限定一个空间容积（图 9-26）。

图 9-26 瑞奇海滨公共日光浴室一号单元 美国加利福尼亚州

在尺度较小的情况下，线能够清楚地表明面的边界和体量的各表面。这些线可以表现为建筑材料之中或建筑材料之间的结合处、窗或门洞周围的框子，或者是梁和柱组成的结构网格。这些线式要素，对建筑表面质感的影响程度取决于它们的视觉分量、间距和方向（图 9-27、图 9-28）。

图 9-27 伊利诺斯理工学院皇冠厅 美国芝加哥 密斯·凡德罗

图 9-28 赛纳特萨洛市政厅 芬兰 A. 阿尔托

9.1.3　面

一条线沿着不同于自身的延伸方向运动（展开）的运动轨迹就形成了面。从理论上讲，一个面有长度和宽度，但没有厚度（图 9-29）。

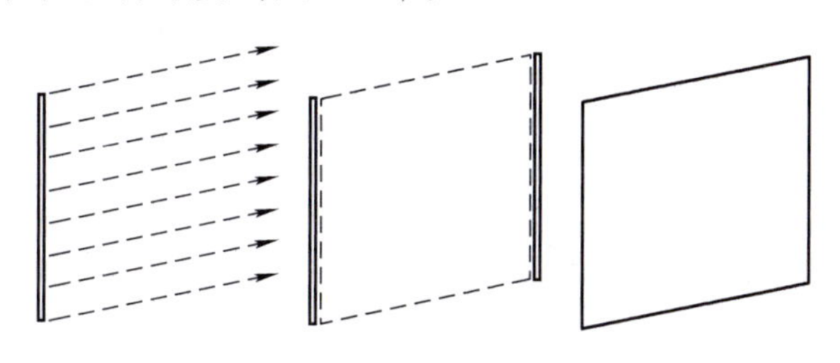

图 9-29　面的形成

面的特征包括长度和宽度、形状、表面、方位、位置。

一个面的首要识别特征是形状，它决定于形成面之边界的轮廓线。人们对于形状的感知会因为透视错觉而失真，所以只有正对一个面的时候才能看到面的真实形状（图 9-30）。此外，面的其他属性，如色彩、图案和纹理，影响着面的视觉重量感和稳定性（图 9-31）。

图 9-30　面的形状及其透视变形

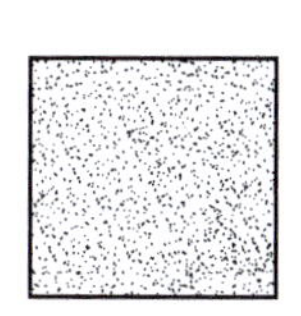

图 9-31　面的其他属性

两条平行线能够在视觉上确定一个平面。一块透明的空间薄膜能够在两条线之间伸展，从而使人们意识到两条线之间的视觉关系。这些线彼此之间离得越近，它们所表现的平面感也就越强。一系列平行线通过不断重复会强化我们对于这些线所确定的平面的感知。当这些线沿着它们所确定的平面不断延伸时，原来暗示的面就变成了实际的面，原本存在于线之间的空白则转变成平面之间的间断（图 9-32）。

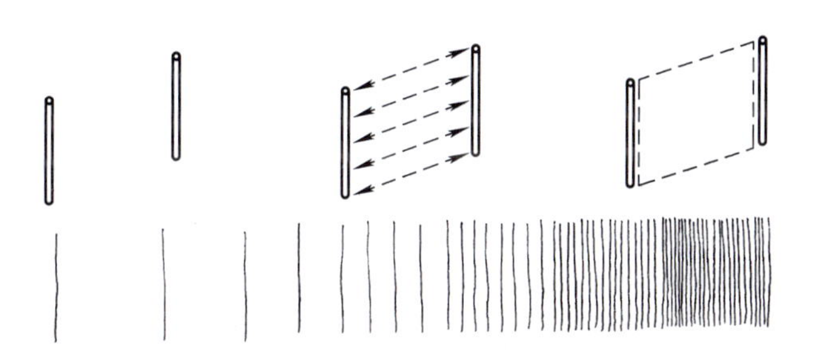

图 9-32　线的密集形成面的感觉

面是点的聚集或者是线的运动轨迹，因而面的特性与线的特性是有直接联系的。直线的运动可以形成矩形、圆形以及其他形等各种形状的面，线运动的方向和角度不同，所形成的面就各不相同。平面是直线形成的，是二维的；曲面则是由曲线形成的，是三维的。面的不同形态会给人以不同的心理感受。

平面：安定的秩序感，有简洁的特点。

圆形——包容感强，有向心、集中等特点。

矩形——具有严整、规则、肯定的特点，适于表达静态、稳定。

三角形——具有指向性及冲突感，角部富于表情变化。当以边为支撑时极具稳定感，而以一角为支撑时，有不稳定感。

曲面：柔软。

几何曲面——自由中显露规则，有数理秩序感。

自由曲面——不具几何秩序性，具有幽邃感；富于魅力和人情味。

以上讨论的都是概念中的面，是抽象的；就建筑形式而言，面有具体的形式，不再是抽象的概念，下面所要讨论的就是建筑中可以被看作面的建筑构件和建筑组成部分及其特点。

作为建筑构成要素的面包括：实面——墙体、屋面、基面等，封闭感强；虚面——三维空间中的柱廊、格栅等，开放度高。

在建筑设计中，常用三种类型的面：

1. 顶面

顶面可以是屋面，它遮蔽建筑内部空间免受气候因素的影响；也可以是天花板面（顶棚），即闭合房间的上表面；也可以悬于空中作为房间或厅堂顶上的围合表面（图9-33）。

图9-33　砖住宅　美国康涅狄格州　约翰逊

作为一个独立的内面，顶棚能够象征苍穹或者最基本的庇护要素，这一要素把空间中的不同部分统一在一起。屋顶可以成为壁画和其他艺术表达形式的载体，也可以只是简单地处理成退后的表面。它可以抬高或降低，以改变空间的尺度，也可用来在一个房间中限定空间区域。其形式可以经过处理，以控制空间中光线和声音的质量（图9-34）。

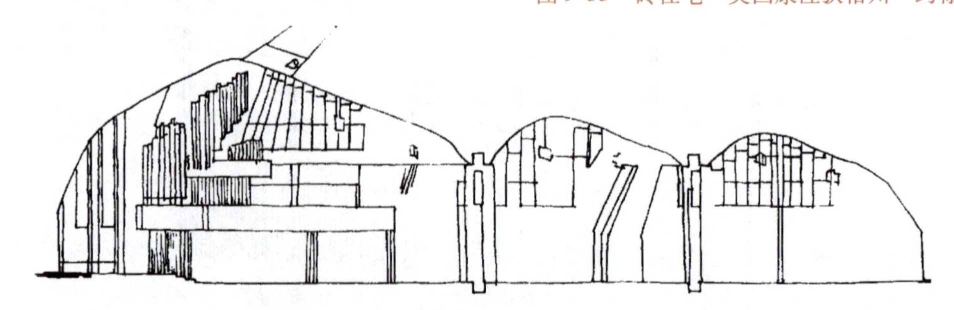

图9-34　沃克辛尼斯卡教堂　芬兰　A. 阿尔托

屋面是保护建筑室内不受气候因素影响的基本要素。其结构的形式和几何形状，取决于屋面跨越空间的方式，与屋面的结构形式以及坡度有关。作为一个设计要素，屋面非常重要，因为屋面形式会影响建筑的形式和轮廓。例如，可用建筑物的外墙把屋面隐藏起来，或者把屋面与墙面融为一体以强调建筑体量的容积。

屋面可以向外伸展，形成雨篷，保护门和窗洞免受日晒雨淋，或者继续向下伸展，与地平面更紧密地联系。在气候炎热的地区，可以把屋面抬高，让凉爽的微风穿过建筑物的室内空间（图 9-35）。

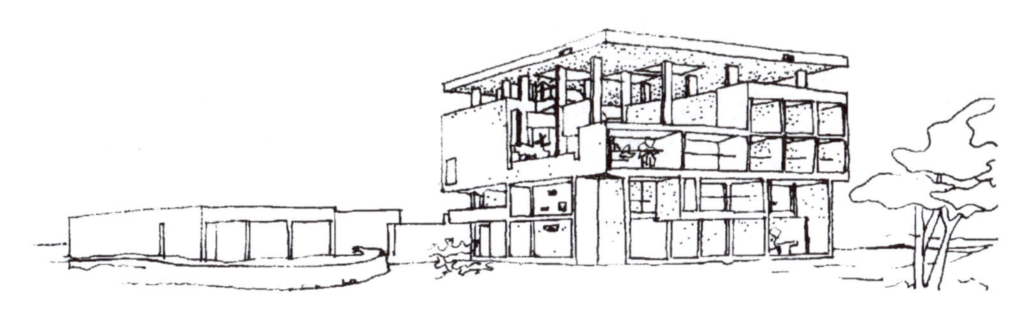

图 9-35　舒德汉别墅　印度艾哈迈达巴德市　勒・柯布西耶

2. 墙面

墙面因为具有垂直的方向性，因此在我们通常的视野中很活跃，并且对于建筑空间的塑造与围合至关重要。外墙面隔离了空间的一部分，目的是创造可控的室内环境。它们的构造既为建筑的室内空间提供了私密性，又使其免受气候因素的影响。同时，边界以内或边界之间的洞口（一般是指门窗洞口，某些情况下也指单纯的洞口），重新建立了与室外环境的联系。这些外墙限定了室内空间，同时也限定了外部空间，使建筑物的形式、体量得以直观化。

通过精心地安排洞口位置，并且透过洞口能够看到垂直面或水平面的边缘，使面的厚度可视化，面在建筑造型中的地位大大加强，使建筑形式具有独特的二维特征。这些突出的面可以通过色彩、质感或材料的变化被进一步区别或强调（图 9-36）。

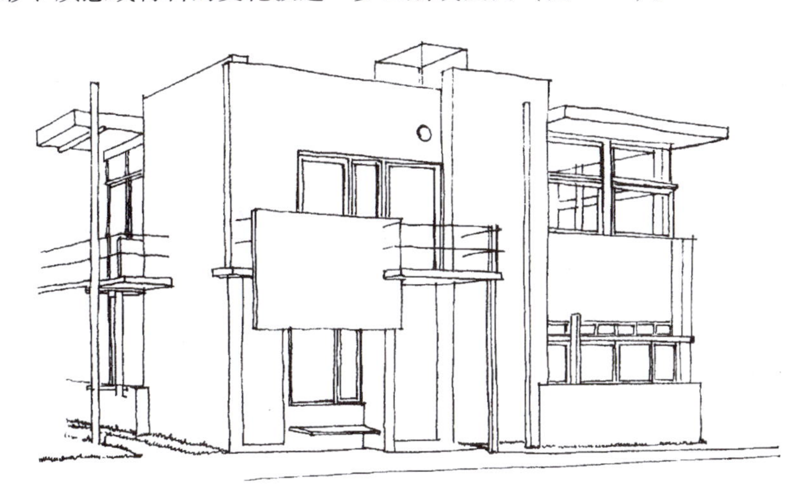

图 9-36　施罗德住宅　荷兰乌得勒支市　里特维尔德

作为一个设计要素，室外墙面可以很明确地看作是建筑物的正面或主要立面。在城市环境中，这些立面作为墙体，限定出庭院、街道以及诸如广场和市场这类公共聚集场所（图9-37）。

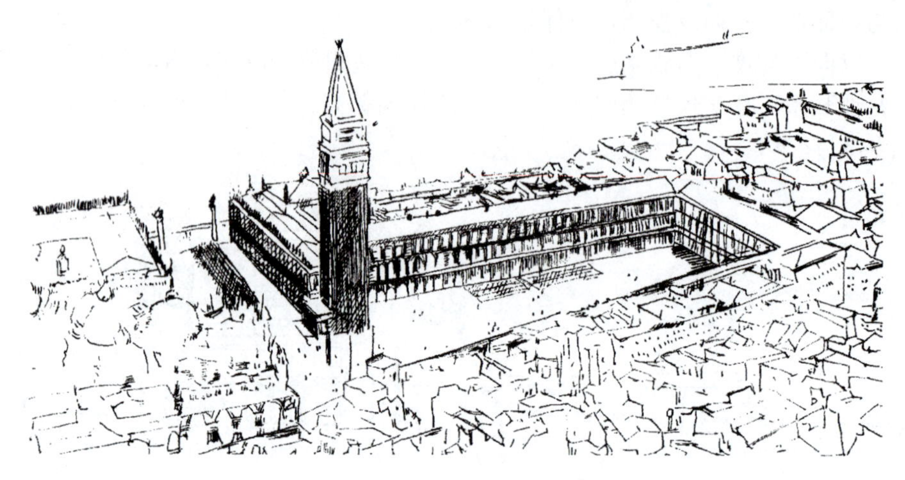

图9-37　圣马可广场　意大利威尼斯

室内墙面控制着建筑物中室内空间或房间的规模与形状。它们的视觉属性、彼此之间的关系、大小以及边界之内洞口的分布，既决定了墙面所限定空间的量，也决定了相邻空间的关联程度（图9-38）。

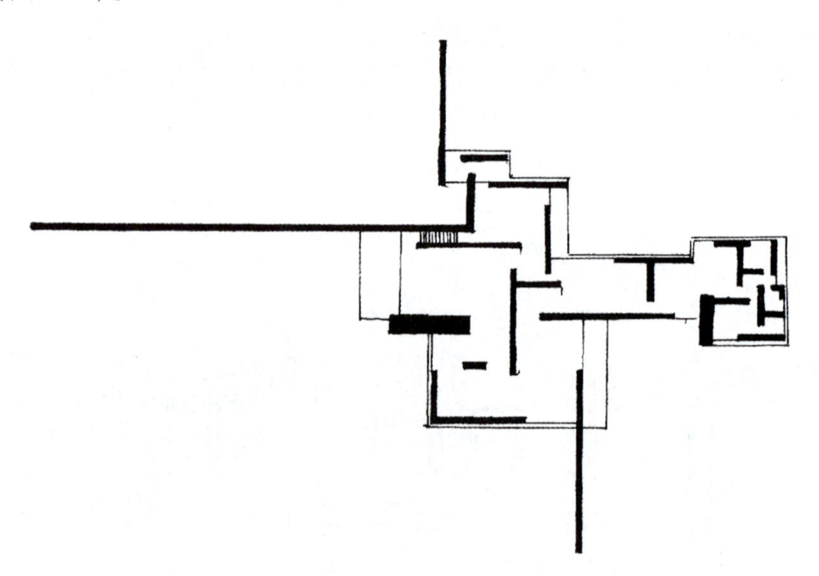

图9-38　用砖砌成的乡村住宅方案　密斯·凡德罗

如图9-38所示，独立的承重砖墙与L形和T形墙面布局一起创造出一种互相穿插的系列空间。

作为一个设计要素，墙面可以与楼板或顶棚结合在一起，也可以设计成与相邻平面相分离的独立因素。墙面可以被处理成空间中其他要素退后的背景，也可以利用墙面的形式、色彩、质感或材料，突出自己而成为房间中活跃的视觉因素（图 9-39）。

图 9-39　音乐厅　密斯·凡德罗

墙体保证了室内空间的私密性，同时成为限制人们活动的屏障，而门窗洞口则重新建立起与相邻空间的连续性，并使得光、热和声音从中穿过。透过洞口的所见所闻，成为空间感受的一部分。随着洞口尺寸的增大，洞口开始侵蚀墙体的围合感和空间的私密感（图 9-40）。

图 9-40　1939 年纽约世界博览会芬兰馆　美国纽约　A. 阿尔托

3. 基面

地面是基面的形式之一，地面支撑着所有建筑结构。伴随着基地的气候条件以及其他环境因素，地面的地形特征影响着立于其上的建筑形式。建筑可以与地面融合在一起，与地面紧紧结合，也可以从地面上拔地而起（图 9-41）。

图9-41　西班牙台阶　罗马　德·桑蒂斯和斯佩基

地面本身也可以经过处理而成为某一建筑形式的基座。它可以抬高以对某一神圣或重要场所表示尊敬；可以筑围堤来限定室外空间或缓冲不良状况；可以切割或修成台地，为建筑提供一个合适的平台；或者修成阶梯状可以变化高差又便于跨越（图9-42）。

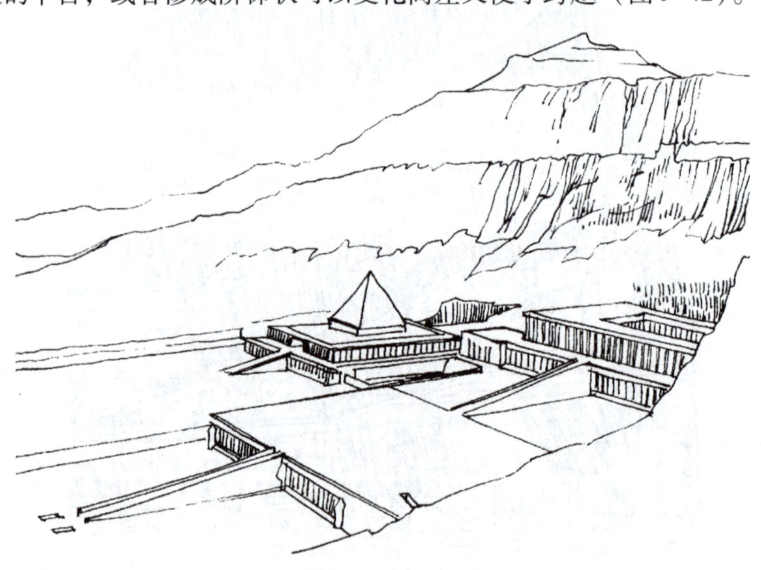

图9-42　哈特什帕苏女王灵殿　古埃及底比斯的戴尔—埃尔—巴哈利地区　森穆特

楼面是基面的另一种形式，它形成了底层房间的闭合表面，可供人们在上面行走。当在楼板上四处走动并把所需物件放在楼板上的时候，楼板是支撑重力的水平要素。楼板平面的实用性与支撑功能限制着它被艺术处理的程度。

楼板的形式可以处理成阶梯或台地，目的是把空间的尺度分解成人性化的量度，并形成可以坐卧、观景或表演的平台（图 9-43）。

像地面一样，楼面也可以被抬高来限定一个神圣或庄严的场所（图 9-44）。

楼面还可被表现为一个中性的基面，以此基面为背景，空间中其他要素则被视为主角（图 9-45）。

9.1.4　体

一个面沿着不同于自身的延伸方向运动（展开）的轨迹就形成了体。一个体具有三个量度：长度、宽度和深度（图 9-46）。

图 9-43　瑞奇海滨劳伦斯住宅起居地带　美国加利福尼亚州

图 9-44　天皇宝座　日本京都

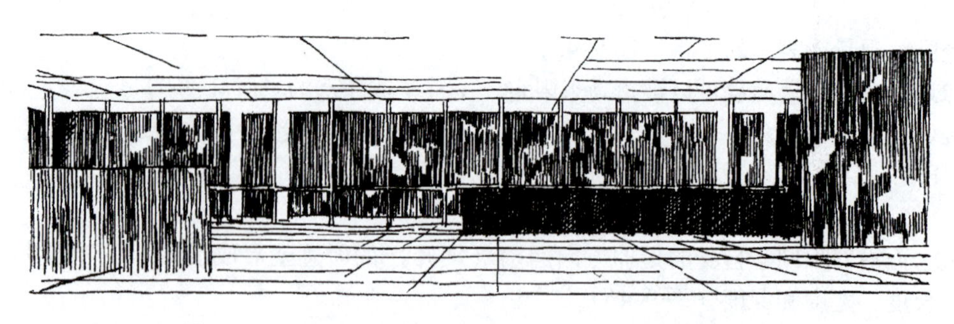

图 9-45 巴卡迪办公大楼 古巴圣地亚哥 密斯·凡德罗

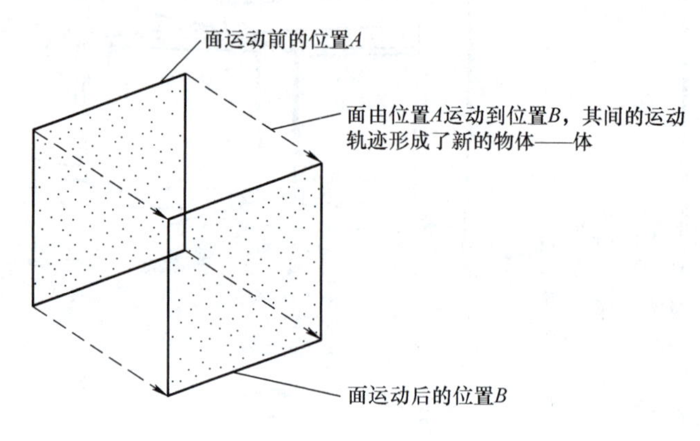

图 9-46 体的形成

所有的体可以被分析和理解为由图 9-47 所示的部分所组成。

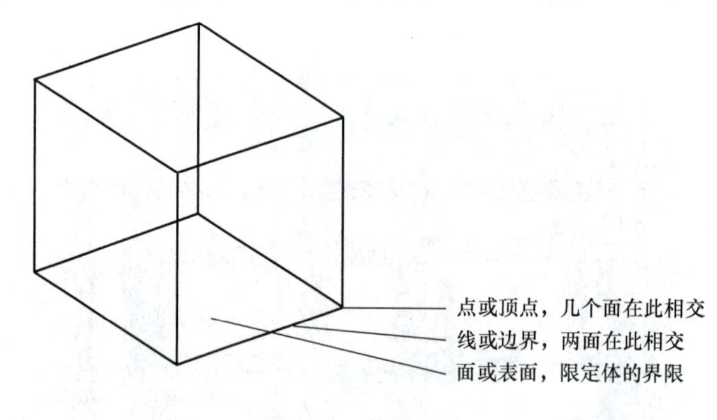

图 9-47 体的组成

体的特征包括：长度、宽度和深度；形式和空间；表面；方位；位置。

形式是体所具有的基本的、可以识别的特征。它是由面的形状和面之间的相互关系所决定的（图 9-48）。

基本几何体按其表面形状的不同可分为平面体和曲面体两类。

平面体是指表面完全由平面构成的几何体，如棱柱、棱锥、棱台等；曲面体是指由曲面或曲面和平面构成的几何体，如圆柱、圆锥、圆台、球等。

若按形体特征分类，可分为柱体、锥体、台体和球体等。

基本几何体的形态特征：

立方体：边角为直线，体积感强，尺度明确，给人以严肃、坚定和平稳的感觉。

长方体：基本上与立方体相似，另外，因为其形体长向，所以还具有方向性和运动性。

锥体：稳定性、永恒性，也表现严肃性和纪念性。

圆柱体：确定性、严肃性，有较充实的量感，挺拔向上，能体现庄严雄伟的效果，并给人以向心上升和神秘的视觉印象。

球体：非理性的、想象的、浪漫的，有圆浑充实饱满的体量，弧形边线接近自然形态，比方形更能给人以亲切灵活的视觉印象。

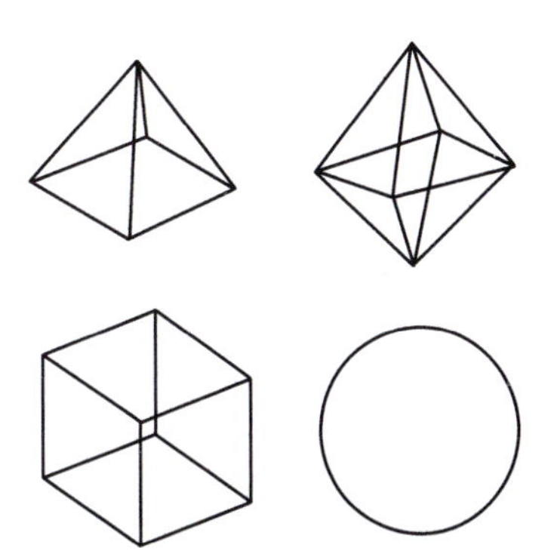

图 9-48　体的形式

作为建筑设计语汇中的三维要素，体既可以是实体，即用体量替代空间；也可以是虚空，即由面所包容或围合的空间（图 9-49）。

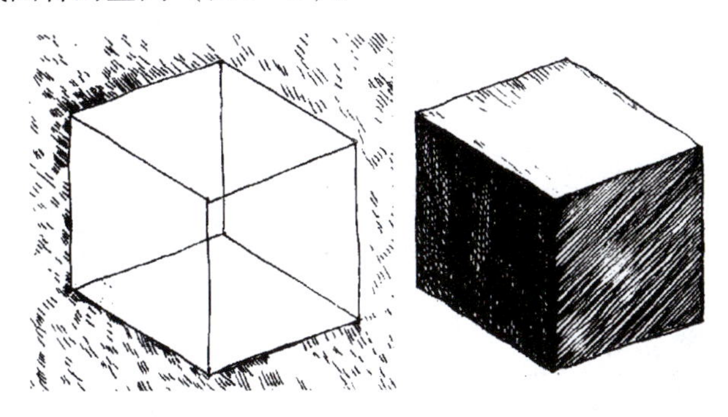

图 9-49　虚空与实体

在建筑中，容积可以被看作是空间的一部分，由墙体、地板、顶棚或屋面组成和限定，也可以看成是一些空间被建筑体量所取代。意识到这种二元性是很重要的，特别是在识读建筑平面、立面和剖面的时候。

作为实物耸立于地景之上的建筑形式，可以解读为占据空间中的容积（图 9-50）。

作为容器的建筑形式，可以解读为限定了空间容积的体量（图 9-51 和图 9-52）。

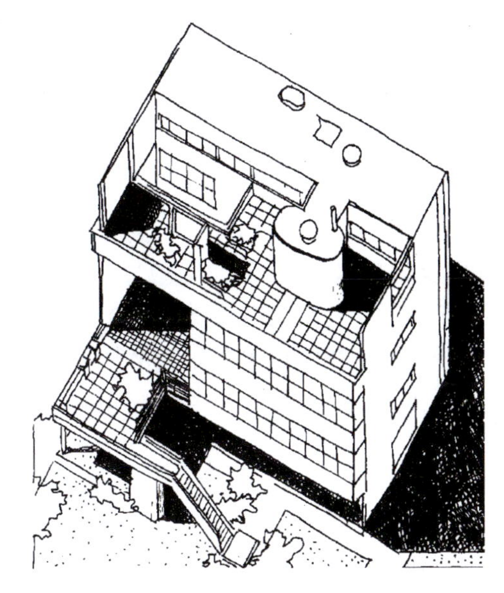

图 9-50　加歇别墅　法国　勒·柯布西耶

图9-51　马焦雷广场　意大利

图9-52　卡尔利的佛寺大厅　印度马哈拉施特拉邦

9.2　建筑形式美的法则

9.2.1　形式美的基本原理

对于人们来说，建筑具有物质与精神享受的双重作用。所以，除使用功能外，人们还在不同程度上对建筑提出了审美方面的要求，建筑形式同时要满足这两方面的要求。虽然建筑的产生很大程度上是基于实用的目的，但它也以其特有的艺术作用，愉悦着人们的精神生活，陶冶着人们的心灵，从而跨入社会生活的上层建筑领域，在一定程度上成为社会意识形态的一个组成部分。建筑形式会影响人们的思想感情，起着"精神功能"的作用。

整个自然界，包括人类自身，都具有和谐、完整、统一又不失单调的本质属性，反映在人类的思维意识中，就会形成所谓"完美"的概念标准。

这种概念无疑会支配人的一切创造活动，尤其是艺术创造，因而既富有变化又不失秩序的形式能够引起人们的美感。在组织上具有规律性的空间形式，能产生秩序井然的美感，且秩序的特征取决于规律的模式，规律越单纯，表现在整体形式上的条理越为严谨，反之若规律较为复杂，则表现在整体形式上的效果越为活泼，但是复杂过度则表现为杂乱。运用适度的规律可以取得完整而灵活的效果。

不论传统建筑还是现代建筑，都遵循着一个共同的形式美学基本原则——多样统一。所谓多样统一也称有机统一，简单说就是在统一中求变化，在变化中求统一。和谐就是多样统一的具体表现。“多样”是整体各个部分在形式上的区别与差异，“统一”则是指各部分在形式上的某些共同特征以及它们之间的某种关联、响应和衬托的关系。任何造型艺术，都由若干部分组成，这些部分之间应该既有变化，又有秩序。如果缺乏多样性的变化，则势必流于单调，而缺乏和谐与秩序，则必然显得杂乱。由此可见，欲达到多样统一以唤起人们的美感，既不能没有变化，也不能没有秩序。

9.2.2　建筑形式美的法则

如前所述，形式美的基本原理就是多样统一，这就是建筑构图的原则和中心思想。对建筑形式的构思就好像写作文，光有中心思想还不行，还要运用一些技巧和手法（也就是句法和文法）对词句进行组合，才能写出一篇至少是通顺的作文来。那么，建筑构图的句法和文法又是什么呢？建筑艺术规律的总结告诉我们，建筑设计之中达到多样统一的手段是多方面的，如统一、均衡、对比、韵律、比例与尺度等。运用这些原理和规律，对点、线、面、体进行组合，就可以得到美好的建筑形式。

本节重点讨论如何理解和运用统一、比例与尺度、均衡与稳定、对比与微差、韵律等建筑构图手段。

1. 统一

统一是形式美最基本的要求，它包含两层意思：一是秩序——相对于因缺少共性的控制要素而带来的整体形态杂乱无章而言；二是变化——相对于形体要素简单重复的单调而言。

（1）以简单的几何形体取得统一　在建筑学中，最主要的、最简单的一类统一称为简单几何形状的统一。任何简单的、容易认识的几何形状，都具有必然的统一感（图 9-53）。

图 9-53　简单的几何形状

三棱体、正方体、球体、圆锥体和圆柱体都可以说是统一的整体，而属于这种形状的建筑物，由于它们的形状简单、明确与肯定，自然就会具有在控制建筑外观的几何形状范围之内的统一。

罗马的潘泰翁神庙的平面以圆形为主体，其内部主要空间接近于球形，因而很容易就获得了高度的统一（图 9-54、图 9-55）。

（2）通过共同的协调要素达到统一　建筑各组成部分之间或建筑形体各构成要素之间，由于功能的需要或由于采用同一类型的结构，具有相同或相似的形状或体形，它们在重复出现的过程之中表现出相互之间的一种完美的协调关系，这就大大有助于使整个建筑产生统一的效果。

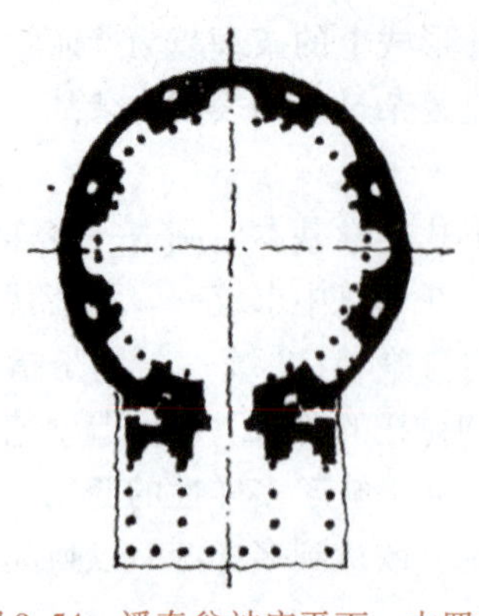

图 9-54 潘泰翁神庙平面 古罗马

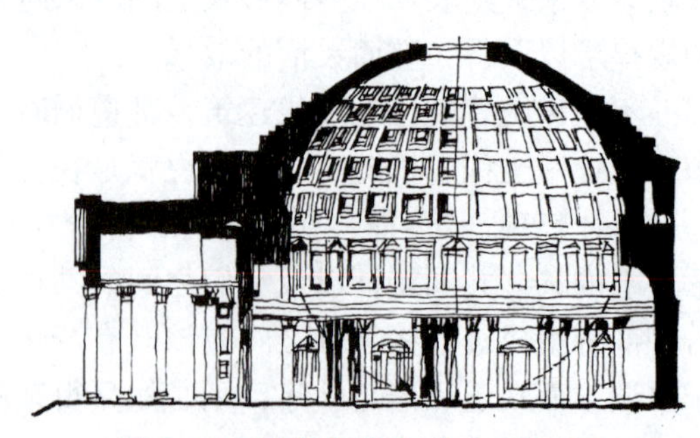

图 9-55 潘泰翁神庙剖面 古罗马

如图 9-56 所示的 1958 年国际博览会美国馆平面，主馆及电影馆的平面均呈圆形，主馆内设有环形的夹层；另外，中央又有一个圆形的水池，与顶部圆形天窗遥相呼应；在主馆前面的广场上设有一个椭圆形的喷水池。整个建筑群统一于大小不同的圆及椭圆的组合之中。

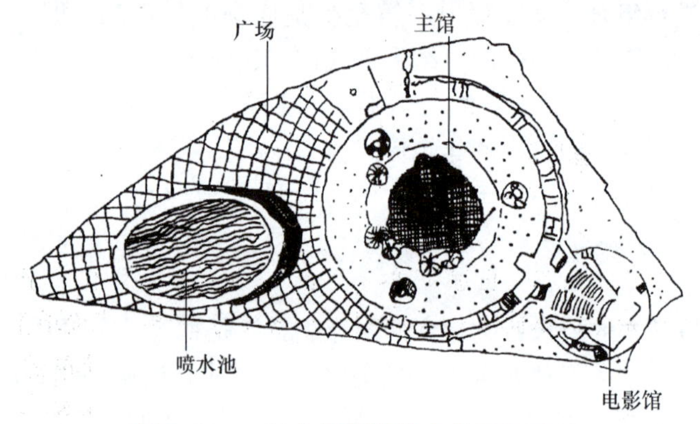

图 9-56 1958 年国际博览会美国馆平面

（3）主从分明，以陪衬求统一 在一个有机统一的整体中，各组成要素并非是简单的罗列和没有变化的。它们应有主与从的区分，即主体与附属、一般与重点的差别（图 9-57）。否则，即使各要素排列整齐有序，也难免会因为过于呆板、缺乏变化和组织松散而失去统一性（图 9-58）。

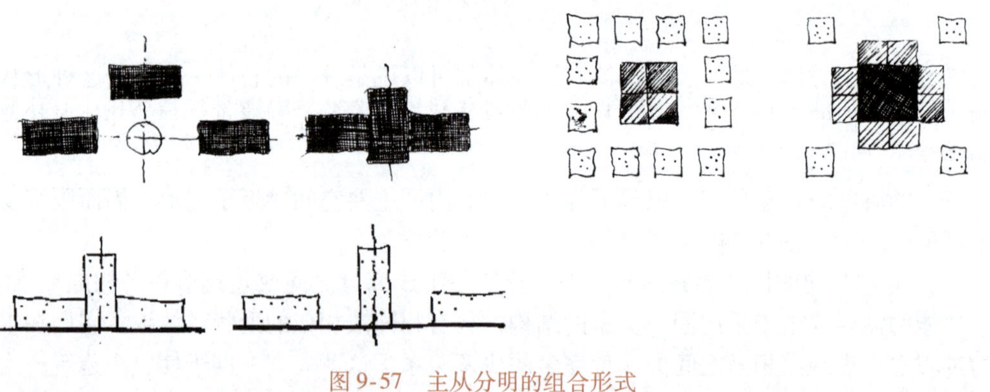

图 9-57 主从分明的组合形式

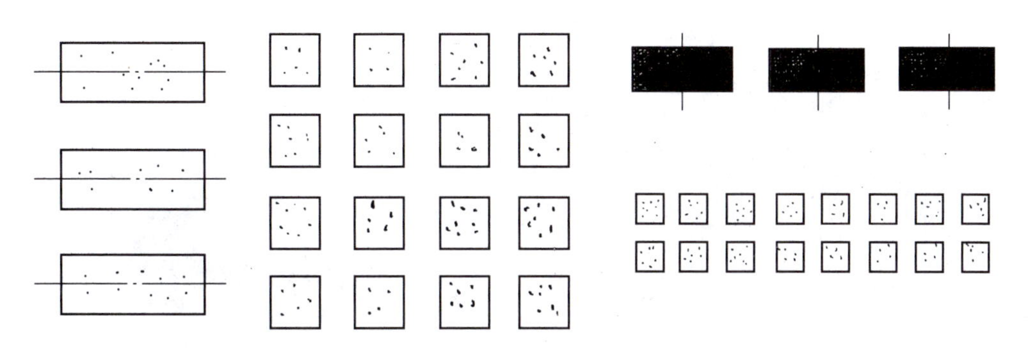

图 9-58　主从不分的组合形式

主从关系的强调可以从以下三个方面来加以表现：

1）以低衬高突出主体。通过加大或抬高主体部位的体量或改变主体部分的形状等方法使之取得建筑主体支配地位，从而使建筑具有十分明显的主从关系（图 9-59、图 9-60）。

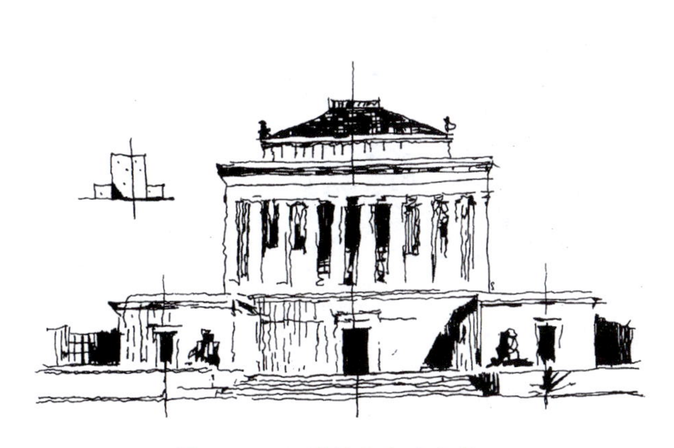

图 9-59　以低衬高突出主体一

图 9-60　以低衬高突出主体二

2）利用形象变化突出主体。在不改变建筑体量的情况下，通过建筑要素表现形式的趣味不同来取得外观控制性地位，即通过突出重点来强调主从关系。如通过对门洞、台阶、楼梯等暗示动感要素来明确主从关系在生活中随处可见；通过突出中央部位，使两翼部分处于它的控制之下而成为主体和重点；或增设塔楼、钟楼，以致用圆屋顶作为整个建筑的结束，更是对主从关系最明确的表达和确认。

图 9-61 所示的古根哈姆美术馆底层平面由大、小两个圆形所组成。右侧的陈列厅是建筑物的主体，不仅体量高大而且室内空间处理也极富变化，这就自然地成为整个建筑物的重点和中心，其他部分对于它来讲，均处于从属地位，起着烘托重点的作用。

图 9-62 所示的由贝聿铭设计的华盛顿美国国家艺术博物馆东馆，平面由两个三角形所组成。它的主体和重点是在等腰三角形平面的艺术博物馆上，而不在其一侧的直角三角形平面的艺术研究所上。再就博物馆本身来讲，它的重点和中心则在中央大厅上。

图 9-63 所示的亚特兰大桃树中心广场旅馆公共活动部分分散布置在建筑物的 1～6 层，为了突出重点，设有一个比较集中的室内庭园作为旅客活动中心。该中心环绕着通往客房（70 层）的圆形平面电梯间的四周布置，设有水池及休息岛，并以此形成趣味中心来吸引旅客。

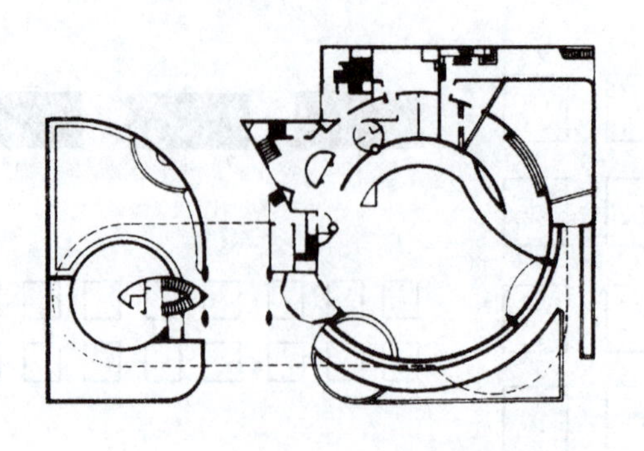

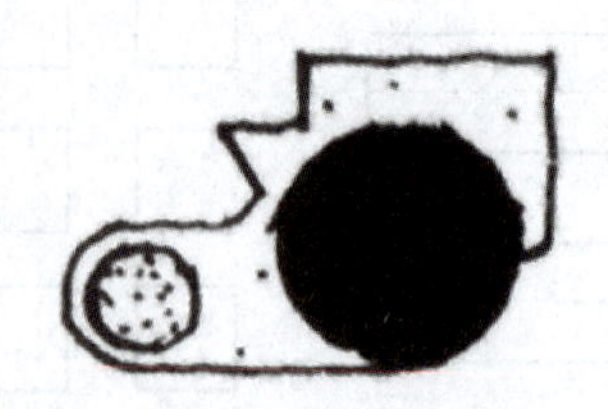

图 9-61 古根哈姆美术馆底层平面 美国 赖特

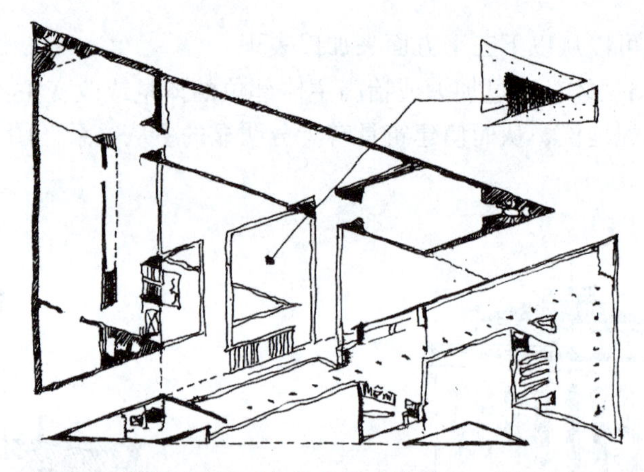

图 9-62 华盛顿美国国家美术馆东馆平面 美国 贝聿铭

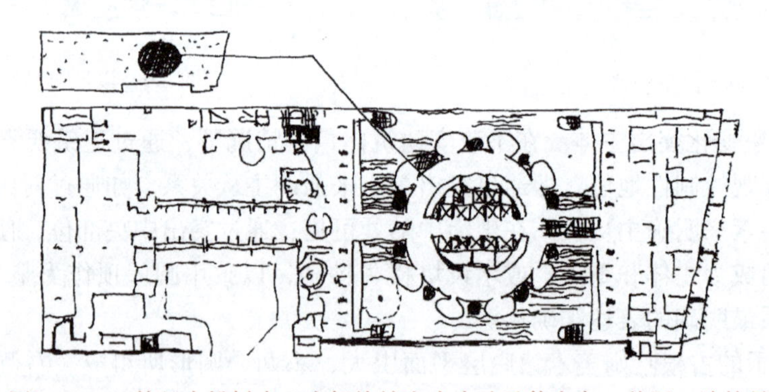

图 9-63 亚特兰大桃树中心广场旅馆室内水池及休息岛 美国 波特曼

3）运用轴线的处理突出主体。在建筑中运用对称的手法可以创造一个完整统一的外观形象（图 9-64）。

2. 形体的比例与尺度

（1）比例 在造型艺术中，比例关系是否和谐是十分重要的，和谐的比例可以给人们以美感，在建筑中也是如此。比例是一个整体中部分与部分之间、部分与整体之间的关系，体现在建筑空间中，就是空间在长、宽、高三个维度之间的关系。所谓推敲比例，就是指通

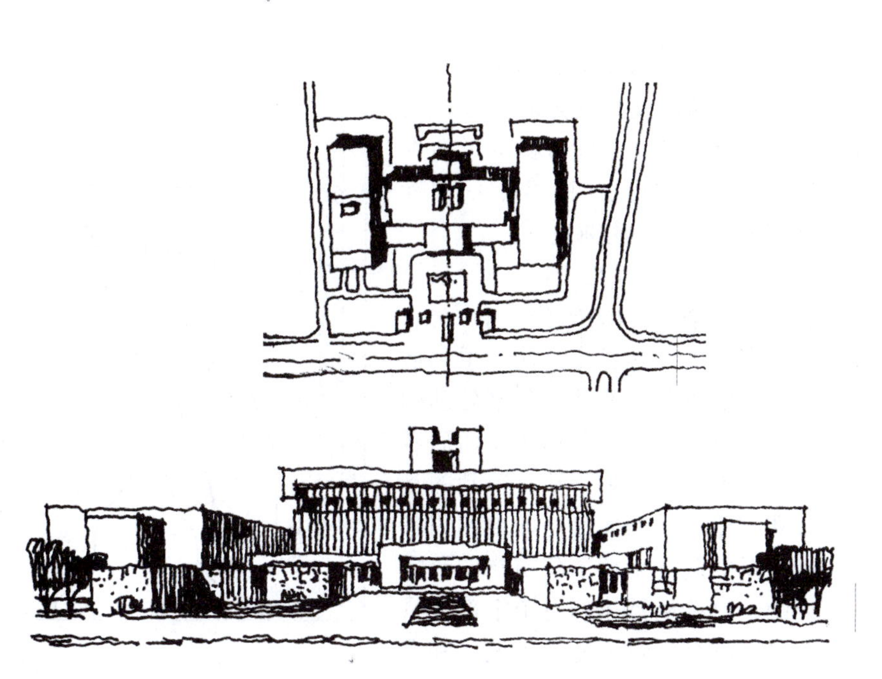

图9-64 日本某市政厅

过反复斟酌而寻求三者之间的最佳关系。整体形式中的一切有关数量的条件，如长短、大小、高矮、粗细、厚薄、轻重等，在搭配得当的原则下，即能产生良好的比例效果。

古希腊的毕达哥拉斯学派认为，万物最基本的因素是数，数的原则统治着宇宙中的一切现象。他们不仅用这个原则来观察宇宙万物，还进一步用来探索美学中存在的各种现象。毕达哥拉斯学派认为和谐就是美，并由此推广至建筑、雕刻等造型艺术中去，来探求什么样的数量比例关系才能产生美的效果，著名的“黄金分割”就是由这个学派提出来的。他们在研究长方形的最佳比例时，经过反复探索、比较，终于得出其长宽比为 1∶1.618 时最为理想，这个比例亦被称为“黄金比”。

勒·柯布西耶也曾把比例与人体尺度结合在一起，并提出一种独特的“模数”体系。他将人体各部分的尺寸进行比较，所得的数值均接近黄金比，并由此不断地进行黄金分割而得到两个系列的数字，一个称红尺，另一个称蓝尺，然后利用这些尺寸来划分网格，形成一系列长宽比例不等的矩形。由于这些矩形都因黄金分割而保持着一定的制约关系，因而相互间必然包含着和谐的因素（图9-65）。

比例是否恰当在建筑中主要是通过建筑物整体以及各组成要素基本量长、宽、高三者的比例关系及其在组合过程中的相互之间比例关系来加以表现的。然而建筑是如此丰富多样，单纯使用某种具有固定数值的比例关系（包括黄金比）显然不可能解释一切，事实上根本不存在某种“绝对美”的抽象比例，良好的比例关系不单是直觉的产物，而且还应符合理性，因而具有一定的相对性。

建筑构图中的比例问题虽然属于形式美的范畴，但是在研究比例问题的时候则不应当把它单纯地看成是一个形式问题。因为美不是事物的一种绝对属性，它不能离开目的性。一个建筑空间的长、宽、高尺寸，很大程度上是由功能决定的，而这种尺寸则构成了建筑空间的形状和比例。对于一些特殊的建筑如体育馆、影剧院等，它的基本体量就是内部空间的直接反映。也就是说其基本体量长、宽、高都是一个相对比较确定的尺寸，这时就不能随心所欲地改变这种比例关系，而只能利用空间分割的灵活性和通过调整各构成要素，如窗、门、洞、线角等的比例关系来协调建筑整体的比例关系。

例如长、宽、高完全相同的建筑，一种采用竖向分割的方法，另一种采用横向分割的方法，前者将会使人感到高一些，后者将会使人感到低一些、长一些。但如果两者与不进行分割处理的相比较，则前两者相对变得轻巧和活泼，而后者则变得厚重和压抑。不同的处理手法，得到的是完全不同的效果和感受。所以如何巧妙地利用各种建筑要素比例关系的调整来调节建筑物的比例关系是十分重要的，只有从整体到每个细部都具有良好的比例关系，整个建筑才能获得统一和谐并产生美的效果（图 9-66）。

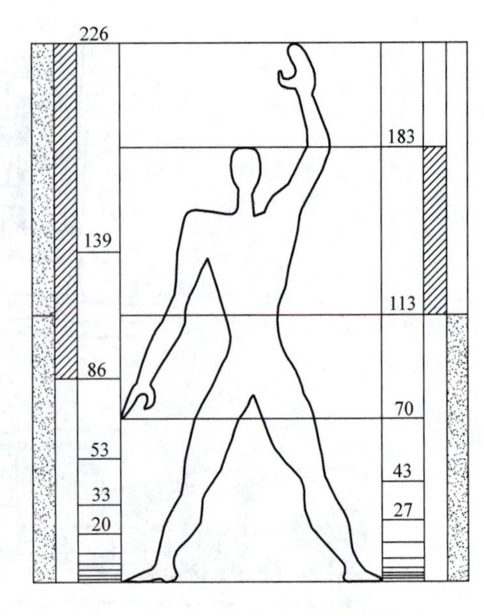

图 9-65　勒・柯布西耶红蓝尺体系

图 9-66　立面分割使建筑显得轻巧与活泼

任何比例关系的美与不美，都要受各种因素的制约与影响，其中以材料与结构对比例的影响最为显著。所谓美的比例必然是正确地体现出材料的力学特性和结构的合理性。不同的建筑材料具有不同的力学特性，因而所产生的建筑形象具有不同的比例关系。

西方古典建筑多用石材，其受压性好而受弯性差，故其柱子相对粗壮，开间相对狭窄（图 9-67）。

中国古典建筑多采用木构架，由于木材的受弯性能相对较好，因而柱子比较纤细，开间较为宽阔（图 9-68）。

现代建筑由于广泛采用了钢筋混凝土，钢材等受弯性能非常好的建筑材料，常常可以形成横长的比例关系（图 9-69）。

图 9-67　西方古典石构建筑的比例

图 9-68　中国古典木构建筑的比例

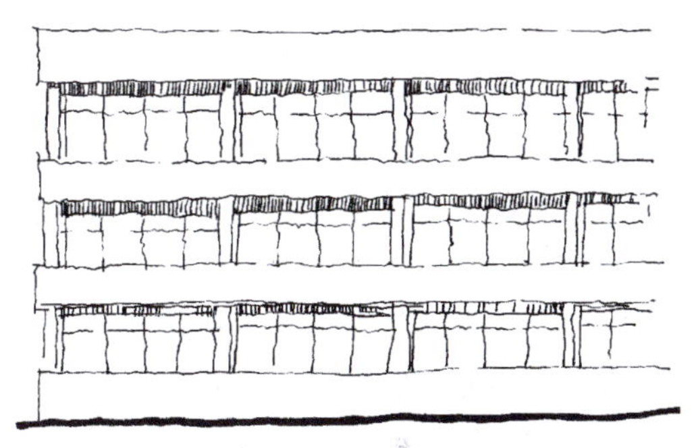

图 9-69　现代钢筋混凝土结构建筑的比例

对同一种建筑材料，如果采用不同的结构形式，也会产生不同的比例关系，如前所述西方古典建筑大多使用石材，古希腊建筑使用梁柱体系而罗马人在建筑中运用了拱券技术，因而形成了二者在建筑空间及造型上的重要区别（图 9-70）。

不同地区、民族由于自然环境、社会条件、文化传统、风俗习惯等的不同，会形成不同的审美观念，因此往往会创造出富有独特比例关系的建筑形象，这也正是世界各地建筑风格千差万别的根本原因之一。

（2）尺度　和比例相联系的是尺度处理。两者都涉及建筑要素的度量关系，不同的是比例是讨论各要素之间相对的度量关系，而尺度讨论的则是各要素之间绝对的度量关系。建筑上所涉及的尺度是指建筑物的整体或局部给人感觉上的大小印象与其真实大小之间的关系。在形式美学中，尺度是一个与比例既相互联系，又有区别的一个范畴。比例主要表现为各部分数量关系之比，是一种相对值，可以不涉及具体尺寸，而尺度却要涉及真实的大小和尺寸。

另一方面，尺度并不就是指要素的真实尺寸，而是给人感觉上的大小印象和其真实大小之间的关系，也就是常说的尺度感。

要使建筑物能体现良好的尺度，首先是把尺度单位引到设计中去，使之产生尺度。这个尺度单位的作用，就好像一个可见的尺杆，它的尺寸人们可以简易、自然和本能地判断出

来。与建筑整体相比，如果单位看起来比较小，建筑就会显得比较大；如果单位看起来比较大，整体就显得小。一般来说，母题多、细部划分多的建筑，要比少的倾向于显得大。其次是在建筑中，与人的活动最密切、最直接接触的部件仍是建筑尺度的最有力的部件，如台阶、窗台便是这样的一种部件。建筑的尺度感，能在人体尺寸或人体动作尺寸的体会中，最终得到体现。在建筑尺度中，运用对比是值得一提的因素。当形状或类型相同，一大一小两个物体摆在一起时，由于它们之间的对比效果，较大的物体尺寸显得更大。所以在建筑中，如果在一个形状相似尺寸较小的连续母题中，突然插入一个形状相同尺寸很大的母题，从整体上看，将增加巨大尺度的效果。但在设计中切忌把各种要素按比例放大，尤其是一些传统的花饰，尺度过大反而会造成适得其反的效果。

图 9-70　西方古典石构建筑的不同比例

从一般意义上讲，人们对于周围的事物都存在一种尺度感，如劳动工具、生活日用品、家具等，为了方便使用都必须和人体保持着相应的大小和尺寸关系，人们对于这些物体的尺寸和它们所具有的形式形成一种固定的对应关系，从而形成一种正常的尺度观念，而那些超出正常尺度之外的事物则会使人感到惊奇。

对于建筑的尺度来说，人们往往无法简单地根据生活经验作出正确的判断，感到难以把握，造成这种现象的原因主要是由于建筑不同于一般的生活用品，它的体量相对很大，人们很难以自身的大小与之作比较，从而也就失去了敏锐的判断力。

那应如何来把握建筑物的尺度呢？通常比较简单的方法是借助于建筑中一些恒定不变的要素，比如栏杆、扶手、踏步、坐凳等，因为功能的要求，这些要素基本都保持恒定不变的大小和高度（图 9-71）。

图 9-71　建筑要素的尺度功能

另外，某些定型的材料和构件，如砖、瓦、滴水等，其基本尺寸也是不变的。以此为参照物，将有助于获得正确的尺度感。

同时我们也不要忘记一个最重要的参照物——人体本身。建筑是为人服务的，而人体的高度与建筑相比可以看作是恒定的，建筑物的所谓尺度最终都是相对于人体尺度而言的（图 9-72）。离开了人，建筑物的尺度也就无从谈起。

图 9-72　人的尺度功能

获得建筑物正确尺度感的另外一个方法是依靠局部的衬托。建筑物的整体是由局部组成的，局部对于整体尺度的影响是很大的。局部越小，越反衬出整体的高大，反之，过大的局部则会使整体显得矮小（图 9-73）。

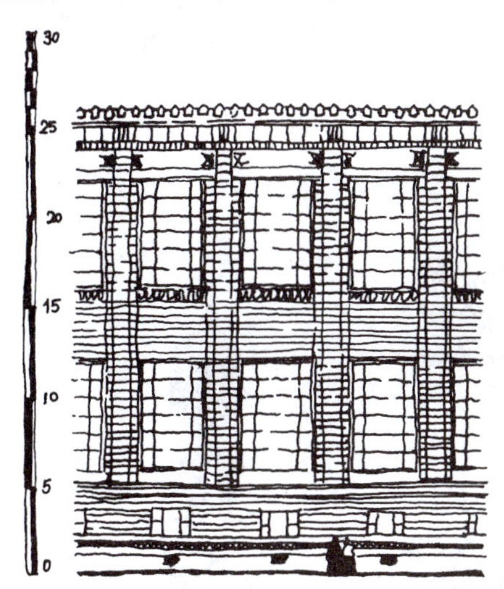

图 9-73　建筑局部的不同处理对整体的影响

对于一般的建筑来说，设计者总是力图使建筑物反映出其真实的尺寸，而对于某些特殊类型的建筑，如纪念性建筑，设计师往往通过手法上的处理从而获得一种夸张的尺度感，以达到预期的目的。

尺度的处理通常有三种方法：

1）自然的尺度。以人体大小来度量建筑物的实际大小，从而给人的印象与建筑物真实大小一致，常用于住宅、办公楼、学校等建筑（图 9-74）。

2）夸张的尺度。运用夸张的手法给

图 9-74　住宅的自然尺度

人以超过真实大小的尺度感，常用于纪念性建筑或大型公共建筑，以表现庄严、雄伟的气氛（图9-75、图9-76）。

3）亲切的尺度。以较小的尺度获得小于真实的感觉，从而给人以亲切宜人的尺度感，常用来创造小巧、亲切、舒适的气氛，如庭园建筑（图9-77）。

图9-75　夸张的尺度一

图9-76　夸张的尺度二

图9-77　园林的亲切尺度

3. 均衡与稳定

人类发现自然界中物体要保持稳定的状态，就必须遵循一定的原则，例如像山那样上部小、下部大，像树那样上部细、下部粗，像人那样具有左右对称的体形，像鸟那样具有双翼，而稳定性正是建筑所必须具备的首要特性，于是人们在建造建筑时都力求符合均衡和稳定的原则，这样不仅在实际上是安全的，而且在视觉上也是舒服的。

（1）均衡　均衡主要是研究建筑物各部分前后左右的轻重关系，并使其组合起来给人以安定、平稳的感觉。

在建筑中，均衡性是重要的特性之一。最简单的一类均衡，就是常说的对称。在这类均衡中，建筑物是沿轴线对称的，只要在均衡中心以某种微妙的手法加以强调，立刻给人一种安定的均衡感。对均衡中心的强调可以用以下几种方案：一种方案是由突出中央要素和旁边较矮小的后退侧翼所组成。如图 9-78 所示的意大利文艺复兴时期建造的圆厅别墅，以高大的圆厅位于中央，四周各依附一个门廊，突出了中间的主体要素。另一种方案是有两个突起或体量，在它们之间有一种连接要素（图 9-79）。第三种方案是由前面两种均衡形式结合而成的。在建筑中，有突起的中央阁楼，加重的端部和它们之间的次要连结部分。强调均衡的另一方法即强调位置，把均衡中心放在突出的亭楼上要比在一个平整的墙面上更有意义，但不要突出得过分，以免破坏突出部位与后退部位之间的连续感。

图 9-78　圆厅别墅　意大利　帕拉迪奥

图 9-79　斯普林菲尔德市中心　美国马塞诸塞州

当均衡中心的每一边在尺寸上虽不等，但在美学意义方面却有某种等同时，就可以说不对称均衡出现了。鉴于不对称均衡组合的复杂性，在不对称的均衡中要比对称的视图更需要强调均衡中心，如果不把构图中心有力地强调出来，常常会导致松散和混乱，所以在均衡中心加上一个有力“符号”就显得十分必要了，这就是不规则均衡的首要原则（图 9-80 和图 9-81）。

不规则均衡的第二个原则，就是杠杆平衡原理。即一个远离均衡中心，意义上较为次要的小物体，可以用靠近均衡中心，意义上较为重要的物体来加以平衡（图 9-82、图9-83）。

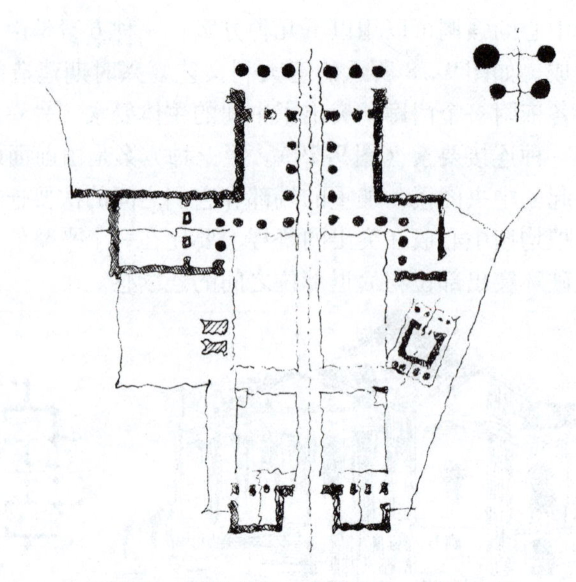

图 9-80 卫城山门 希腊雅典 菲狄亚斯

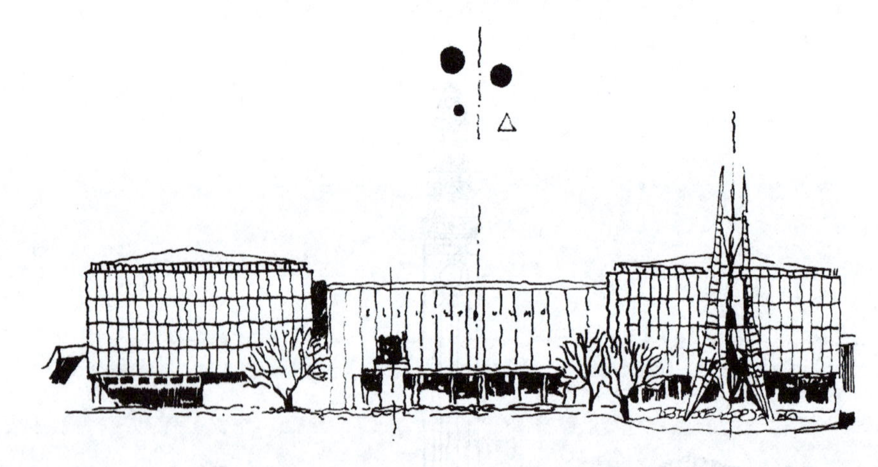

图 9-81 1958 年布鲁塞尔国际博览会捷克馆 比利时

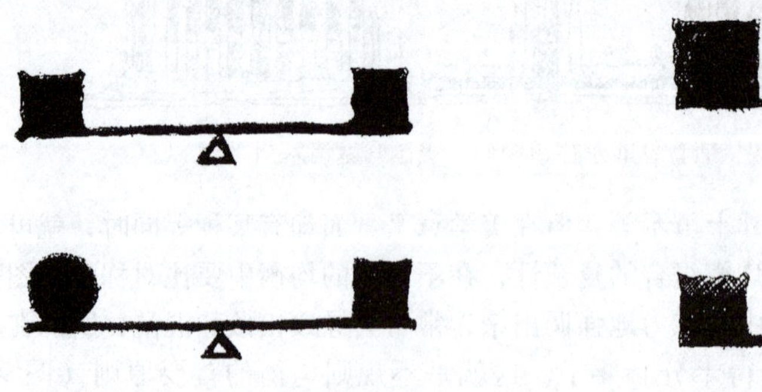

图 9-82 杠杆平衡图解一

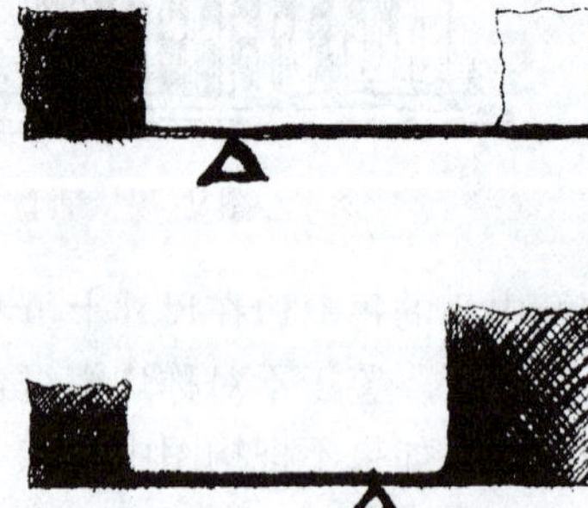

图 9-83 杠杆平衡图解二

以 L 形或 T 形平面的简单建筑物为例，从长边望去，朝观者突出的一臂虽然在立面上并未使这个长面造成中断，但是这突出的一臂却显得更加突出。这既是由于光影的差异造成的，也是由于突出之处面的变化而引起的。根据杠杆平衡原理，这样的建筑物均衡中心便是在靠近阴角之处。因为突出的翼部和伸长的主体在这里会合，所以要选这个点来加以强调，将入口设在这里最为适宜（图 9-84、图 9-85）。

图 9-84　均衡中心的位置合适

图 9-85　均衡中心的位置不合适

若把一个塔楼或某种垂直要素布置在均衡中心上，这个构图会得到更加有力的表现，均衡也就更加明显（图 9-86）。

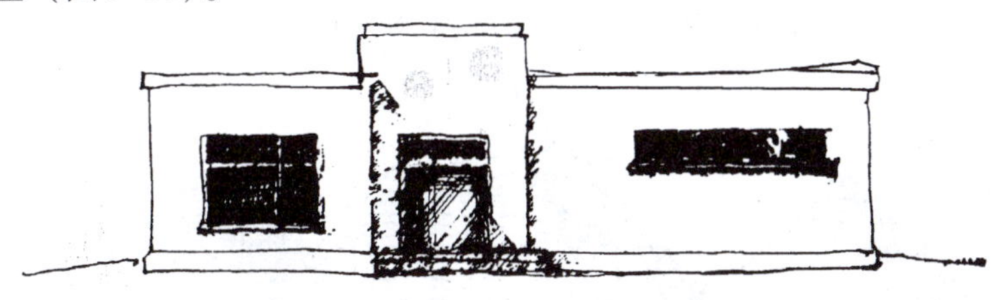

图 9-86　垂直要素在均衡中心更加强调均衡

与对称的形式相比，不对称形式的均衡虽然相互间的制约关系没那么明显、严格，但要保持均衡本身也形成了一种制约关系，而且非对称的形式所取得的视觉效果要更为灵活和富于变化。

现代建筑中由于功能、地形以及建筑物的使用性质等多方面因素的要求，建筑形式多采用非对称均衡的建筑形式。

如果说建立在砖石结构基础上的西方古典建筑设计思想更多地是从静态均衡的角度来考虑问题，那么近现代建筑师则往往会使用动态均衡的方式来考虑问题，同时还加了时间和运动等方面的因素，人们对于建筑的观赏不是固定于某个点上，而是从连续运动的过程中来看建筑体形和轮廓线的变化，这就是现代主义建筑大师格罗庇乌斯所强调的“生动有韵律的均衡形式”（图 9-87）。

（2）稳定　与均衡相关的另一个概念是稳定，均衡涉及的是建筑空间各单元左与右、前与后之间的相对关系，而稳定则是涉及建筑整体上下之间的轻重关系。人们受自然界的启发形成了上小下大、上轻下重的稳定原则，然而随着社会的进步，人们运用先进的科学技术建造出摩天大楼及许多底层透空、上大下小的新颖的建筑，这也带来了人们审美观念的变化。

建筑物达到稳定往往要求有较宽大的底面，上小下大、上轻下重，使整个建筑重心尽量下降而达到稳定的效果。许多建筑在底层布置宽阔的平台式雨篷形成一个形似稳固的基座，

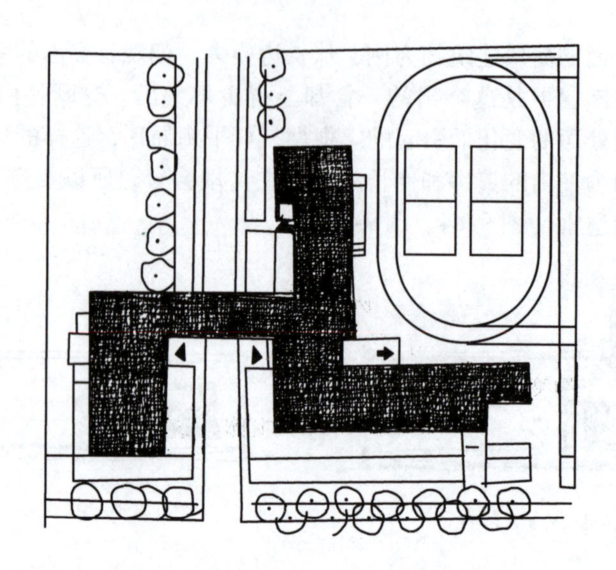

图9-87　包豪斯校舍　德国　格罗皮乌斯

或者逐层收分形成上小下大的三角形或阶梯形状（图9-88）。

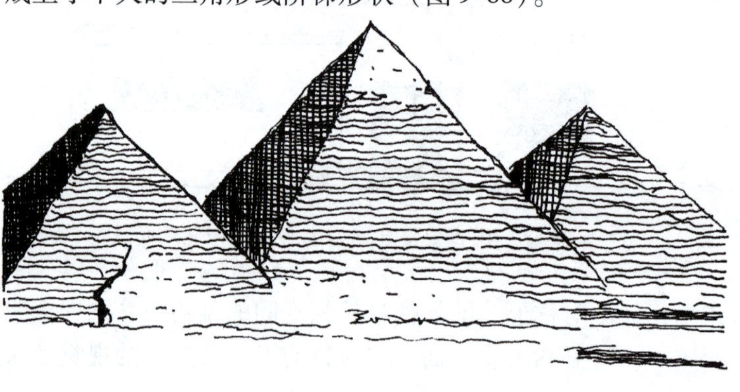

图9-88　埃及金字塔

随着现代新结构、新材料的发展，传统的砖石结构上轻下重、上小下大的稳定观念也在逐渐发生变化。不少底层架空的建筑，利用悬臂结构的特性、粗糙材料的质感和浓郁的色彩加强底层的厚重感，同样达到稳定的效果（图9-89、图9-90）。

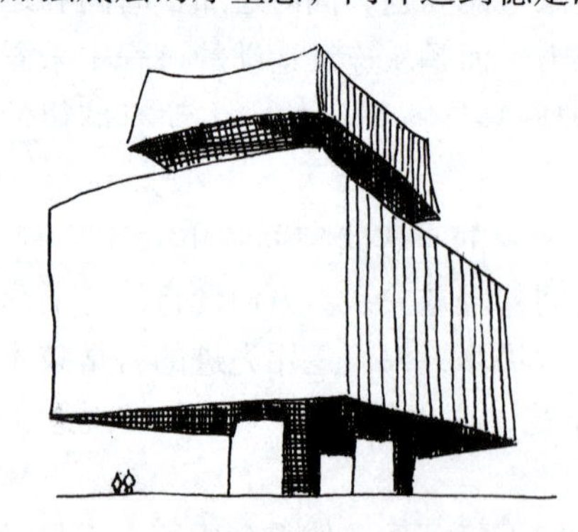

图9-89　人寿保险公司　墨西哥

图9-90　达拉斯市政厅　美国　贝聿铭

4. 对比与微差

对比是指各形式要素之间不同因素的差异。通常将要素之间显著的差异称为“对比”，而将要素之间不显著的差异称为“微差”。在形式美学中，这二者都是不可缺少的。对比可以用要素之间的烘托陪衬来突出各自的特点以求得变化，微差则可以借相互之间的共同性以求得和谐。没有对比会使人感到单调，过分强调对比以致失去了相互之间的协调一致性，则可能造成混乱，只有把二者巧妙地结合在一起，才能达到既重于变化又和谐统一的效果。

对比和微差体现的都是要素间的差异，它们之间并没有明确的界限。如果要素间的差异不大，仍能保持一定的连续性，则表现为一种微差关系；如果要素间的差异足以产生引人注目的突变，则这种变化表现为一种对比的关系。突变的程度越大，对比效果就越强烈。

如图 9-91 所示，在大小的对比与微差方面，A、B、C、D、E、F、G、H 之间的连续变化为微差，A、E，E、H，A、H 之间的变化较大，表现为对比。

如图 9-92 所示，在形状的对比与微差方面，A、B、C、D 之间的连续变化为微差，A、E，B、E，C、E，D、E 之间的变化较大，表现为对比。

如图 9-93 所示，在曲直的对比与微差方面，A、B、C、D、E、F、G、H 之间的连续变化为微差，A、H 之间的变化较大，表现为对比。

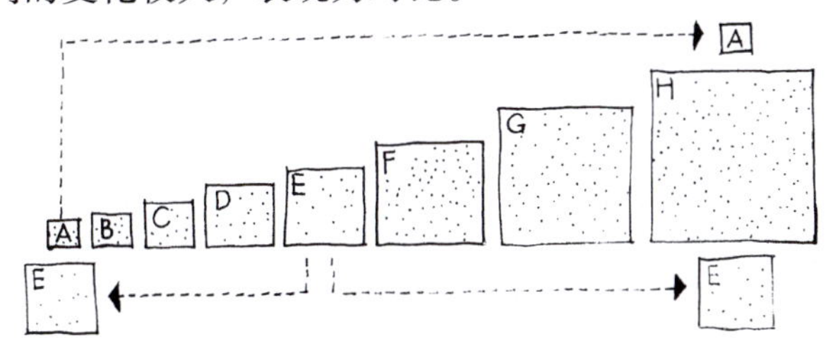

图 9-91　大小的对比与微差

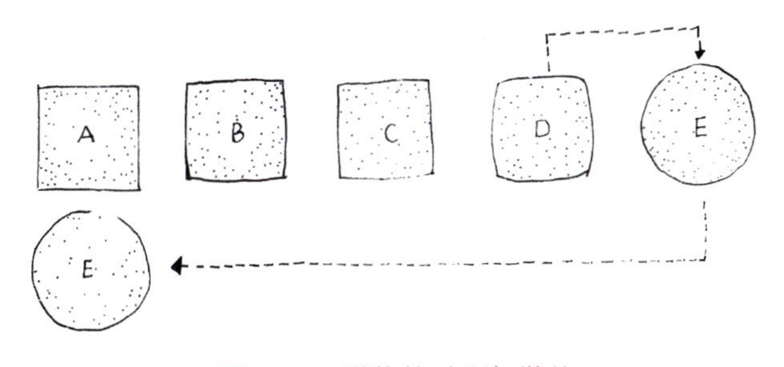

图 9-92　形状的对比与微差

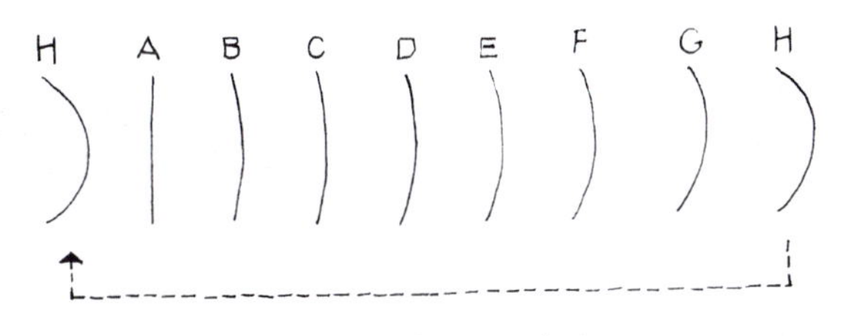

图 9-93　曲直的对比与微差

对比的形式对人的感官刺激有较高的强度，容易引起人的兴奋，进而使造型效果生动而富于活力，在建筑设计领域，无论是单体还是群体、整体还是局部、内部空间还是外部形体，为了求得变化和统一，都离不开对比手法的运用。空间尺度的大与小、空间形态的曲与直、空间照度的明与暗、空间围合界面的质感与色彩等的对比在古今中外的优秀建筑实例中都得到了广泛的应用。

建筑造型设计中的对比，具体表现在体量的大小、高低、形状、方向、线条曲直、横竖、虚实、色彩、质地、光影等方面。在同一因素之间通过对比，相互衬托，就能产生不同的形象效果。对比强烈，则变化大，感觉明显，建筑中很多重点突出的处理手法往往是采取强烈对比的结果；对比弱，则变化小，易于取得相互呼应、和谐、协调统一的效果。因此，在建筑设计中恰当地运用对比的强弱是取得统一与变化的有效手段。

方向性的对比通过对组成建筑各部分前后、左右和上下关系的变化来表达，并给人以一种横向、竖向和纵深向的感觉。方向性对比是最基本也是最常用的对比手法（图9-94）。

图9-94　派拉旅馆　罗马尼亚

与方向性对比相比较，形状的对比往往更富有变化和新奇感。选取何种特殊体形（球形、圆柱形、圆锥形等），除了服从于总体造型需要外，还必须适合于内部空间的功能要求和布置的合理性要求（图9-95、图9-96）。由不同形状造型组合而成的建筑体形虽与单一体型相比更富于变化，但如果处理不当则可能因相互间体形的不协调而造成适得其反的效果。

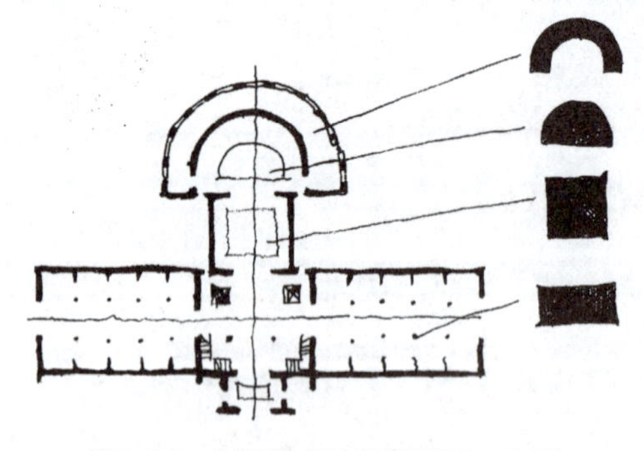

图9-95　中国美术馆局部平面　中国

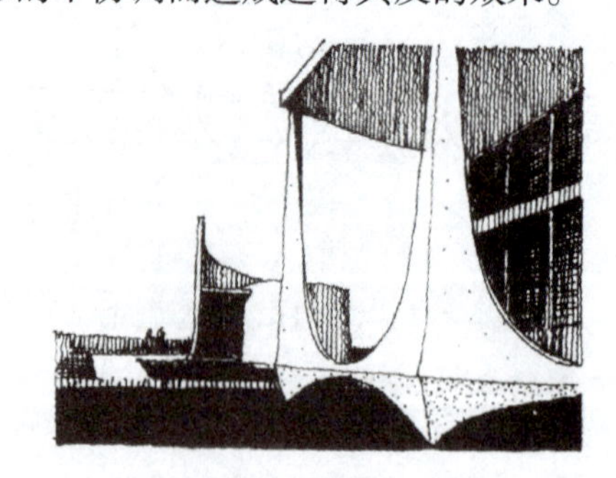

图9-96　巴西总统府　巴西

虚和实的对比也是建筑造型中常用的处理手法，两者相辅相成，缺一不可。没有实的建筑容易使人产生一种不安全感，而没有虚的建筑则会使人产生过分的压抑和沉闷。只有当两者巧妙地相互结合，才能使建筑物外观轻巧而又动人。虚和实的对比可以根据功能上的不同要求而加以区别对待。两者既可以巧妙地相互穿插、互相环抱，实中有虚，虚中有实；也可以相对集中，某部分以虚为主，而另一部分以实为主，形成强烈的虚实对比。如图 9-97 所示的坦桑尼亚国会大厦，虚实的巧妙结合使建筑外观显得轻巧而又动人。

图 9-97　坦桑尼亚国会大厦

此外，在建筑造型设计中，大和小的对比常常会取得戏剧性的效果（图9-98）。曲和直的对比也是建筑造型中常用的处理手法（图 9-99）。

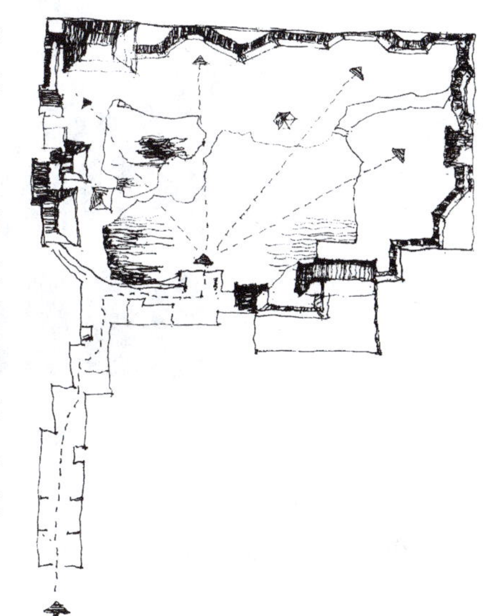

图 9-98　苏州留园平面

5. 韵律

韵律原本是用来表明音乐和诗歌中单调的起伏和节奏感的。形式美学上的韵律是指形式要素（如造型、色彩、材质、光线等）以某种规律出现而给人们视觉和心理上产生的节奏感觉。韵律本身具有条理性、重复性和连续性的特征。在建筑空间中运用韵律的原则，使空间产生微妙的律动效果，既可以建立起一定的秩序，又可打破沉闷的气氛而创造出生动活泼的环境氛围。

韵律按其形式特点可分为四种类型。

（1）连续的韵律　以一种或几种要素连续、重复排列而成，各要素间保持恒定的距离和关系，可无限地延伸（图 9-100、图 9-101）。

图 9-99　浙江人民体育馆

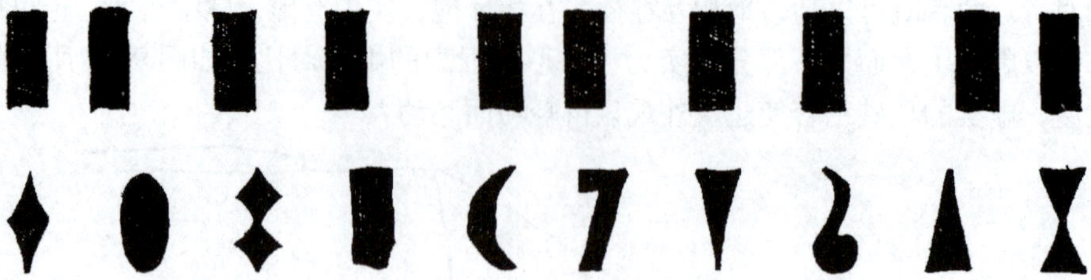

图9-100　连续的韵律

图9-101　威尼斯总督府　意大利

（2）渐变的韵律　连续的要素在某一方面按照一定的秩序而变化，如逐渐加长或缩短，变宽或变窄，变密或变稀等（图9-102、图9-103）。

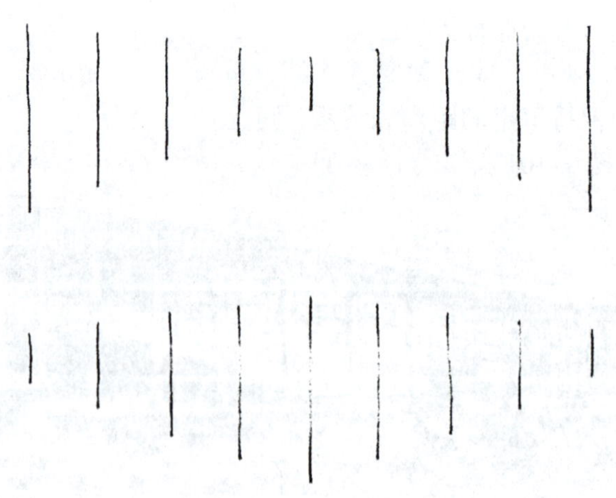

图9-102　渐变的韵律

（3）起伏的韵律　渐变的韵律如果按照一定规律时而增加、时而减小，或具有不规则的节奏感，即为起伏韵律，这种韵律较为活泼而富有运动感（图9-104）。

图 9-103　上海市体育馆

图 9-104　罗马新火车站　意大利

(4) 交错的韵律　各组成部分的要素按一定规律交织穿插而成，即为交错的韵律（图 9-105 ~ 图 9-107）。

以上所涉及的都是关于形式美的基本知识，在设计过程中都要运用这些原理和法则来进行造型设计，但是，我们的眼光却不能仅仅局限于此，应该更上一步，追求建筑的艺术性。建筑形式美和建筑艺术性属于两个不同的境界范畴。在建筑设计作品中，凡是具有艺术性的

图 9-105　交错的韵律

图9-106　建筑要素穿插形成交错的韵律

图9-107　旧金山希尔顿旅馆　美国

作品都必须符合形式美的一般规律，但一个比例、尺度等各方面都符合形式美的建筑不一定具有艺术性。形式美与艺术性的差别就在于前者对现实的审美关系只限于物体外部形式本身是否符合形式美的原则，而后者则要求通过自身的艺术形象表现一定的思想内容。当然，形式美和艺术性并不是截然对立的，而是相互联系的，正是这种联系使得建筑作品有可能从前一种形式过渡到后一种形式，因而很难在它们中间划分出明确的界限。建筑学是一门理论联系实际的学科，一个好的建筑师就是要使其作品完成由形式美层次向艺术性层次的过渡。

本章课程思政要点

变化与统一是形式美的基本法则，对于建筑艺术创作也不例外。造型艺术由若干部分组成，这些部分之间应该既有变化，又有秩序。如果缺乏多样性的变化，就会流于单调；而缺乏和谐与秩序，则必然显得杂乱。通过对这一基本法则的学习，可以领会“和而不同”的内涵，养成宽容的心态。

实训练习题

实训23　构图原理训练1——基本几何形构图

1. 实训目的

1）学习平面构图原理，了解形式美的基本原则。

2）练习用若干基本几何形在给定的图纸范围内排版。

2. 实训要求

1）由学生自由选择基本几何形。

2）对选定的基本几何形进行组织，以表现某一种或几种形式美的法则。

3）在版面范围内进行排列组合，并确定最佳的版式效果。

4）用双面胶固定图片，以仿宋字书写图片说明。

3. 图纸规格

297mm × 420mm（A3）绘图纸。

实训 24　构图原理训练 2——文字配图

1. 实训目的

1）学习平面构图原理，了解形式美的基本原则。

2）初步训练图纸的安排和图面综合表达。

3）综合训练钢笔画技法和仿宋字书写方法。

2. 实训要求

1）由教师指定图纸表达专题。

2）由学生选择适当图样，并配以文字说明。

3）在版面范围内进行排列组合，并确定最佳的版式效果。

4）以钢笔画的形式完成图样绘制部分。

5）用仿宋字书写说明部分。

6）对钢笔画和仿宋字的要求均等同于以前的训练要求。

3. 图纸规格

297mm × 420mm（A3）绘图纸。

实训 25　构图原理训练 3——建筑平面、立面、体量的构图

1. 实训目的

1）学习建筑构图原理，了解建筑形式美的基本原则。

2）练习用若干图片、文字在给定的图纸范围内排版。

2. 实训要求

1）由学生选择收集若干建筑实例，各种风格兼顾；并由教师帮助挑选。

2）对选定的建筑实例加以分析，分析其运用了哪些造型的手法与法则，应有自己的观点。

3）将建筑实例图片、分析图示及分析说明文字在版面范围内进行排列，并确定最佳的版式效果。

4）用双面胶固定图片，以仿宋字书写图片说明。

3. 图纸规格

594mm × 420mm（A2）绘图纸。

第10章

建筑方案设计入门

学习目标

通过本章的学习，了解建筑设计的特征；方案设计常用方法；方案设计实践的具体操作以及方案调整的基本方法等。掌握建筑设计的基本思路，从而激发学生步入专业学习的热情与兴趣。

建筑方案设计是建筑设计中的最关键的一个设计环节，也是最难和最令人操心的一个设计环节。但有人却认为只要投入足够的时间和精力，就可以把设计做好，建筑设计没有什么方法可言。然而当真正面对一个设计题目时，有的人没想法、没感觉，无从下手而大叫困难；有的人则坐等灵感到来但终无所获。那么，建筑学专业的学生在校期间的主要任务到底是什么呢？建筑学专业的学生在校期间的主要任务是学习如何做方案，而对建筑及建筑设计有一个深入透彻的了解与认识。其实建筑设计是有章可循、有法可依，做好一个建筑设计并不是很难的。本章从认识建筑设计开始设计方法入门的讨论。

方案的建构

10.1　建筑设计的特征与基本方法

建筑设计大体可以包括：设计前的准备阶段（或叫前设计阶段）、方案设计阶段、扩初设计阶段（或叫技术设计阶段、初步设计阶段）及施工图设计阶段。建筑学专业的学生所接受的建筑设计的训练更多地集中在方案设计，其他的训练则主要通过以后的建筑师业务实践来完成。因此，建筑方案设计是建筑设计的最初阶段，也是最关键的阶段。

建筑方案设计得不理想，以后所有的工作，如技术设计、施工图设计乃至具体的施工建造，无论怎么挽救，也是起不了多大的作用的。因此，建筑方案设计不能草率从事，不能马虎，而应当是兢兢业业，精心设计，反复推敲。

10.1.1　建筑方案设计的特点

1. 创造性的思维劳动

建筑设计是一种创造性的思维劳动。它需要建筑设计师有丰富的想象力和灵活开放的思维方式，把所有的条件、要求、可能性等，通过建筑形象表达出来。同时建筑方案设计绝不等同于造型设计，建筑师面临的建筑功能和地段环境都千差万别，要解决这些具体的矛盾与问题，要求建筑师必须有充分的灵活开放的思维；人们对建筑形象和建筑环境有着高品质和多样性的要求，只有依赖建筑师的创新意识和创造能力才能够把纯物质层面的材料设备转化成为具有一定象征意义和情趣格调的真正意义上的建筑。

2. 多学科的综合

建筑设计包括了建筑学、结构学、给水、排水、供暖、通风、空气调节、电气、消防、自动控制以及建筑声学、建筑光学、建筑热工学、建筑材料学乃至工程经济学（概预算）等知识领域所需要的工程技术知识。建筑设计又与特定的社会物质生产和科学技术水平有着直接的关联，因此建筑设计本身具有自然科学的客观性特征。自古至今，建筑设计与特定的社会政治、文化和艺术之间存在着显而易见的联系，因此建筑设计又有着意识形态的精神性色彩。

功能性与审美性是建筑设计的终极目标，因此，建筑设计的研究对象与设计的功能性与审美性有着不可割裂的联系。从功能性的角度讲，建筑设计涉及相关的工程学、物理学、材料学、电子学、经济学等理论研究的相关成果和原理；就设计的审美性而言，建筑设计还要对相关的艺术美学、构成学、心理学、民俗学、色彩学和伦理学等进行研究。如此广阔的研究领域，表明了建筑设计是一种边缘性和交叉性的学科。

3. 思维方式的双重性

建筑方案设计既包含了逻辑思维又包含形象思维，由此其思维方式具有双重性。作为逻辑性的思维劳动，建筑方案设计过程可以概括为“分析研究 ——构思设计——分析选择——再构思设计……”如此循环发展的过程，建筑师在每一个“分析”阶段（包括前期条件、环境、经济分析研究和各阶段的优化分析选择）都是基本的逻辑思维的方式，所运用的主要是分析概括、总结归纳、决策选择等，以此确立设计与选择的基础依据；而在各“构思设计”阶段，建筑师主要运用的则是形象思维，所以它具有“灵感”式的特征。

所谓“灵感”，不是一点一点积聚而完成的，而是通过分析各种要素要求，分析各种条件，比较多种形式的基础上，忽然显现出一个“思路”，是一种“形象”的思维状态。因此建筑师的工作有些特殊，有时候花上半天乃至数天，仍然“一无所获”；有时候却“灵光一闪”就有了理想的思路和形象。这不是“运气”，而是平时积累的结果，也是工作性质所造成的。

因此，建筑设计的学习训练必须兼顾逻辑思维和形象思维两个方面，不可偏废。在建筑创作中如果弱化逻辑思维，建筑将缺少存在的合理性与可行性，成为名副其实的空中楼阁；反之，如果忽视了形象思维，建筑设计则丧失了创作的灵魂，最终得到的只是一具空洞乏味的躯壳。

4. 善于表现性

由于建筑方案设计是一种形象思维的过程，关键是如何抓住思路。只有好的设计意图是不够的，还须把凡是想到的都画出来，这才能真正抓住思路。另外，方案做出来，还须表现，建筑师要把自己的理想方案给人看，让人喜欢，除了精心设计外，还得善于表达。设计图纸出来既要让建筑的“圈内”人接受，也要能让建筑的“圈外”人接受，所以还须画效果图（透视图），甚至做模型。

10.1.2　方案设计常用方法

“万事开头难”想必每一位学生都对此深有感触，但是在我们学习和工作的各个阶段，几乎每一件事情都得有个开始，都得从头做起。为什么会造成“万事开头难”呢？究其原因主要表现为：一是初学者知识不足。由于初学者对建筑设计的条件、方法和原理等的知识不够，或知之有误，由此导致没法下手。二是初学者的思路不对。由于初学者往往“志向远大”“无知而无畏”，因此常常对设计的一般条件和基本限制因素看不到，或者不想看。那么什么才是行之有效的建筑方案设计方法？归纳起来大致可分为“先功能后形式”和“先形式后功能”两大类。

1. 先功能后形式

建筑方案设计“先功能后形式”的设计方法是主要方法，它的基本过程就是由功能关系和基地形态入手，一步一步地深入，用比较的方法，反复深入，由“粗线条”到细节部分顺着从大到小的原则完成方案设计。“先功能后形式”指建筑的功能是从平面设计入手，而且应当是平面设计为主，垂直行为只是交通问题，这正是建筑设计的一个特点。另外，建筑形态虽是立体的，但这种立体往往是要先有平面，然后垂直地向上或向下，上下之间的变化不及水平面上的变化多。所以，必须抓住平面形态，即先平面后立面、体量。此方法对初学者来说易于掌握而且功能比较合理，但是由于空间形象设计处于滞后被动位置，可能会在一定程度上制约了对建筑形象的创造性发挥。

2. 先形式后功能

“先形式后功能”是从建筑的体型环境入手进行方案的设计构思，重点研究空间与造型，当确立一个比较满意的形体关系后，再反过来填充完善功能，并对体型进行相应的调整。要解决的问题首先从地形开始，接着就是解决建筑的功能和体量大小与地块形状、大小等关系。这种方法，其关键就是要“抓大”，各环节不要拘泥于细部，不要具体化，而应当是在对各种要求、条件娴熟地“化”在脑子里的基础上，着眼于大关系。这好比画素描一样，从大轮廓开始。此方法易于创造出有新意的空间、体量造型，发挥个人的想象力与创造力，后期的“填充”“调整”有很大难度，功能复杂者尤其如此。因此，该方法比较适合于功能简单、规模不大、造型要求高、设计者又比较熟悉的建筑类型。它要求设计者具有相当的设计功底和设计经验，初学者一般不宜采用。

当然，上述两种方法并非截然对立的，对于那些具有丰富经验的建筑师来说，二者甚至是难以区分的。当他先从形式切入时，他会时时注意以功能调节形式；而当首先着手于平面的功能研究时，则同时构想着可能的形式效果。最后，他在两种方式的交替探索中找到一条完美的途径。

10.2 设计前期工作

设计前期工作是建筑设计的第一阶段工作，其目的就是通过对设计任务书、公共限制条件、经济因素和相关规范资料等重要内容进行系统、全面的分析研究，为方案设计确立科学的依据。

作为建筑方案设计的条件，有些是明显的，有些则是潜在的；有时是明确的，有时又是笼统的。归纳起来大致有如下几方面：

1. 设计任务书

设计任务书一般是由建设单位或业主依据使用计划和意图提出的。一个完整的设计任务书应该表达四类信息：

1）项目类型与名称（工业/民用、住宅/公建、商业/办公/文教/娱乐……）、建设规模与标准、使用内容及面积分配等。

2）用地概况描述及城市规划要求等。

3）投资规模、建设标准及设计进度等。

4）建设单位（业主）的其他要求。

2. 公共限制条件

新建筑的介入都会对城市或区域的环境引起某些改变。为了保证建筑场地与其他周围用地单位拥有共同的协调环境，场地的开发和建筑设计必须遵守一定的公共限制条件。如图 10-1中新建建筑的高度、出入口、建筑边界及建筑尺度都受到原有建筑的限制。公共限制包括：地段环境（气候条件、地质条件、地形地貌、景观朝向、周边建筑、道路交通、城市方位、市政设施、污染状况等）；人文环境（城市性质规模、地方风貌特色）；城市规划设计条件（图 10-2、图 10-3）（后退红线限定、建筑高度限定、容积率限定、绿化率要求、停车量要求）。

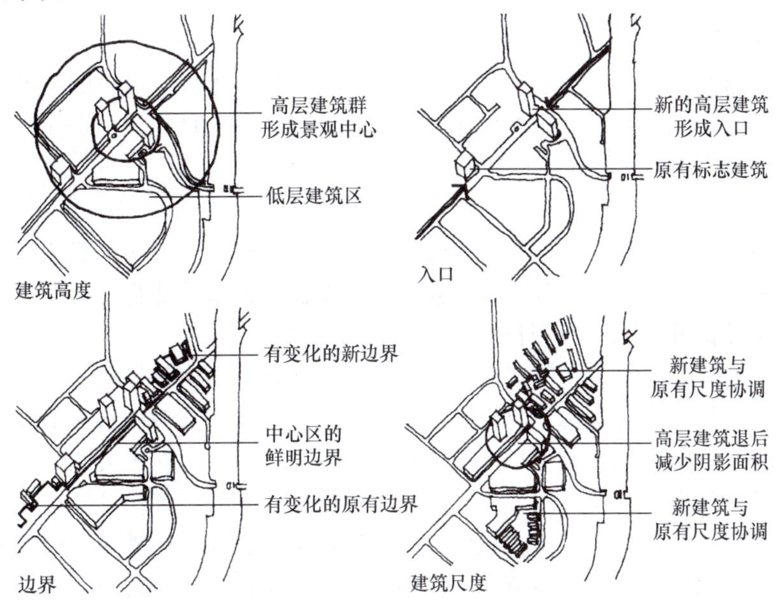

图 10-1　城市规划对建筑的限制

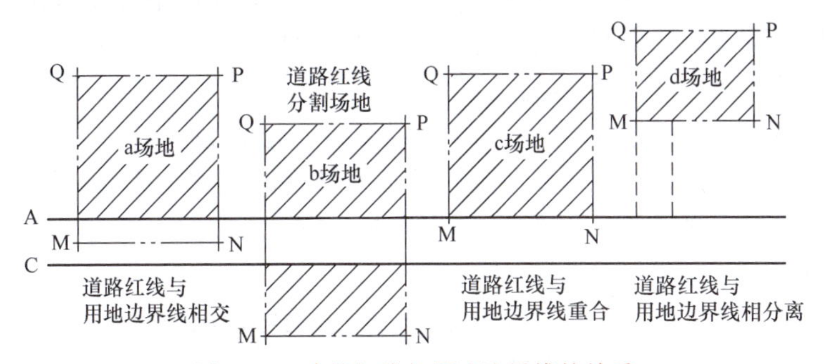

图 10-2　建筑红线与用地边界线的关系

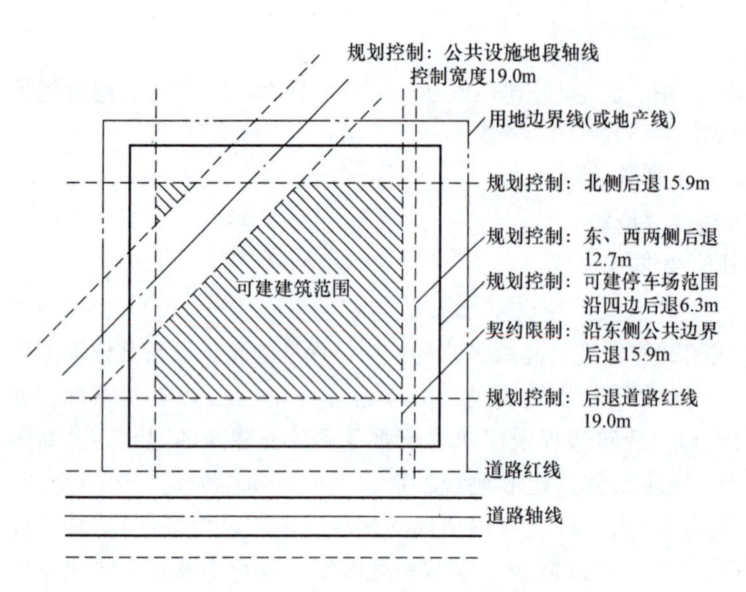

图 10-3　用地控制线与建筑控制线

3. 造价和技术经济要求

技术经济因素是指建设者所能提供用于建设的实际经济条件与可行的技术水平。它是确立建筑的档次质量、结构形式、材料应用以及设备选择的决定性因素，是除功能和环境之外影响建筑设计的第三大因素。

4. 收集资料

学习并借鉴前人正反两个方面的实践经验和教训，了解并掌握相关规范制度，既是避免走弯路、走回头路的有效方法，也是认识熟悉各类型建筑的最佳捷径。因此，为了学好建筑设计，必须学会搜集并使用相关资料。

收集资料要注意两点：一是专门收集与本设计类型相同的实例资料，而且是规模和基地情况也接近的。包括对设计构思、总体布局、平面组织和空间造型的基本了解和使用管理情况等。最终以图、文形式尽可能详尽而准确地表达出来，形成一份永久性的参考资料。二是收集一些规范性资料和优秀设计图文资料。建筑设计规范是建筑师在设计过程中必须严格遵守的具有法律意义的强制性条文，在我们的课程设计中也必须严格遵守。对方案设计影响最大的设计规范有日照规范、消防规范和交通规范。优秀设计图文资料的搜集与实例资料有一定的相似之处，只是前者是在技术性了解的基础上更侧重于实际运营情况的调查，后者仅限于对该建筑总体布局、平面组织、空间造型等技术性了解，但简单方便和资料丰富则是后者的最大优势。优秀设计图文资料不应是用来抄袭的，而是用来分析研究的，分析它为何如此，有何特点，哪些地方可以借鉴等。

方案设计，除了收集、分析、比较同类建筑之外，还要做一些基本的“工具性”资料的收集工作。例如中学的设计，则要收集一些普通教室的尺寸、课桌椅的尺寸、走道的宽度、厕所的布局、房子的层高、阶梯教室的各种规定等。

5. 类比工作

类比的目的就是要比优劣，知道什么是好，什么是坏，从而就有努力追求的目标和方向。方案设计之前或早期阶段，须做好类比工作。

同类建筑的资料收集来后，还须作深入分析比较。这种比较不仅是谁好谁坏之分，还要分析它们的规模、功能、总体、细部、造型等。

10.3　方案设计实践

在完成上述步骤后，我们对要设计的对象已有了一个比较系统全面的了解与认识，并得出了一些原则性的结论，在此基础上可以开始建筑设计的实践体验了。由于“先形式后功能”的方法要求设计者具有相当的设计功底和设计经验，本章不加分析。下面按步骤分析“先功能后形式”的方案设计过程和方法。

10.3.1　设计立意

设计立意对建筑方案设计相当重要，分为基本立意和高级立意两个层次。基本立意是初学者常用的方法，是以设计任务书为依据，目的是为满足最基本的建筑功能、环境条件；而高级立意则在基本立意的基础上通过对设计对象深层意义的理解与把握，希望把设计推向一个更高的境界水平。对于初学者而言，设计立意不应强求定位于高级层次。

许多建筑名作的创作在设计立意上给了我们很好的启示。

例如流水别墅，是将建筑融入自然，回归自然，谋求与大自然进行全方位对话作为别墅设计的最高境界，而不是追求一般视觉上的美观或居住的舒适。设计者在构思时从位置选择、布局经营到空间处理、造型设计，都是围绕着这一立意展开的（图 10-4）。

又如悉尼歌剧院，丹麦建筑师伍重受贝壳的启发，创作出悉尼歌剧院这一独特的形象（图 10-5）。设计者透过空间形态折射社会和自然，是对空间内涵的艺术创造，从一定意义上说也是社会和自然向建筑空间领域的延伸。

图 10-4　流水别墅

图 10-5　悉尼歌剧院

再如巴黎卢浮宫扩建工程，由于原有建筑特有的历史文化地位与价值，新建、扩建部分不能喧宾夺主，为了无条件地保持历史建筑原有形象的完整性与独立性，最终决定了将主体置于地下，仅把入口设置在广场上（图 10-6）。

10.3.2　基地的把握

当接到一个建筑设计任务时，首先分析设计任务的功能及设计立意。基本把握了建筑的功能关系及设计立意后，接着的工作是对基地的熟悉和把握。建筑的基地在设计中有些什么要求，设计者首先要了解，并进一步能处理这些要求。

图10-6 巴黎卢浮宫

任何建筑都必然要处在一定的环境之中，并和环境保持着某种关系，环境的好坏对于建筑的影响甚大。为此，在拟订建筑计划时，首先面临的问题就是选择合适的建筑地段。例如，比较方正的基地，建筑的总平面布置比较自由，较容易处理，如图10-7所示。如果是一块狭长的基地，就有一定的难度（受制约很大），尤其是基地南北长，东西狭，则难度就更大了，因为涉及建筑物的朝向问题，如图10-8所示。有时基地有起伏，则还必须考虑等高线的处理。大体来说，建筑物总希望顺着等高线布置，但也不能不考虑到建筑物的朝向，建筑物一般朝南、前低后高，这种形式的目的主要是为了阳光。但从基地来讲，不能不考虑到朝向而产生的室外环境的效果。

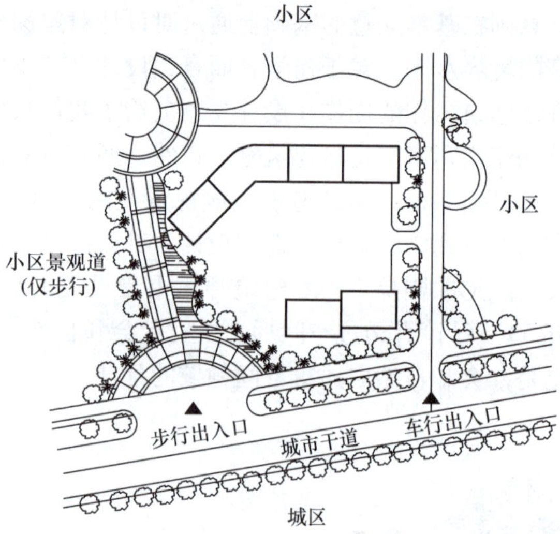

小区
小区
小区景观道（仅步行）
步行出入口
城市干道
车行出入口
城区

图10-7 较方正的基地

建筑与环境的统一主要是指两者联系的有机性，它不仅体现在建筑物的体形组合和立面处理上，同时还体现在内部空间的组织和安排上。古今中外的建筑师都十分注意对地形、环境的选择和利用，并力求使建筑能够与环境取得有机的联系。对于自然环境的结合和利用，不仅限于建筑物四周的地形、地貌，而且还可以扩大到相当远的范围。

建筑基地并不总是理想的，特别是在城市中盖房子，往往只能在周围环境已经形成的现实条件下来考虑问题，这样就必然会受到各种因素的限制与影响。在地形条件比较特殊的情况下设计建筑，必将受到多方面的限制和约束，但是如果能巧妙地利用这些制约条件，通常可以赋予方案以鲜明特点。最典型的例子就是著名的美国华裔建筑师贝聿铭设计的华盛顿国家美术馆东馆。在该方案构思中，地段环境尤其是地段形状起到了举足轻重的作用。

东馆建在一块3.64公顷的呈楔状的梯形地段上，该地段位于城市中心广场东西轴北侧，其楔底面对新古典式的国家美术馆老馆（该建筑的东西向对称轴贯穿新馆用地）。用地东望国会大厦，南临林荫广场，北面斜靠宾夕法尼亚大道，附近多是古典风格的重要公共建筑（图10-9）。

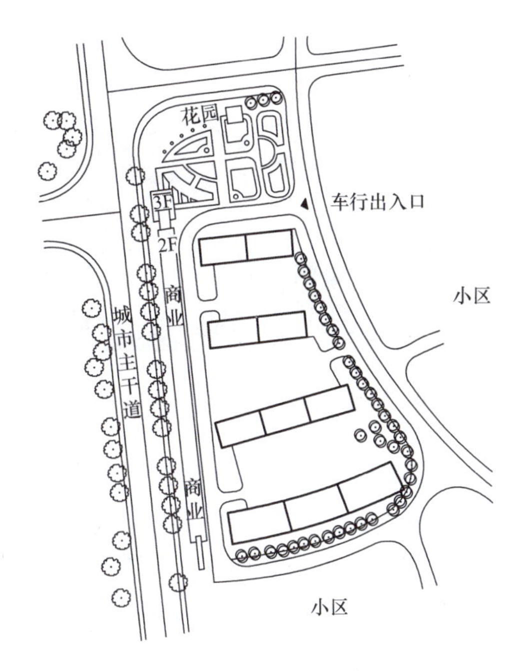

图 10-8　南北长、东西狭的基地

图 10-9　华盛顿美术馆东馆

严谨对称的大环境与非规则的地段形状构成了尖锐的矛盾冲突。贝聿铭紧紧把握住地段形状这一突出的特点，选择了两个三角形拼合的布局形式，使新建筑与周边环境关系处理得天衣无缝。用一条对角线把梯形分成两个三角形。西北部面积较大，是等腰三角形，底边朝西馆，以这部分做展览馆。三个角上突起断面为平行四边形的四棱柱体。东南部是直角三角形，为研究中心和行政管理机构用房。对角线上筑实墙，两部分在第四层相通。这种划分使两大部分在体形上有明显的区别，但又不失为一个整体。展览馆入口宽阔醒目，它的中轴线在西馆的东西轴线的延长线上，加强了两者的联系。研究中心的入口则偏处一隅。而划分这两个入口的是一个棱边朝外的三柱体，浅浅的棱线，清晰的阴影，使两个入口既分又合，整个立面既对称又不完全对称。同时，展览馆入口北侧的大型铜雕，与建筑紧密结合，相得益彰（图 10-10～图 10-12）。

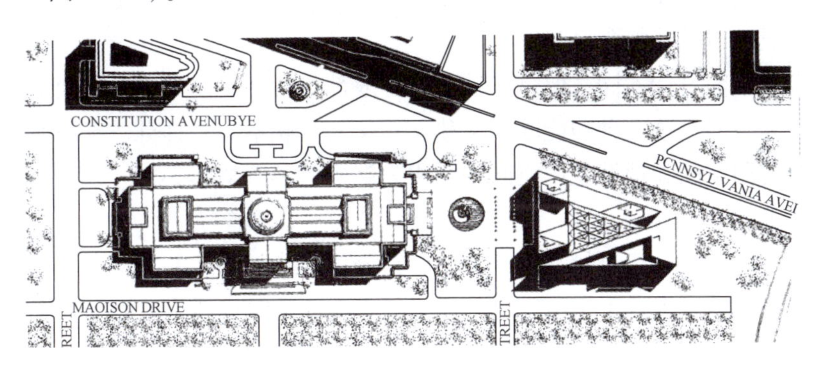

图 10-10　华盛顿美术馆东馆总平面图

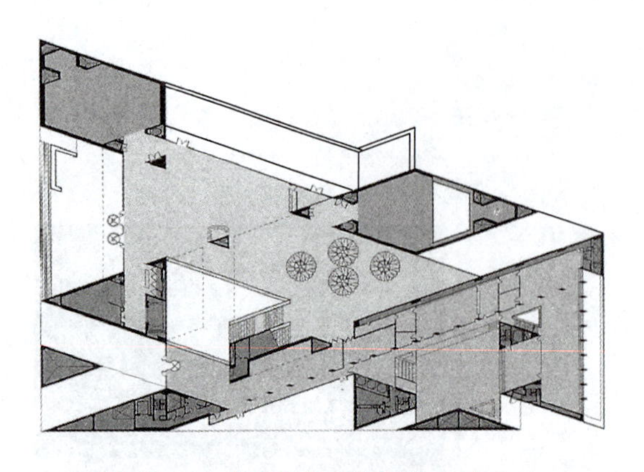

图 10-11　华盛顿美术馆东馆一层平面

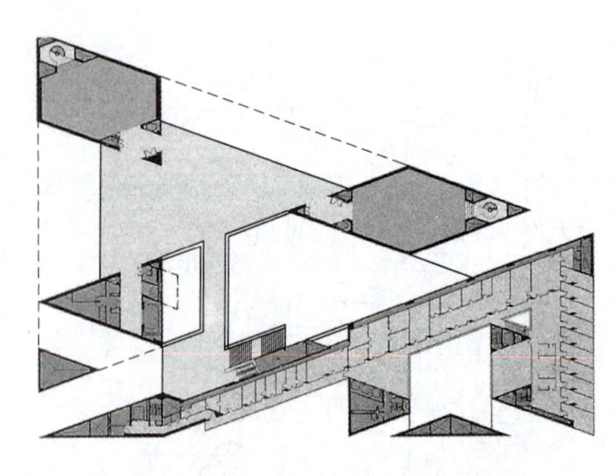

图 10-12　华盛顿美术馆东馆二层平面

东西馆之间的小广场铺花岗石地面，与南北两边的交通干道区分开来。广场中央布置喷泉、水幕，还有五个大小不一的三棱锥体，是建筑小品，也是广场地下餐厅借以采光的天窗。广场上的水幕、喷泉跌落而下，形成瀑布景色。观众沿地下通道自西馆来，可在此小憩，再乘自动步道到东馆大厅的底层。

国外建筑师十分注重并善于利用地形的起伏来构思方案。当然，在利用地形的同时也不排除适当地予以加工、整理或改造，但这只限于更有利地发挥自然环境对建筑的烘托陪衬作用。如果超出了这个限度，特别是破坏了自然环境中所蕴含的自然美，那么这种“改造”只能起到消极和破坏的作用。另外，功能对于空间组合和平面布局的影响，也是问题的一个方面。除了功能因素外，建筑地段的大小、形状、道路交通状况、相邻建筑情况、朝向、日照、常年风向等各种因素，也都会对建筑物的布局形式产生十分重要的影响。

10.3.3　建筑平面设计

建筑方案设计完成了设计立意、基地的把握以后，下一步工作就是要解决建筑功能方面的问题。建筑平面设计是建筑设计的重要阶段，是通过二维图形来组织空间，分析建筑内部功能，完善建筑内部使用功能，是建筑内部以及内部与外部环境的空间组合的过程；是解决局部与整体，建筑与环境，空间组织、功能设置与建筑体量组合之间矛盾的阶段。平面设计过程中设计者应当建立完整的空间概念，巧妙地通过建筑制图语言来更直观地反映出空间秩序变化、流线设计以及功能分区。

不同建筑的平面设计不同，但是建筑功能一般都包括主要使用空间、辅助使用空间和交通联系空间三大空间。这三种功能既相互独立，又相互联系，并具有一定的兼容性。交通联系空间将主要使用空间和辅助使用空间联系成为有机的建筑整体。

1. 主要使用空间的设计

主要使用空间是构成建筑最基本的单位，在分析功能与空间的关系时一般从主要使用空间入手，现在我们从这里入手来研究它的形式处理与人的精神感受方面的联系。例如居住建筑的卧室、学校的教室、商业建筑的营业厅、宾馆、饭店的标准房、影剧院的观众厅等。

由于使用功能不同，主要房间的设计方法千差万别。这种差异最主要表现在房间面积、形状、尺寸以及门窗安排四个方面的处理。

(1) 房间的面积　在一般情况下室内空间的体量大小主要是根据房间的功能使用要求确定的，室内空间的尺度感应与房间的功能性质相一致。例如住宅中的居室，过大的空间将难以造成亲切、宁静的气氛，为此，居室的空间只要能保证功能的合理性即可获得恰当的尺度感。

对于公共活动来讲，过小或过低的空间将会使人感到局促或压抑，这样的尺度感也会有损于它的公共性。而出于功能要求，公共活动空间一般都具有较大的面积和高度，这就是说，只要实事求是地按照功能要求来确定空间的大小和尺寸，一般都可以获得与功能性质相适应的尺度感（图 10-13）。

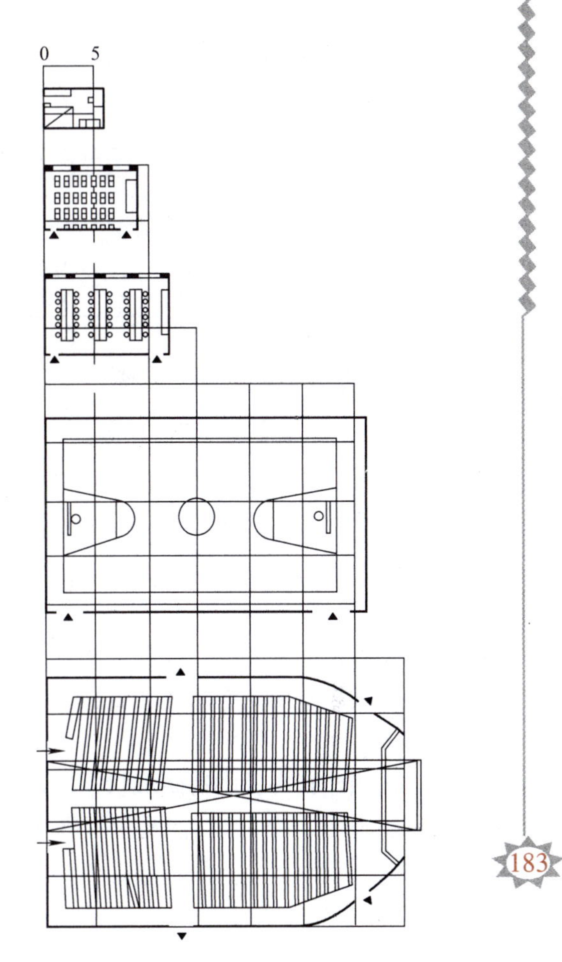

图 10-13　功能与面积的关系

不同使用要求的房间面积差异很大，房间面积一般由容纳人数、主要家具设备及人的使用活动面积确定。

1）容纳人数：建筑空间犹如一种容器，不过这种容器所容纳的不是具体的物，而是人。房间面积的确定主要是依据国家有关部门及各地区制订的面积定额指标（表 10-1），同时通过调查研究并结合建筑物的标准综合考虑。

有些建筑的房间面积指标未作规定，使用人数也不固定，如展览室、营业厅等。这就要求设计人员根据设计任务书的要求，对同类型、规模相近的建筑物进行调查研究，通过分析比较得出合理的房间面积。

表 10-1　部分民用建筑房间面积定额参考指标

建筑类型	项目		
	房间名称	面积定额/(m^2/人)	备注
中小学	普通教室	1～1.2	小学取下限
办公楼	一般办公室	3.5	不包括走道
	会议室	0.5	无会议桌
		2.3	有会议桌
铁路旅客站	普通候车室	1.1～1.3	
图书馆	普通阅览室	1.8～2.5	4～6 座双面阅览桌

2）主要家具设备及人的使用活动面积（图 10-14）：房间面积应该与人体尺度相适应。尺寸一般有人体静态尺寸、动态尺寸和家具设备尺寸。当人站立或静坐时形成的尺寸是静态的；当人行走或使用家具设备时所产生的功能尺寸，它是动态的。同时家具、设备的布置方

式、数量、位置及个体尺寸对房间面积、空间的利用具有直接影响。房间面积是室内空间和人之间的一种媒介，它通过形式和尺度在室内空间和人之间形成一种过渡。

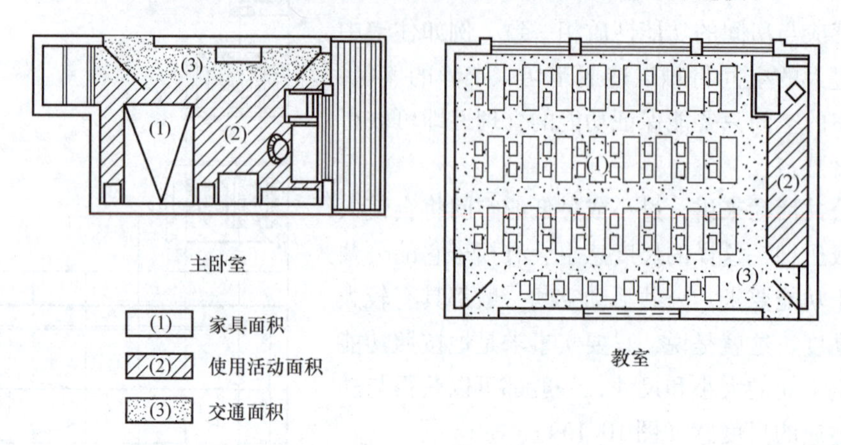

图 10-14　房间使用面积分析图

（2）房间形状　房间的使用性质对房间的形状起着决定性的作用，在空间中活动的人的分布模式、集聚形态决定了室内家具的排列和组合形式，进而决定了房间界面围合的范围和形态。

民用建筑常见的房间形状有矩形、多边形、圆形、扇形等。绝大多数的民用建筑房间形状采用矩形。另外，功能要求特别突出的房间，平面形状就要受功能要求的制约，例如，单层大空间如观众厅、杂技场、体育馆等，它的形状则首先应满足这类建筑的特殊功能及视听要求。

根据房间的使用要求，一般生活、工作、学习用房常采用矩形平面，矩形平面有利于家具设备布置，功能适应性强。当然矩形不是唯一的选择，平面形状只要处理得当，完全可以做到适用而新颖（图 10-15、图 10-16）。

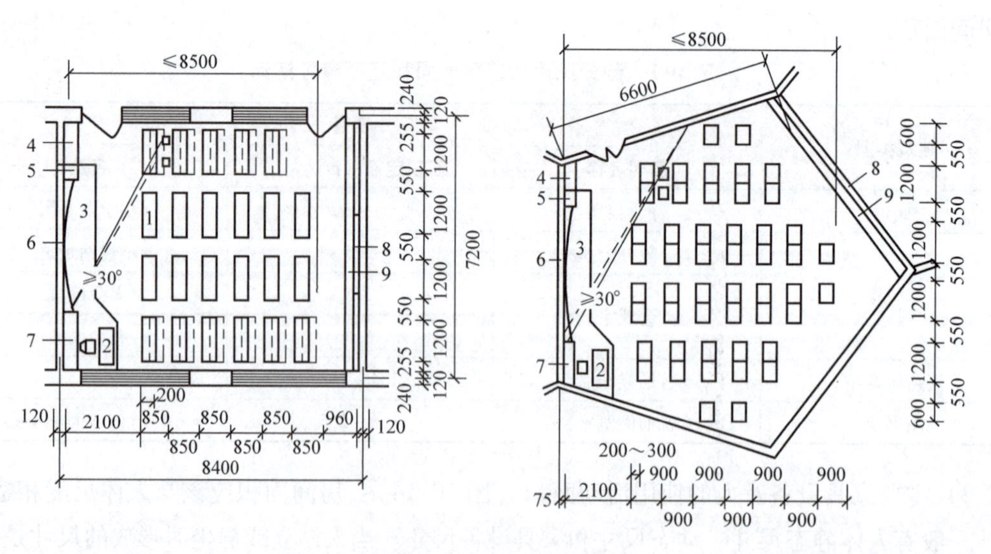

图 10-15　不同平面形状的教室

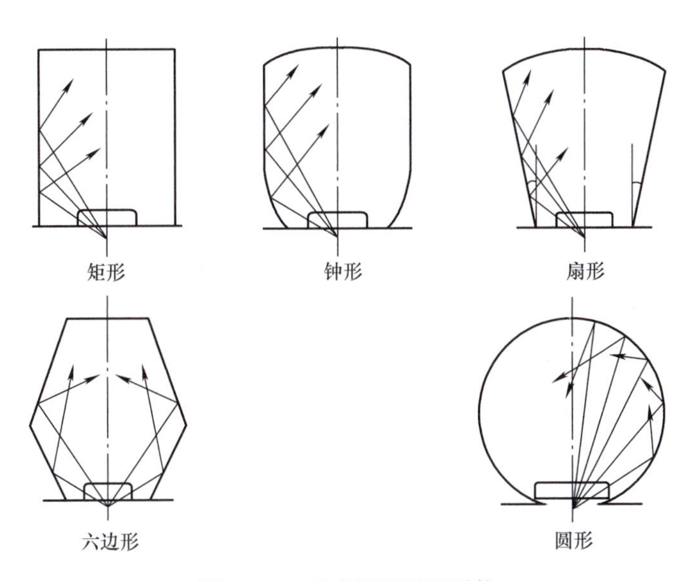

图 10-16　观众厅的平面形状

日照和基地条件、结构选型、建筑艺术处理等对平面形状有很大的影响。例如，华盛顿美国国家艺术博物馆东馆，结合特殊的地形形状，采用独特的构图形式，取得了成功；中国国家大剧院（图 10-17）在结构选型和建筑艺术处理上有其独特的应用。

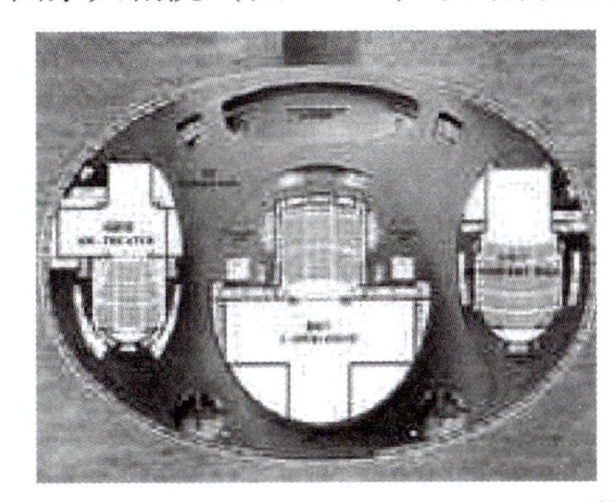

图 10-17　中国国家大剧院

（3）房间平面尺寸　房间平面尺寸是指房间的开间和进深，而房间常常是由一个或多个开间组成。在确定了房间面积和形状之后，确定合适的房间尺寸便是一个重要问题了。一般从以下几方面进行综合考虑：

1）结构选型。结构选型对房间平面尺寸有很大的制约，在确定房间平面尺寸时应合理选取。例如，选用砖混结构时，房间的开间、进深都不能太大，因而不能获得大空间；采用框架结构可以获得较大的室内空间，但是空间内部会受到柱子的影响；如果要获得没有内柱的大空间，就必须选择大跨度的空间结构体系，如图 10-18 所示。

2）满足家具设备布置及人们活动的要求。家具尺寸、布置方式及数量对房间面积、平面形状和尺寸的确定有直接影响。家具种类很多，在确定房间平面尺寸时，应以主要家具、尺寸较大的家具为依据。

例如，主要卧室要求床能两个方向布置，因此开间尺寸常取 3.6m，进深方向常取 3.90～4.50m；小卧室开间尺寸常取 2.70～3.00 m（图 10-19）。医院病房主要是满足病床

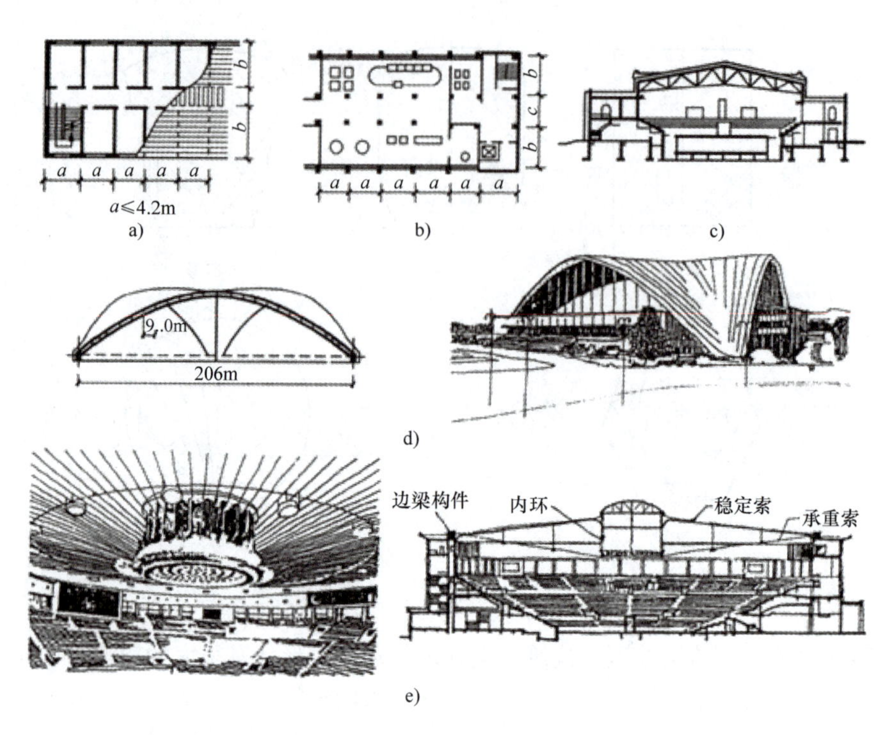

图10-18 不同建筑结构的空间尺度

a）砖混结构横墙承重方案 b）框架结构的柱网尺寸 c）桁架结构屋盖
d）拱壳结构屋盖 e）悬索结构屋盖（北京工人体育馆）

的布置及医护活动的要求，3～4人的病房开间尺寸常取3.30～3.60m，6～8人的病房开间尺寸常取5.70～6.00m（图10-20）。

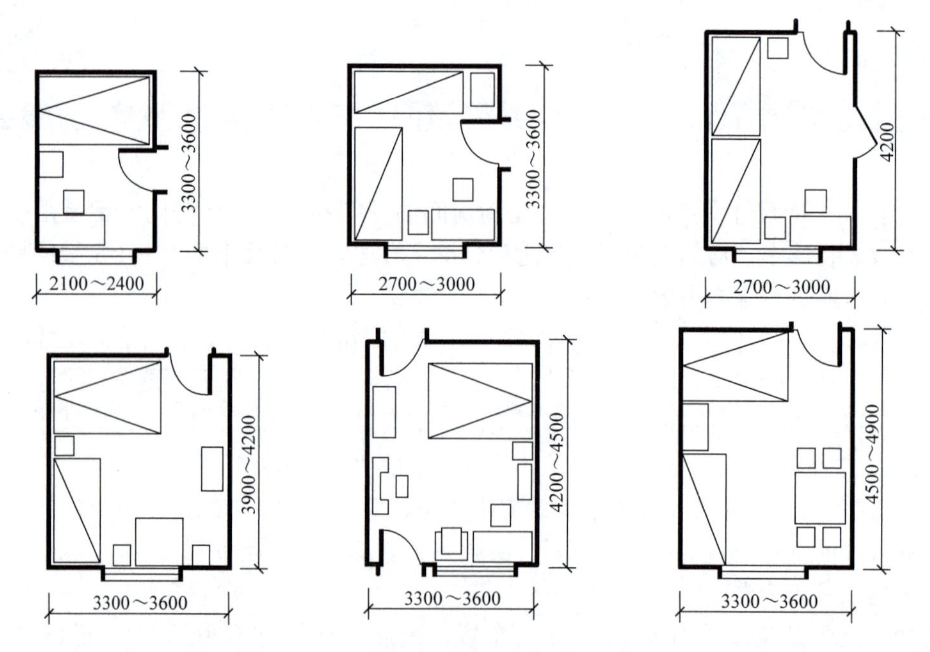

图10-19 卧室开间和进深尺寸

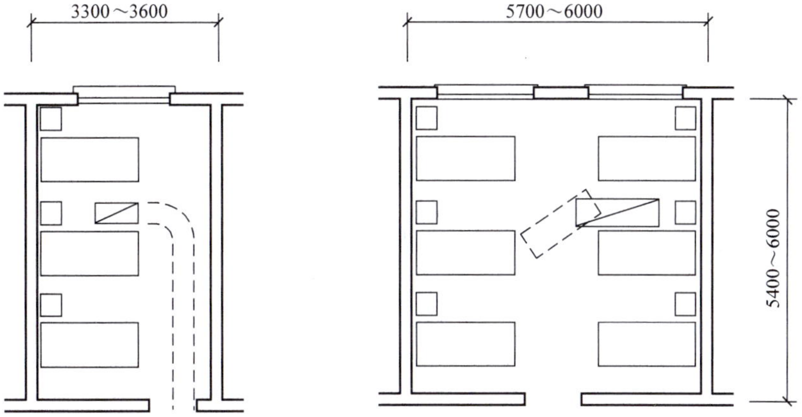

3300～3600　5700～6000　5400～6000

图 10-20　病房开间和进深尺寸

3）满足视听要求。有的房间如教室、会堂、观众厅等的平面尺寸除满足家具设备布置及人们活动要求外，还应保证有良好的视听条件。如教室的设计首先必须确定容纳人数，根据人数和教学要求安排座椅及通道，从而推算出所需的基本面积，再根据视距、视角等要求作调整。从视听的功能考虑，中学教室的平面尺寸应满足以下的要求：第一排座位距黑板的距离≥2.00m；后排距黑板的距离不宜大于8.50m；为避免学生过于斜视，水平视角应≥30°（图 10-21）。中学教室平面尺寸常取 6.00m×9.00m、6.60m×9.00m、6.90m×9.00m 等。

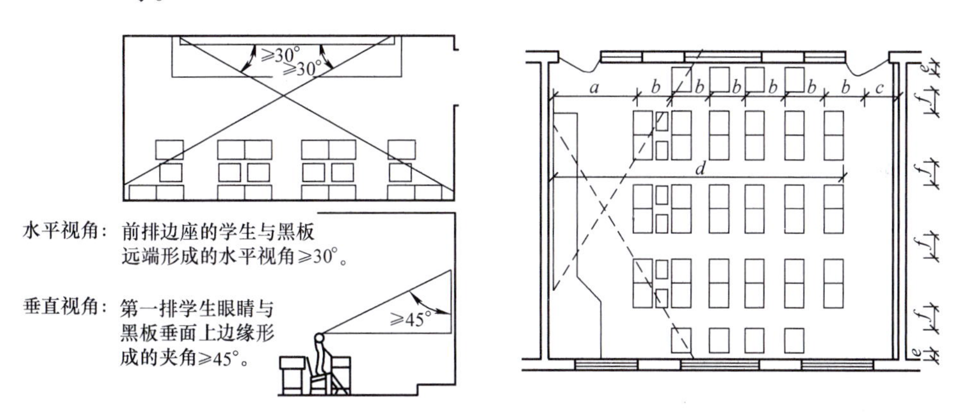

图 10-21　教室的视线要求

4）良好的天然采光。一般房间多采用单侧或双侧采光，因此，房间的深度常受到采光的限制。一般单侧采光时进深不大于窗上口至地面距离的 2 倍，双侧采光时进深可较单侧采光时增大一倍（图 10-22）。

（4）房间的门窗设置

1）门的宽度及数量。门的宽度取决于人流股数及家具设备的大小等因素（图 10-23）。一般单股人流通行宽度取 550mm＋0～150mm，一个人侧身通行需要 300mm 宽。因此，门的最小宽度一般为 700mm，常用于住宅中的厕所、浴室。住宅中卧室、厨房、阳台的门应考虑一人携带物品通行，卧室常取900mm，厨房可取800mm。普通教室、办公室等的门应考虑一人正面通行，另一人侧身通行，常采用1000mm。双扇门的宽度可为1200～1800mm，四扇门的宽度可为2400～3600mm。

影剧院、礼堂的观众厅及体育馆的比赛大厅等，门的总宽度可按每100人600mm宽（根据规范估计值）计算。影剧院、礼堂的观众厅，按≤250人/安全出口，人数超过2000人时，超过部分按≤400人/安全出口；体育馆按≤400～700人/安全出口，规模小的取下限值。

门的数量必须满足《建筑设计防火规范》的要求。根据《建筑设计防火规范》的规定，一个非走道尽端房间使用人数≤50人，面积≤60m² 时，可以只设一个门；位于走道尽端的房间（除托、幼建筑外），非高层

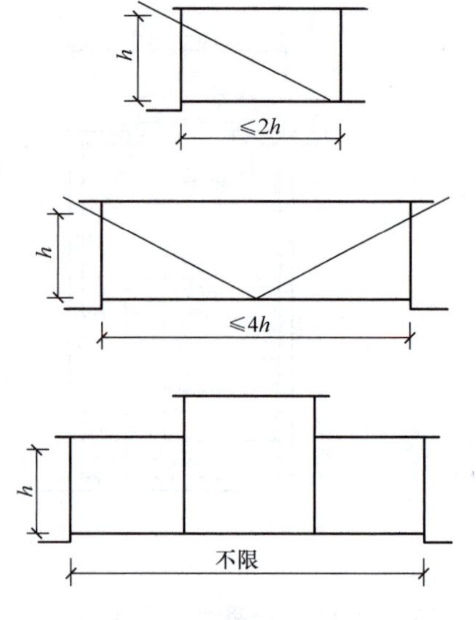

图10-22　采光方式与进深的关系

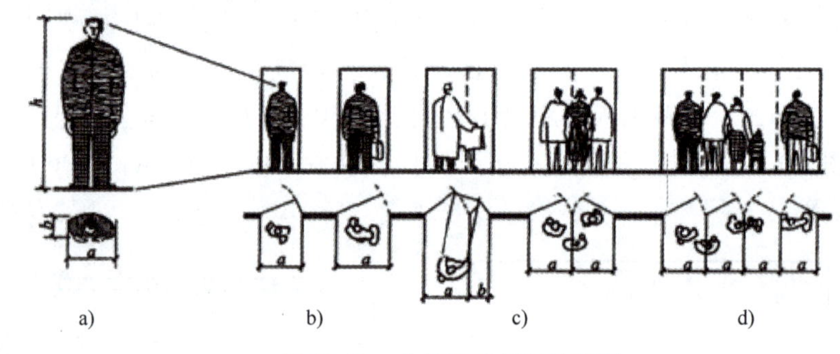

图10-23　人的活动与门的宽度

a）供人出入的门，其宽度与高度应视人的尺度来确定

b）供单人或单股人流通过的门，其高度应不低于2.1m，宽应在0.7～1.0m之间

c）除人外还要考虑到家具、设备的出入，如病房的门应方便病床出入，一般宽1.1m

d）公共活动空间的门应根据具体情况按多股人流来确定门的宽度，可开双扇、四扇或四扇以上的门

建筑，房间内任一点到门的直线距离≤14m，且人数不超过80人，可以设一个最小宽度≥1.4m的门（图10-24）。

2）窗的面积。窗口面积大小主要根据房间的使用要求、房间面积及当地日照情况等因素来考虑。根据不同房间的使用要求，建筑采光标准分为五级（表10-2），每级规定相应的窗地面积比，即房间窗口总面积与地面积的比值。

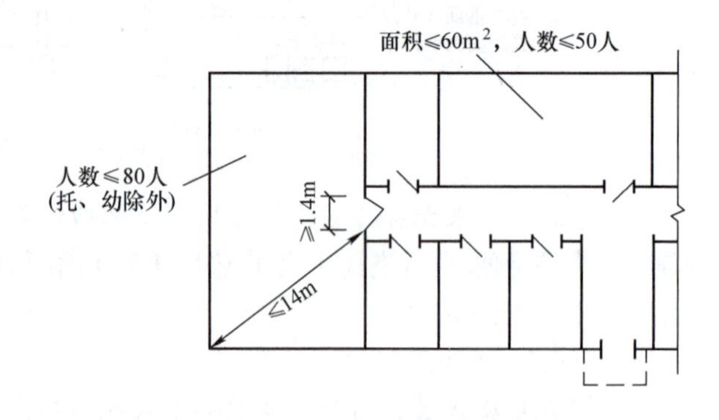

图10-24　房间可以设一个门的条件

表 10-2　民用建筑采光等级表

采光等级	视觉工作特征		房间名称	窗地面积比
	工作或活动要求精确程度	要求识别的最小尺寸/mm		
Ⅰ	极精密	0.2	绘图室、制图室、画廊、手术室	1/5～1/3
Ⅱ	精密	0.2～1	阅览室、医务室、健身房、专业实验室	1/6～1/4
Ⅲ	中精密	1～10	办公室、会议室、营业厅	1/8～1/6
Ⅳ	粗糙	>10	观众厅、居室、盥洗室、厕所	1/10～1/8
Ⅴ	极粗糙	不作规定	贮藏室、走廊、楼梯间	

3）门窗位置

① 门窗位置应尽量使墙面完整，便于家具设备布置和充分利用室内有效面积（图 10-25）。

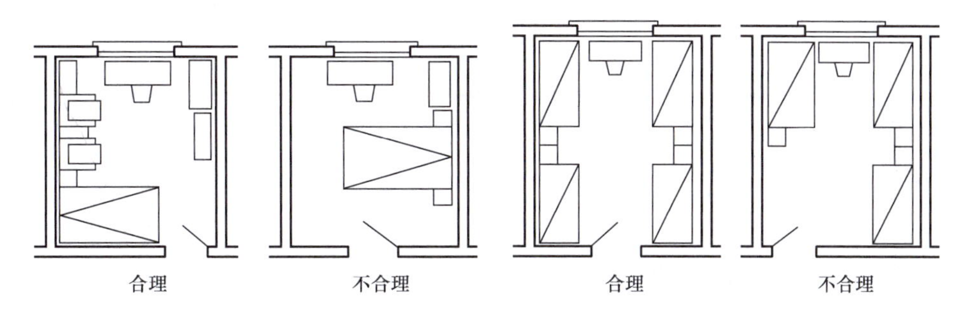

图 10-25　卧室、集体宿舍门位置的比较

② 门窗位置应有利于采光、通风，应尽量加大房间内的通风范围，形成穿堂风，避免产生涡流，如图 10-26 所示。

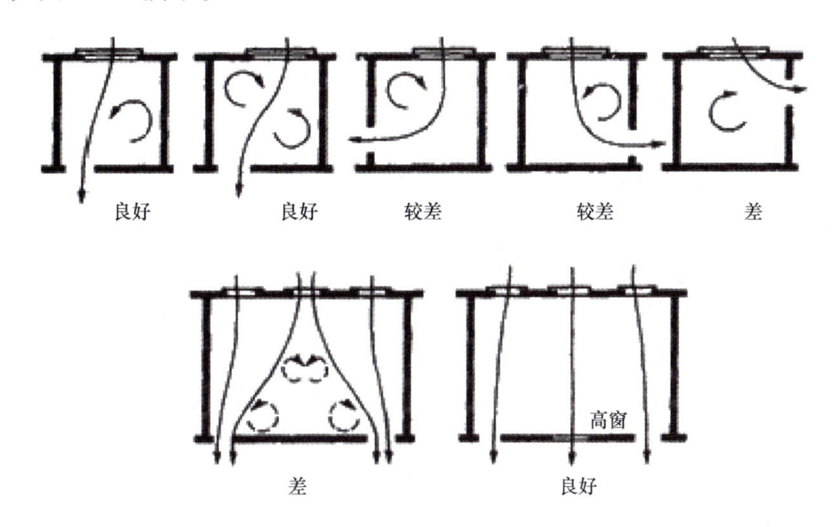

图 10-26　门窗位置与室内通风

③ 门的开启位置及方式应方便交通，利于疏散，同时应该考虑方便使用，如图 10-27 所示。

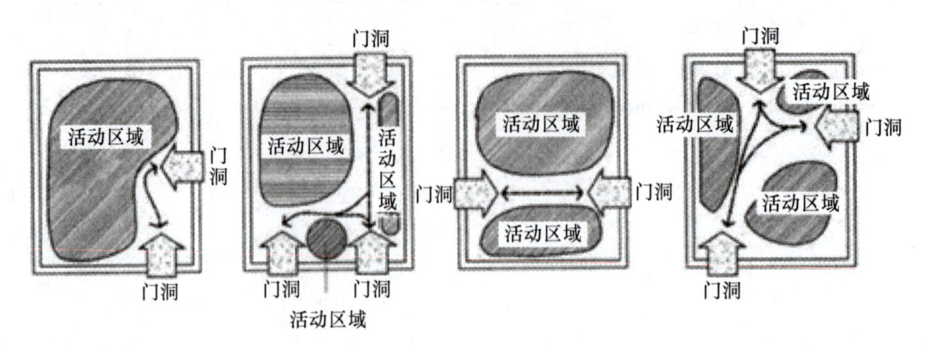

图 10-27　门的开启方式与交通组织

4）门的开启方向（图 10-28）。门的开启方向宜不影响交通，便于安全疏散，防止紧靠在一起的门扇相互碰撞。

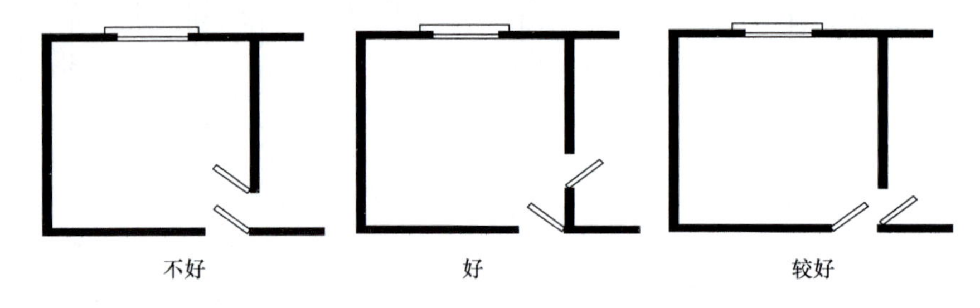

图 10-28　紧靠在一起的门的开启方向

2. 辅助使用空间

辅助使用空间是指厕所、浴室、盥洗间、通风机房、水泵房、配电间、贮藏间等，其中，厕所、浴室、盥洗间更为多见。

在建筑设计中，通常先根据各种建筑物的使用特点和使用人数的多少确定所需设备的个数，再根据计算所得的设备数量考虑在整幢建筑物中辅助房间的房间数情况，最后在建筑平面组合中，根据整幢房屋的使用要求适当调整并确定这些辅助房间的位置、面积、平面形式和尺寸。厕所、浴室、盥洗间等辅助房间的基本布置方式和所需尺寸必须考虑设备大小和人体使用所需尺度。其中公共建筑中的厕所应设置前室，这样使用较隐蔽，也有利于改善通向厕所的走廊或过厅处的卫生条件。有盥洗间的公共服务厕所，为了节省交通面积并使管道集中，通常采用套间布置，以节省前室所需的面积。

本书重点讲解厕所、卫生间的平面设计。建筑中不可少的辅助房间首先是厕所、卫生间。根据使用者的情况，可以将其分为公共服务性厕所、卫生间和非公共服务性厕所、卫生间（归属于某个或某些特定使用者的住宅中的厕所、卫生间以及旅馆中归属于单个客房的卫生间）两类。

（1）厕所和卫生间的平面设计要求　在设计厕所和卫生间时必须注意以下几点：

1）尽量避免无直接采光和通风的暗厕所、卫生间。在建筑设计中应当尽可能地提供比较好的空间环境，以避免公共厕所、卫生间因没有直接采光和通风措施而导致昏暗、闭塞，进而加剧其环境的恶化。

2）提供厕所、卫生间与外界联系的过渡空间。加设厕所、卫生间前室，在现代建筑中显得很重要。一方面使用起来非常方便，另一方面在增强隐蔽性的同时还提供了一个独立的、完整的空间，便于设置洗手盆等。

3）在厕所、卫生间中设置通风装置。排除厕所、卫生间内污浊空气的最重要、最有效的途径是设置通达屋面上的通风道，使厕所、卫生间内的空气保持清新状态；同时不使污浊空气直接侵扰其他相邻的房间。设计时常常将男女厕所相邻布置；上下楼层的厕所、卫生间应相对。

（2）厕所和卫生间的数量与面积定额　厕所卫生器具数量与使用面积定额应根据不同使用性质的建筑而不同。表10-3为中小学校厕所卫生器具数量与使用面积定额。

表10-3　中小学校厕所卫生器具数量与使用面积定额

厕所卫生器具计算数据			
项目	**男厕**	**女厕**	**附注**
每个大便器使用人数	40人（50人）	20人（25人）	或1m（1.1m）大便槽
每米长小便槽使用人数	40人（50人）		
洗手盆	每90人设一个或0.6m长洗手槽		
面积指标	每个大便器4m²	每个大便器4m²	

注：括号内数字为中学数据。

3. 交通联系空间

交通联系空间不仅是建筑总体空间的一个重要组成部分，而且是将主要使用空间、辅助使用空间组合起来的重要手段。交通联系空间由水平交通空间、垂直交通空间和交通枢纽空间组成。

（1）水平交通空间　水平交通空间指走道（走廊）、连廊等，是专供水平交通联系的狭长空间，如图10-29所示。

走道的宽度由建筑物耐火等级、层数和通行人数决定。走道宽度的确定应符合人流、货流通畅以及紧急疏散的要求。通常单股人流通行宽度为550～600mm。在通行人数较少的情况下，考虑到两人相向通过和搬运家具等物品的需要，走道的最小净宽不宜小于1100mm。在确定走道宽度时，还应当根据该走道的使用情况适当做些调整。根据不同建筑类型的使用特点，走道除了交通联系外，也可以兼有其他的使用功能。例如，有的建筑物走道兼有展览、陈列的功能（如学校、办公楼等），这时其宽度除了要满足正常通行和紧急疏散的要求外，还应当适量加宽以满足展览和陈列的需要；再如医院的走道除应满足正常情况下健康人通行以及紧急疏散外，还要满足须人扶持的病人以及病人使用手推车通行的需要；另外，学校教学楼中的过道，兼有学生课间休息活动的功能；医院门诊部分的过道，兼有病人候诊的功能等。

其他类型的建筑（如展览馆、画廊、浴室等），根据房屋中人流的活动和使用特点，也可以把过道等水平交通联系面积和房间的使用面积完全结合起来，组成套间式的平面布置。

在设计通行人数较多的公共建筑时，应按各类建筑的使用特点、建筑平面组合的要求、

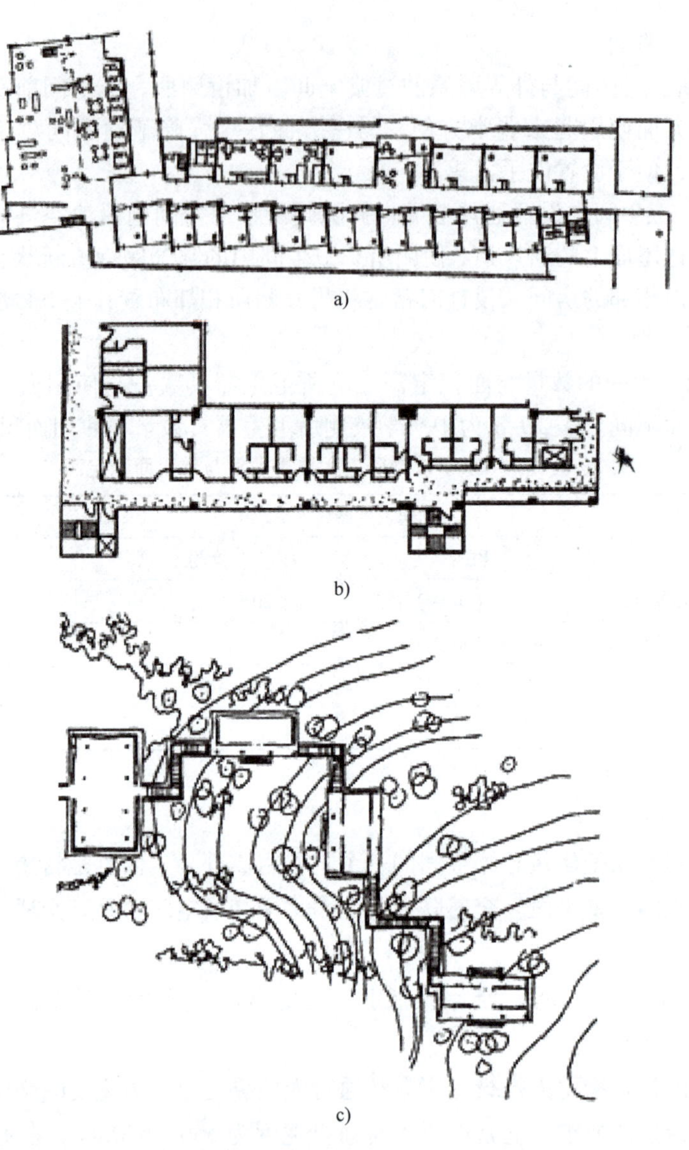

图 10-29　水平交通空间形式

a）内走廊　b）外走廊　c）路廊

通过人流的多少及根据调查分析或参考设计资料来确定过道宽度。设计过道的宽度，应根据建筑物的耐火等级、层数和过道中通行人数的多少进行符合防火要求最小宽度的校核。过道从房间门到楼梯间或外门的最大距离以及袋形过道的长度，从安全疏散的角度考虑也有一定的限制。

走道的长度除了涉及建筑的经济性之外，还涉及安全疏散距离问题。表 10-4 为依据现行《建筑设计防火规范》而列出的关于限制走道长度的规定。

走道的平面设计还应满足一定的采光要求。走道部分窗地比应大于 1/14；内廊式走道长度不超过 20m 时应有一端设采光口，超过 20m 时应两端设有采光口，超过 40m 时应增加中间采光口。一般来说，走道的通风能力应大于相邻的使用房间的通风能力。

表 10-4　低、多层建筑安全疏散距离

名　称	直接通向公共走道的房门至最近的外部出口或封闭楼梯间的最大距离/m					
	位于两个外出口或楼梯间之间的房间			位于袋形走道两侧或尽端的房间		
	耐火等级			耐火等级		
	一、二级	三级	四级	一、二级	三级	四级
托儿所、幼儿园	25	20		20	15	
医院、疗养院	35	30		20	15	
学校	35	30		22	20	
其他民用建筑	40	35	25	22	20	15

（2）垂直交通空间　垂直交通空间指楼梯（图 10-30）、电梯（图 10-31）、自动扶梯（图 10-32）和坡道等，是沟通不同标高上各使用空间的空间形式。

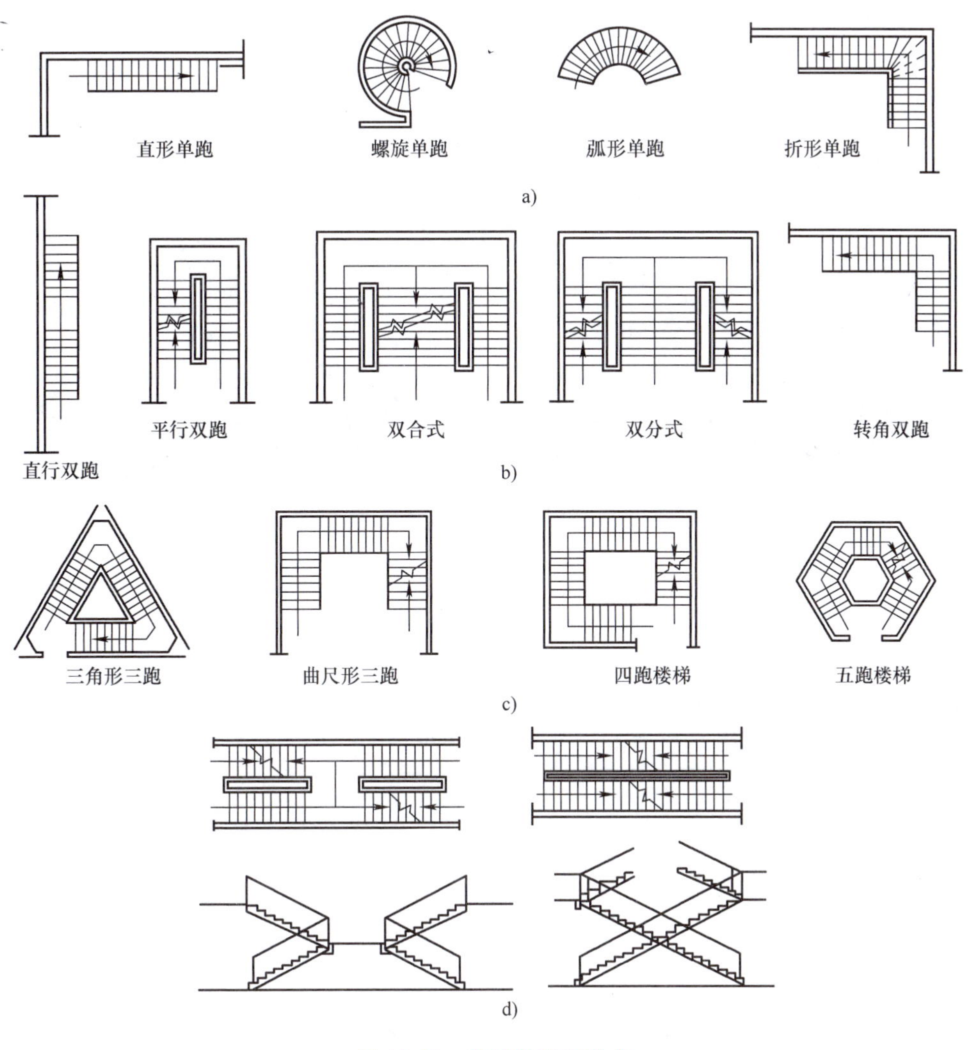

图 10-30　楼梯的平面形式

a）单跑楼梯的形式　b）双跑楼梯的形式　c）三跑及多跑楼梯的形式　d）剪刀楼梯和交叉楼梯

(3) 交通枢纽空间　交通枢纽空间主要指门厅、过厅、中庭、出入口等，是人流集散、方向转换、空间过渡与衔接的场所，因而在建筑空间组合中占有重要地位（图10-33～图10-35）。

4. 平面组合设计

一幢建筑是由许多空间组合而成的。这些空间相互联系，相互影响，关系密切。因此，建筑设计不仅要对组成建筑的基本单元——每个空间进行精心设计，而且必须根据各个空间相互之间的关系，将所有空间都安排在适当的位置，有机地组合在一起，才能形成一幢完整的建筑。由此，应将各使用空间和交通联系空间加以适当组织与安排，形成完整的建筑，并综合地、完善地满足建筑功能、环境、技术、经济、美观等方面的要求；必要时，还应对单个空间的设计作出修改与调整。

下列为空间组合的常见方法。

(1) 走廊式　各使用空间用墙隔开，独立设置，并以走廊相连，组成一幢完整的建筑，这种组合方式称为走廊式。

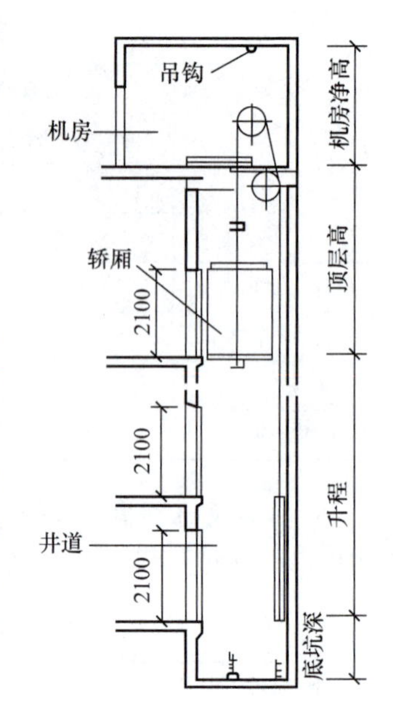

图10-31　电梯的组成

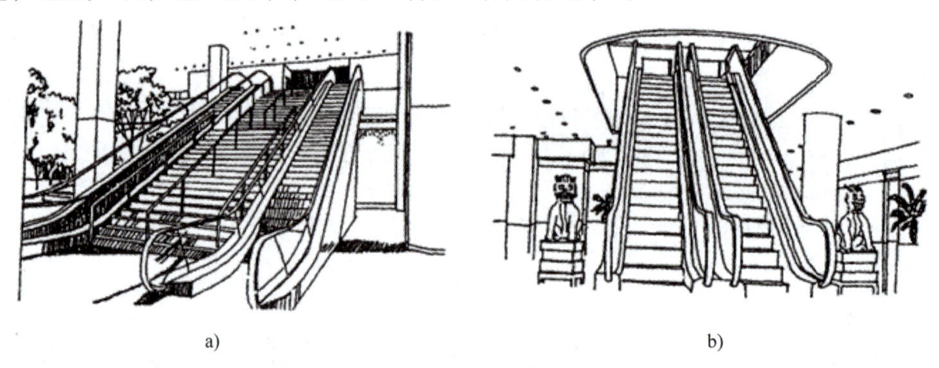

a)　　b)

图10-32　自动扶梯

a）自动扶梯和楼梯布置在一起　b）北京新大都饭店自动扶梯

走廊式是一种被广泛采用的空间组合方式。它特别适合于学校、办公楼、医院、疗养院、集体宿舍等建筑。这些建筑房间数量多，每个房间面积不大，相互间需适当隔离，又要保持必要的联系。

(2) 穿套式　在建筑中需先穿过一个使用空间才能进入另一个使用空间的现象称为穿套。穿套式空间组合是把各个使用空间按功能需要直接连通，串在一起而形成建筑整体。这种组合没有明显的走道，节约了交通面积，提高了面积的使用效率；但另一方面，容易产生各使用空间的相互干扰。它主要适应于各使用空间使用顺序较固定，隔离要求不高的建筑，如展览馆、商场等。

(3) 单元式　将关系密切的若干使用空间先组合成独立的单元，然后再将这些单元组合成一幢建筑，这种方法称为单元式空间组合。这种组合，使各单元内部的各使用空间联系紧密，并减少了外界的干扰。这种组合常采用在城市住宅和幼儿园设计中。

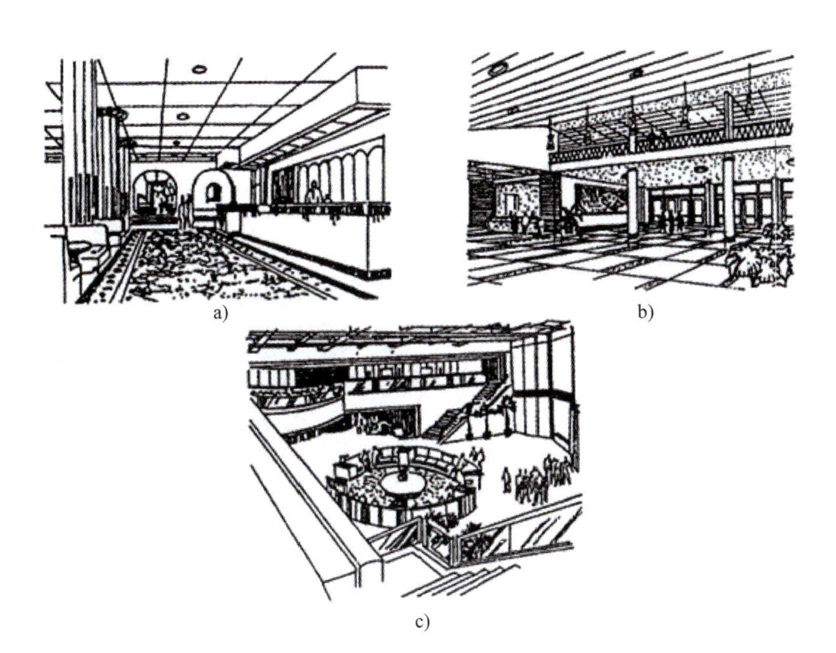

图 10-33　门厅实例

a）单层空间　b）夹层空间　c）回廊空间和共享空间

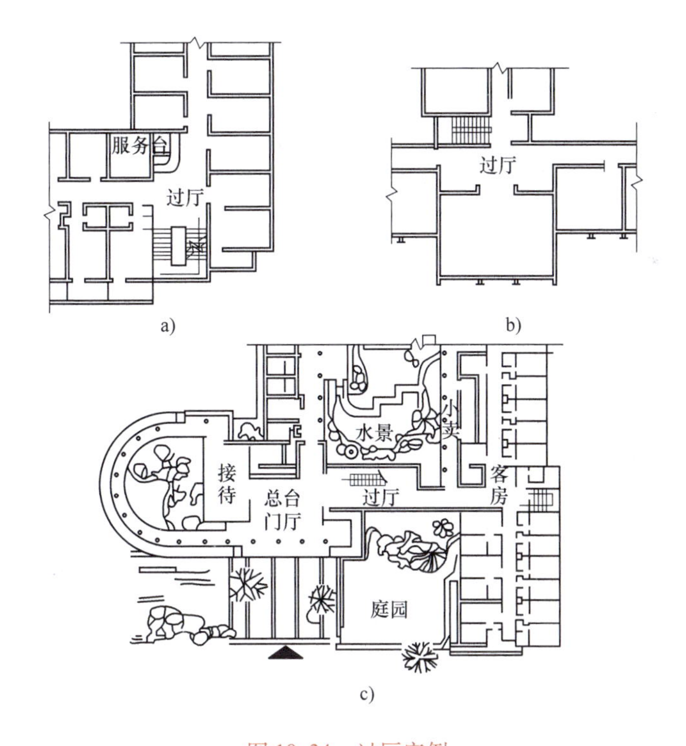

图 10-34　过厅实例

a）位于房屋转角和走道转向处的过厅　b）位于大空间与走道联系处的过厅　c）位于两个使用空间之间的过厅

（4）大厅式　以某一大空间为中心，其他使用空间围绕它进行布置，这种方式称为大厅式空间组合。采用这种组合，有明显的主体空间。这种空间组合常用于影剧院、会堂、交

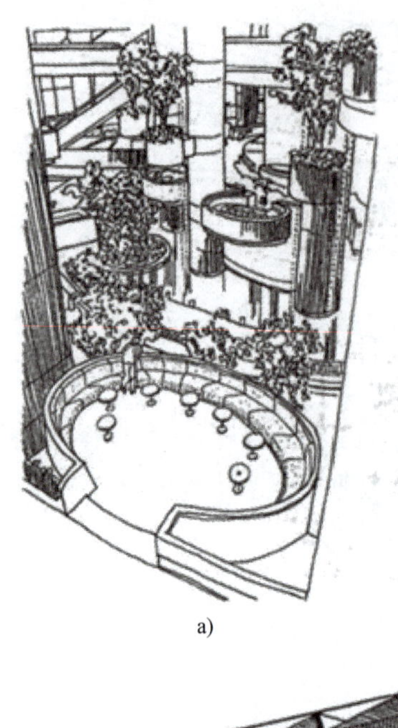

a)

b)

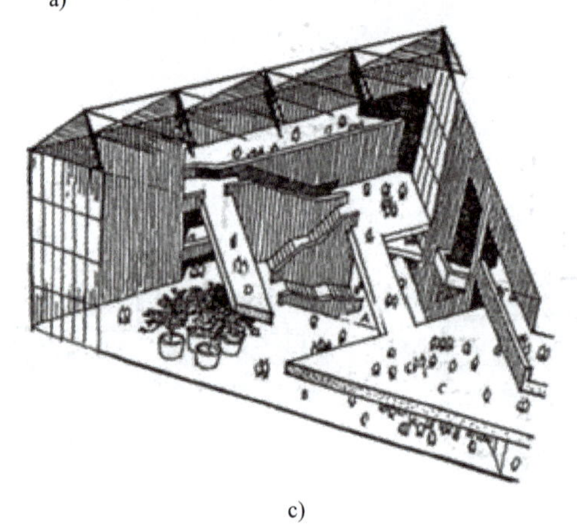

c)

图 10-35　中庭实例

a）亚特兰大桃树中心广场　b）日本某旅馆中庭　c）美国国家美术馆东馆中央大厅

通建筑以及某些文化娱乐建筑中。

（5）庭院式　以庭院为中心，围绕庭院布置使用空间，这种方式称为庭院式组合。庭院三面布置使用空间，称为三合院，第四面常为围墙或连廊。庭院四面布置使用空间，称为四合院。大的建筑也可能设置两个或多个庭院。庭院可大可小，面积小的也可称天井。庭院可作绿化用地、活动用地，也可作交通场地。如果庭院上方加上透明顶盖，则成为变相的大厅。这种组合，空间变化多，富于情趣，有利于改善采光、通风、防寒、隔热条件，但往往占地面积较大。这种组合常见于低层住宅、风景园林建筑、纪念馆、文化馆以及中低层的旅馆。

（6）综合式　在很多建筑中，同时采用两种或两种以上空间组合方式，则称为综合式空间组合。不同组合方式之间，常以连廊、门厅、过厅、楼梯等作为过渡。

10.3.4　建筑体型与立面设计

建筑美是指建筑物的外在体型要漂亮，包括建筑物造型的别致，线条的流畅，色彩的和谐，环境的适宜等因素。建筑体型及立面设计，是在内部空间及功能合理的基础上，在技术经济条件的制约下并考虑到其所处地理环境以及规划等方面的因素，对外部形象从总的体型到各个立面及细部，按照一定的美学规律，以求得完美的建筑形象的设计过程。

绘画是通过颜色和线条来表现形象；音乐形象是通过音阶和旋律形成；建筑则是通过：建筑的形状、大小变化，线条和形体的不同组合，材料的不同色泽和质感，建筑形成的光影、明暗、虚实变化等巧妙运用来构成建筑形象。要创造完美的建筑形象，就必须遵循建筑的一些构图规律，即统一、均衡、稳定、对比、韵律、比例、尺度等。创造性地运用这些构图规律，是建筑体型和立面设计的重要内容。

1. 建筑体型设计

建筑体型设计主要是对建筑物的轮廓形状、体量大小、组合方式及比例尺度等的确定。

（1）完整均衡、比例恰当　建筑体型的设计，首先要求完整均衡，这对较为简单的几何形体和对称的体型，通常比较容易达到。对于较为复杂的不对称体型，为了达到完整均衡的要求，需要注意各组成部分体量的大小比例关系，使各部分的组合协调一致、有机联系，在不对称中取得均衡。

图 10-36 是不对称体型的教学楼示意，由普通教室、楼梯间和音乐教室等几部分所组合。图 10-36a 所示各组成部分的体量大小比例较恰当；图 10-36b、c 中楼梯间部分的体量，在组合中就过小、过大，产生比例不当的感觉。当然这些考虑都需要和内部功能要求取得一致。

图 10-37 所示是不对称体型组合的宾馆，由于右边有突起的宴会厅，主楼入口立面上又有偏右设置的门厅和窗户，使房屋的体型和立面取得协调和均衡。

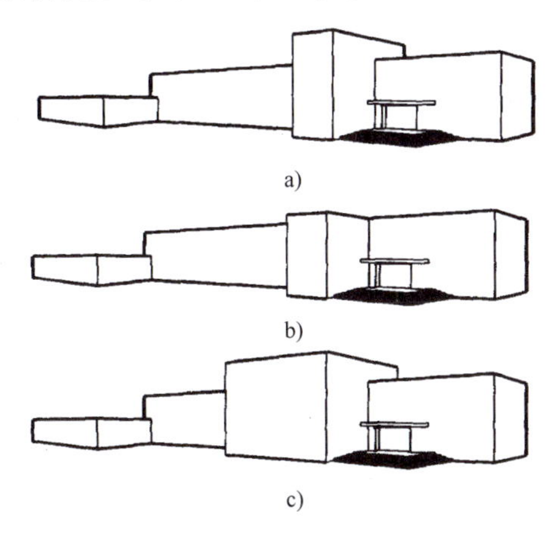

图 10-36　教学楼的不对称体型

a）体量大小比例恰当　b）体量大小比例不当
c）体量大小比例不当

图 10-37　不对称体型的宾馆

（2）主次分明、交接明确　建筑体型设计，还需要处理好各组成部分的连接关系，尽可能做到主次分明、交接明确。建筑物有几个形体组合时，应突出主要形体，通常可以由各部分体量之间的大小、高低、宽窄、形状的对比，平面位置的前后，以及突出入口等手法来强调主体部分。

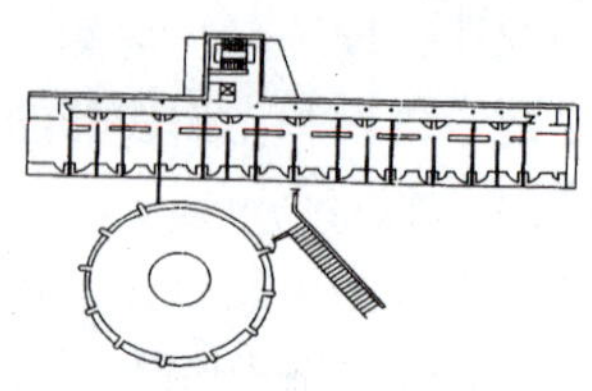

图 10-38　旅馆建筑

形体之间的连接方式和房屋的结构构造布置、地区的气候条件、地震烈度以及基地环境的关系密切。例如寒冷地区或受基地面积限制，考虑到室内采暖和建筑占地面积等因素，希望形体间的连接紧凑一些。地震区要求房屋尽可能采用简单、整体封闭的几何形体，如使用上必须连接时，应采取相应的抗震措施，避免采取咬接等连接方式。

交接明确不仅是建筑造型的要求，同样也是房屋结构构造上的要求。图 10-38 是一旅馆建筑客房和餐厅部分体型组合的主次和体量、形状对比，使建筑物整体的造型既简洁又活泼，给人们以明快的感觉。

（3）体型简洁、环境协调　简洁的建筑体型易于取得完整统一的造型效果，同时在结构布置和构造施工方面也比较经济合理。随着工业化构件生产和施工的日益发展，建筑体型也趋向于采用完整简洁的几何形体，或由这些形体的单元所组合，使建筑物的造型简洁而富有表现力。

2. 建筑立面设计

建筑立面设计和建筑体型组合一样，在符合建筑功能和结构要求的基础上，运用建筑造型和立面构图的一些规律，紧密结合建筑平面、剖面的内部空间，对建筑空间的造型作进一步的深化，并注意保持建筑空间的整体性，注重建筑空间的透视效果，使之形成一个有机统一的整体。

建筑立面设计通常偏重于对建筑物的各个立面以及其外表面上所有的构件的形式、比例关系和表面的装饰效果等进行仔细的推敲，如门窗、阳台、墙、柱、雨篷、屋顶、台基、勒脚、檐口、花饰、外廊等。在进行立面设计时，通常是在初步确定建筑平、剖面的前提下，先绘制出建筑物各个立面的基本轮廓，作为下一步调整的基础，例如房间的大小和层高、构件的构成关系和断面尺寸、适合开门窗的位置等。然后在进一步推敲各个立面的总体尺度比例的同时，综合考虑立面之间的相互协调，特别是相邻立面之间的连续关系，并且对立面上的各个细部，特别是门窗的大小、比例、位置，以及各种突出物的形状等进行必要的调整。最后还应该对特殊部位，例如出入口等作重点的处理，并且确定立面的色彩和装饰用料。

立面设计不只是美观问题，它和平面、剖面的设计一样，同样也有使用要求、结构构造等功能和技术方面的问题，而建筑造型是有其内在规律的，要创造出美的建筑，就必须遵循建筑美的法则。

（1）立面的比例尺度　立面的比例尺度是立面设计所要解决的首要问题。首先立面的高宽比例要合适；其次立面上的各组成部分及相互之间的尺寸比例也要合适，并且存在呼应和协调的关系；再有所取的尺寸还应符合建筑物的使用功能和结构的内在逻辑。

图 10-39 是建筑窗的关系处理，图中建筑开间相同，窗面积和开启方式不同，采用不同处理手法，取得不同的比例效果。

图 10-40a 所示房屋立面各组成部分和门窗等比例不当，图 10-40b 是经过修改和调整，

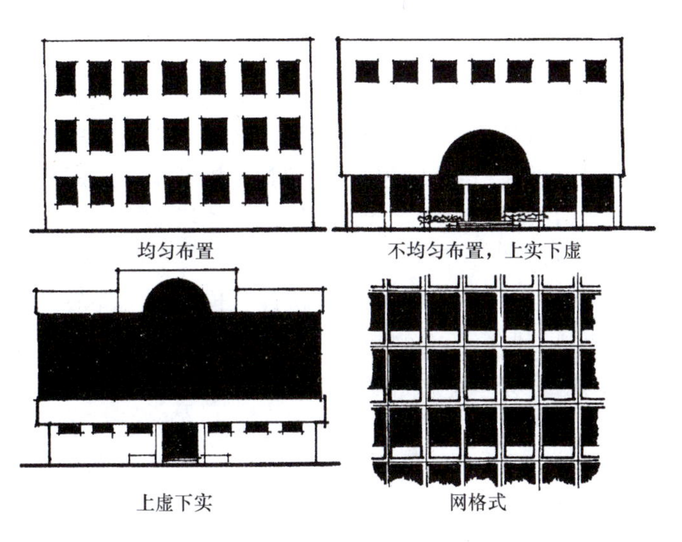

图 10-39　建筑窗的关系处理

各部分的尺寸大小的相互比例关系较为协调。

（2）立面的虚实、凹凸对比

建筑中“虚”的部分是指窗、空廊、凹廊、镂空花饰等，给人以轻巧、通透的感觉；“实”的部分主要是指墙、柱、屋面、栏板等，给人以厚重、封闭的感觉。

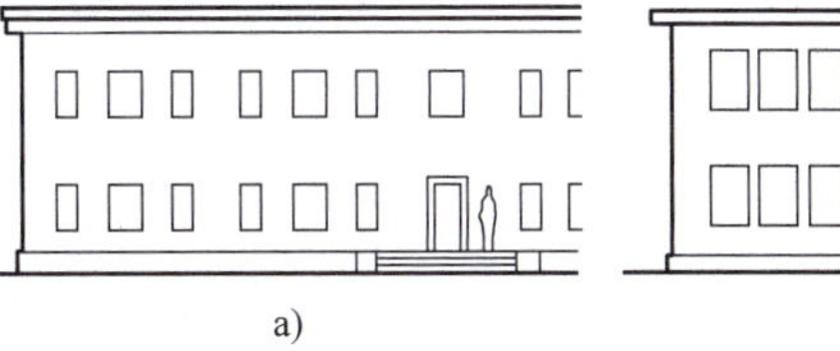

图 10-40　房屋立面和门窗比例

a）各部分比例不当　b）调整后比例较协调

立面的虚实处理方法常见的有：虚多实少、实多虚少以及虚实均匀。

虚多实少，是以虚为主的处理手法，常用于造型要求轻快、开朗的建筑（图 10-41）。

实多虚少，是以实为主的处理方法，使人感到厚重、坚实、雄伟、壮观（图 10-42）。

图 10-41　武汉澳门山庄别墅区大门

图 10-42　“九・一八”历史博物馆

虚实均匀，以虚实均匀布置，也是一种常用的手段。

立面凹凸关系的处理，可以丰富立面效果，加强光影变化，组织韵律，突出重点。

（3）立面线条处理　对于建筑物而言，所谓线条一般泛指某些实体，如柱、窗台、雨篷、檐口、通长的栏板、遮阳等。这些线条的粗细、长短、横竖、曲直、凹凸、疏密等，对建筑性格的表达，韵律的组织，比例尺度的权衡都具有格外重要的意义。同时任何线条本身都具有一种特殊的表现力和多种造型的功能，不同的线条组织可产生不同的观感效果。

1）从方向变化划分。从方向变化看，墙面中构件有水平的也有垂直的，对表现建筑立面的节奏感和方向感非常重要。水平线使人感到舒展、连续、宁静与亲切，如广州东方宾馆新楼，就是采用水平方向的带形窗形成的横向划分；垂直线具有挺拔、高耸、向上的气氛；斜线具有动态的感觉；网格线有丰富的图案效果，给人以生动、活泼而有秩序的感觉。

2）从粗细、曲折变化划分。墙面线条的粗细处理对建筑性格的影响也很重要。粗线条表示厚重、有力，常使建筑显得庄重，如图10-43毛主席纪念堂，宽厚的双重琉璃屋檐，上、下檐厚分别达2.9m和2.2m，大大超出一般檐厚。细线条具有精致、柔和的效果，如我国江南园林建筑。粗细结合手法，会使建筑立面富有变化，生动活泼。

图10-43　毛主席纪念堂

直线表现刚强、坚定；曲线则会使人感到优雅、轻盈。

（4）立面色彩、质感处理　一幢建筑物的体型和立面，最终是以它们的形状、材料和色彩等多方面因素的综合，给人们留下一个完整深刻的外观印象。在立面轮廓的比例关系、门窗排列、构件组合以及墙面划分的基础上，材料质感和色彩的选择、配置，是使建筑立面进一步取得丰富和生动效果的又一重要方面。

1）立面色彩处理。建筑外形色彩设计主要包括两个内容：一是大面积墙面的基调色的选用，以白色或浅色为主的基调色，常使人感到明快、素雅、清新；以深色为主的基调色，则显得端庄、稳重；红、褐等暖色趋于热烈；蓝、绿等冷色则使人感到宁静等。二是墙面上不同色彩的构图，色彩的构图应有利于协调总的基调和气氛，不同的组合和配置，会产生多种不同的效果。色彩的配置主要是强调对比和调和，对比可使人感到兴奋，过分强调对比又会使人感到刺激；调和则使人感到淡雅，但过于淡雅又使人感到单调乏味。

立面色彩处理中应注意以下几个问题：

① 色彩处理应和谐统一并富有变化，可采取大面积基调色为主，局部采用其他色彩形成对比而突出重点。

② 色彩选择必须与建筑物的性质相一致，如医院建筑常采用白色或浅色基调，给人以清洁安定感；娱乐性公共建筑可采用暖色调，并适当运用对比色以增强建筑物华丽、活泼而热烈的气氛；一般民居常采用灰白色的基调以体现朴素、淡雅的效果。

③ 色彩运用必须注意与环境相协调，如位于天安门广场周围的人民大会堂、毛主席纪

念堂、中国革命历史博物馆等建筑，在用色上均与天安门城楼和故宫内的建筑色彩相一致，从而使建筑群体取得和谐统一的效果。

④ 基调色的选择应结合各地区的气候特征，炎热地区多偏于采用冷色调，寒冷地区宜采用暖色调。

2）立面质感处理。建筑立面设计中，材料的运用、质感的处理也是不容忽视的。粗糙的砖、毛石和混凝土表面显得厚重坚实；平整而光滑的面砖、金属和玻璃表面则令人有轻巧细腻之感。设计时应充分利用材料的质感属性，巧妙处理，有机组合，以加强和丰富建筑的艺术感染力。图 10-4 是近代建筑巨匠美国著名建筑师赖特 1936 年为富豪考夫曼设计的考夫曼别墅（又称流水别墅），利用天然石料所具有的粗糙质感与光滑的玻璃窗和细腻的抹灰表面形成对比，从而加强了建筑的感染力，并以穿插错落的体型组合以及与自然环境的有机结合而成为建筑质感处理的典范。

（5）立面的重点与细部处理　突出建筑物立面中的重点，既是建筑造型的设计手法，也是建筑使用功能的需要。

1）建筑物的主要出入口、楼梯间的处理。建筑物的主要出入口、楼梯间等部分，是建筑的交通要道，在使用上需要重点处理，以引人注目。重点的处理一般是通过对比手法取得，比如出入口的处理，可利用雨篷、门廊的凹凸以加强对比、增加光影和明暗变化，起到突出醒目的作用。另外，入口上部窗户的组织和变化，或采用加大尺寸、改变形状、重点装饰等，都可以起到突出重点的作用（图 10-44）。

图 10-44　武汉市公安局东湖新技术开发区分局新办公楼

2）建筑立面上的细部处理。建筑立面上一些构件的构造搭接，以及勒脚、窗台、阳台、雨篷、台阶、花池、檐口和花饰等细部是建筑整体中不可分割的部分（图 10-45、图 10-46）。在造型上应仔细推敲，精心设计，最终使建筑的整体和局部达到完整统一的效果。

3）相邻立面的处理。应处理好各立面与相邻立面的关系（图 10-47），处理好立面的虚实、凹凸、明暗、线条、色彩、质感以及比例尺度等关系。

建筑体型和立面设计，绝不是建筑设计完成后进行的最后加工，它应贯穿于整个建筑设计的始终。体型、立面、空间组织和群体规划以及环境绿化等方面应该是有机联系的整体，需要综合考虑和精心设计。在进行方案构思时，就应在功能要求的基础上，在物质技术条件的约束下，按照建筑构图的美观要求，考虑体型和立面的粗略块体组合方案，在此基础上作

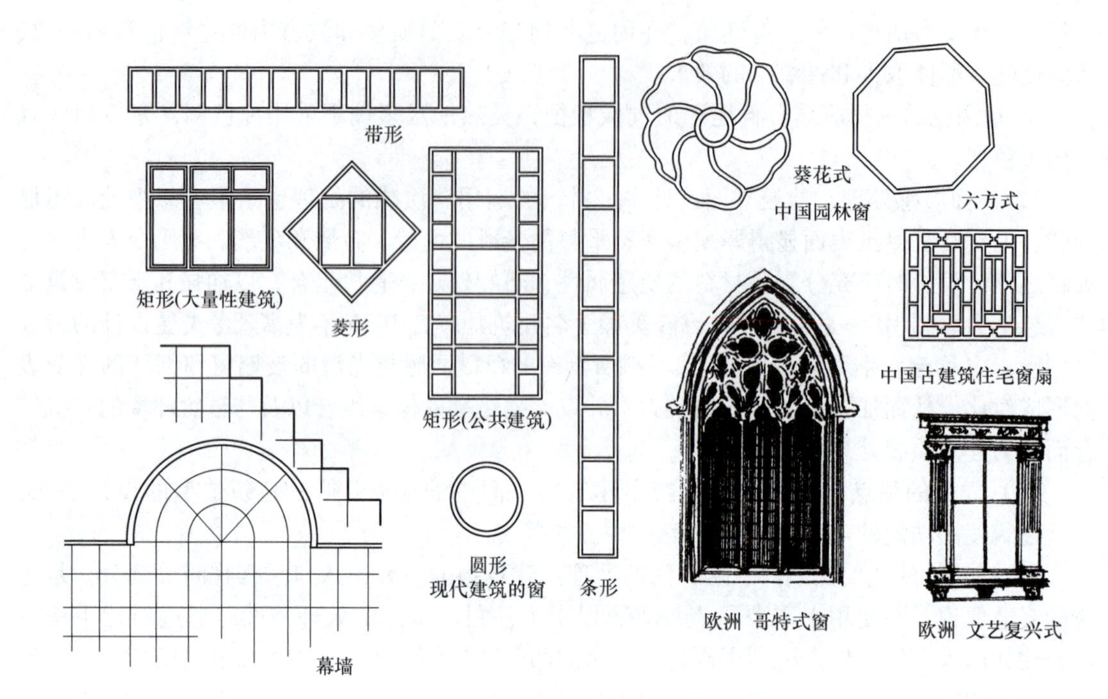

图 10-45　窗的处理类型

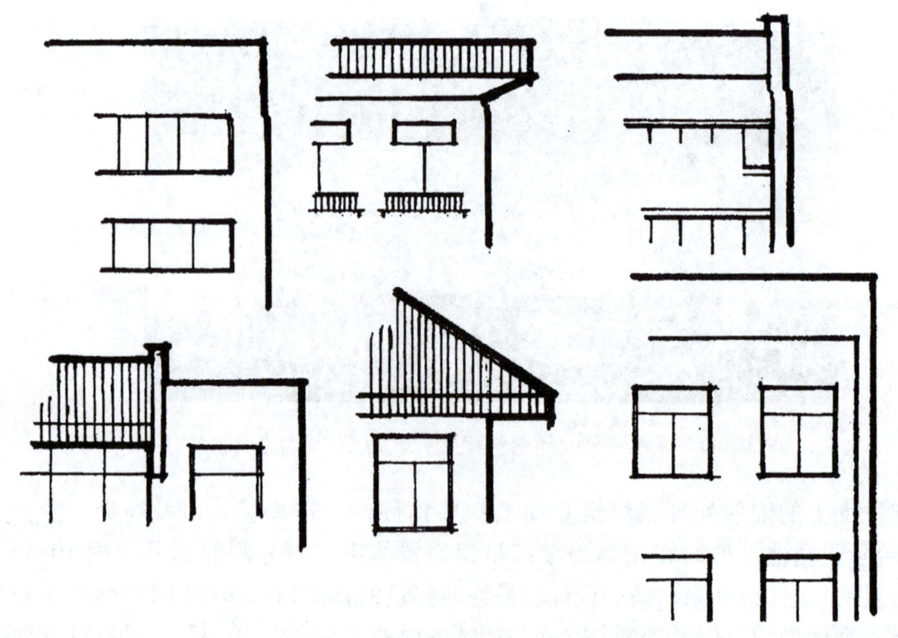

图 10-46　屋顶的处理

初步的平面、剖面草图以及基本的体型和立面轮廓，并推敲其整体比例关系，确定体型和立面。若与平面、剖面有矛盾，应随时加以调整。而后考虑各立面的墙面划分和门窗排列，并协调使用功能与外部造型之间的关系，初步确定各立面，最后对出入口、门廊、雨篷、檐口、楼梯间等部位作重点处理。只有按上述步骤，反复深入，不断修改，并做出多个方案进

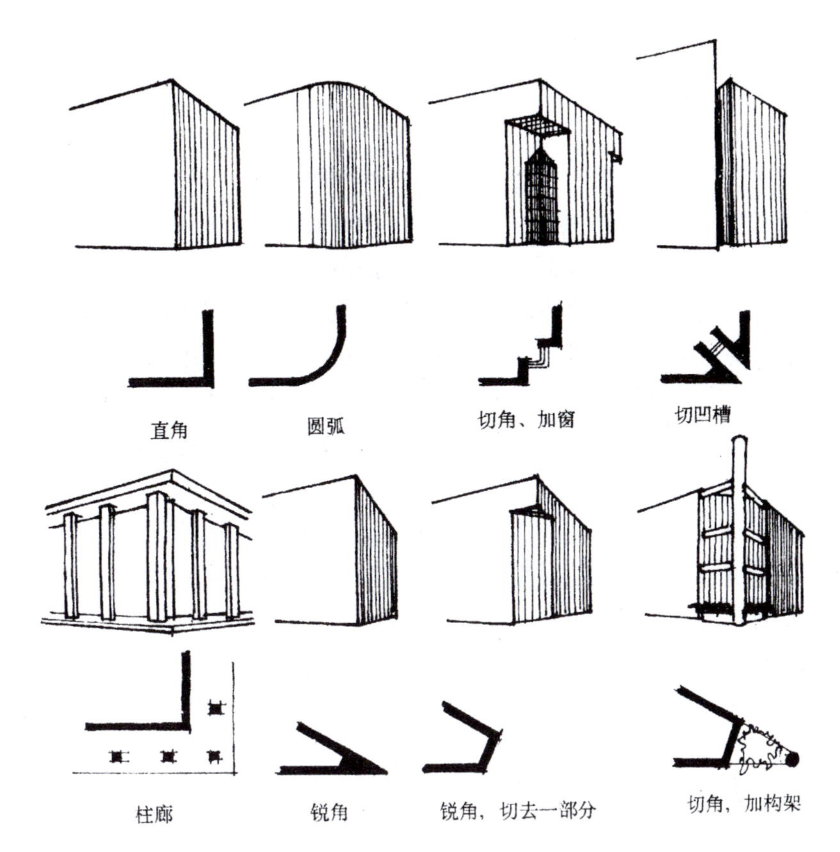

图 10-47　相邻墙的处理

行分析比较，才能创造出完美的建筑形象。

10.3.5　建筑剖面设计

同平面图一样，剖面图也是空间的正投影图，是建筑设计的基本语言之一。剖面图的概念可以这样理解，即用一个假想的垂直于外墙轴线的切平面把建筑物切开，对切面以后部分的建筑形体作正投影图。

1. 建筑剖面设计的内容

建筑平面图表现了空间的长度与深度（或宽度）的关系，而建筑剖面图反映了建筑内部空间在垂直维度上的变化以及建筑的外轮廓特征。

建筑剖面图不仅要反映室内外高差、建筑层高、室内净高、建筑高度等，同时应反映建筑的结构特点、建筑功能的要求、使用者的生理和心理方面的舒适性要求以及建筑的经济性要求等。

剖面高度因素在一般的公共建筑物或普通的建筑空间设计中，似乎不需要特别地关注，但在某些公共建筑设计中则需特别地强调剖面的高度控制。例如剧院和电影院的观众厅的设计、大型阶梯教室或会堂的剖面设计，乃至于在有明显高差的不规则地形上的一般建筑物的内部交通流线设计中，剖面设计的优劣无疑是建筑方案好坏的重要依据。此外，建筑剖面高度控制对经济性的影响随着建筑层数的增多，而愈加明显。例如在高层建筑设计中，建筑主体净高的选择对高层建筑的经济性具有特别的意义。它是确定建筑物等级、防火与消防标准、建筑设备配置要求的重要依据，也是城市规划控制满足有关日照、消防、旧城保护、航空净空限制等的重要内容，反映了建筑设计的政策含义。

2. 建筑剖面设计的效果

在平面设计中房间的功能是否符合要求，主要看面积大小、平面的长宽比例是否恰当，而剖面设计在观察空间效果时主要看空间容积和空间高深比例（高度与进深之比）。一般认为，平面面积越大，空间高度也越高，或者空间进深越大，其高度也越高。采用一种恰当的高深比，不但可以给使用者的心理带来舒适感，同时也可以提高自然采光的质量。

建筑设计不但要处理好空间的平面功能，同时也要处理好竖直空间上的立体空间。立体空间既要符合功能合理、动线流畅的原则，同时又要符合结构力学的一般常识。在通常情况下，大跨度的空间上部一般不宜设置过多的小空间，这对于在有抗震要求的建筑设计中尤其重要。

平面图与剖面图反映了建筑整体空间体量在三个维面上的轮廓线，反映了建筑造型的基本特征。当然，建筑的艺术造型设计有其自身独特的依据和规律，但是，它应该以不违背上述两个基本层面的要求为前提。事实上，造型问题不是一个孤立的现象，平面布局的情况会影响剖面轮廓的变化，反之，剖面中的空间分布调整也会改变平面图的轮廓线。平面图与剖面图相互制约、相互影响，是看待建筑空间组合和造型效果的一个基本视角。

10.4　设计方案的形成与深入

1. 多方案的必要性

多方案是指一个建筑师对一个建筑做多个设计方案。大多数的建筑师，都不是只做一个方案。多做方案，把可能形成方案的构思比较一下，然后或是确定其中的一个，或是综合成一个最理想的方案。多方案的目的就是在可及的数量范围内得出一个“最优”方案。

2. 多方案构思的原则

1）提出数量尽可能多，差别尽可能大的方案。差异性保障了方案间的可比较性；而相当的数量则保障了科学选择所需要的足够空间范围。为达到这一目的，必须从多角度、多方位来审视题目，通过有意识地变换侧重点来实现方案的多样化。

2）任何方案的提出都必须是在满足功能与环境要求的基础之上的，这样的方案才是有意义的。在设计时应随时否定那些不现实、不可取的构思，以避免精力的浪费。

3. 多方案构思的着手点

1）从方案设计开始时，最好有多于两个的概念设计。所谓概念设计，就是非形象设计阶段的设计，主要是功能上的安排及主题上的确定。

不同类型的建筑有不同的功能主题，如商业建筑，意在招徕顾客，或者是意在交代售卖何种物品。再如剧院，则表现出演什么剧种，或表现时代性、地域性等。如果是纪念性建筑，主题就是纪念对象是什么，精神实质是什么等。同一类建筑设计，主题可以说是相近的，基础是相同的。在这个前提下，具体形象可以有不同，所以多方案一般是多造型。

2）从造型母题考虑。所谓造型母题就是构成学里所说的基本形，包括方、圆、三角形、正多边形，可以用大小的不同，高低、方向、质地、色彩的不同求得变化与统一。一种功能关系，一种主题，就含有多种母题，多种组合方式，从而就有多种方案。

4. 多方案的比较与优化选择

完成多方案后，将展开对方案的分析比较，从中选出理想的发展方案。分析比较的要点集中在三个方面：

1）设计要求的满足程度，以及谁更完美。

2）个性特色是否突出。

3）修改调整的可能性（注意方案性问题与非方案性问题）。

方案性问题指的是一个想法，把大概的草图画出来，就进行自我判断，发现某几个关键性的地方将来很难（甚至不能）深入做下去，这些问题就叫方案性问题。如体育馆的人流交叉、医院的交通路线如何避免交叉感染等。一旦看出其中有“方案性问题”，就应当立即放弃这个方案。有时功能和技术问题虽然解决了，但将来可能在建筑形象上出现“方案性问题”，如立面做不下去，或者说迁就造型而会影响功能或技术问题。

所谓“非方案性问题”，指的是不难解决的问题，但这也应当要“看出”，无非是暂时不解决它，先顾全大局，从总体入手，从大关系入手，先看方案的总体质量。当然，“非方案性问题”接下来也是要解决的，例如楼梯的设计，早期定一个开间，进入后期细化。

5. 方案成果表达

建筑方案设计是从抽象的概念构思到具体的空间图形而获得的一个质的飞跃过程，其后的每轮深化表达，既要保持图形的清晰性，又要保证信息的准确性。

方案的深化应尽量以快速徒手表现为主。一般是采用半透明的拷贝纸或硫酸纸蒙在上一轮草图上，通过多次修改、整合，再与以前的构思比较，重新评价，吸纳或淘汰相应内容（图 10-48）。刚开始可以用小的比例进行平、立、剖面的设计；随着设计的深化，可放大比例进行细致研究。

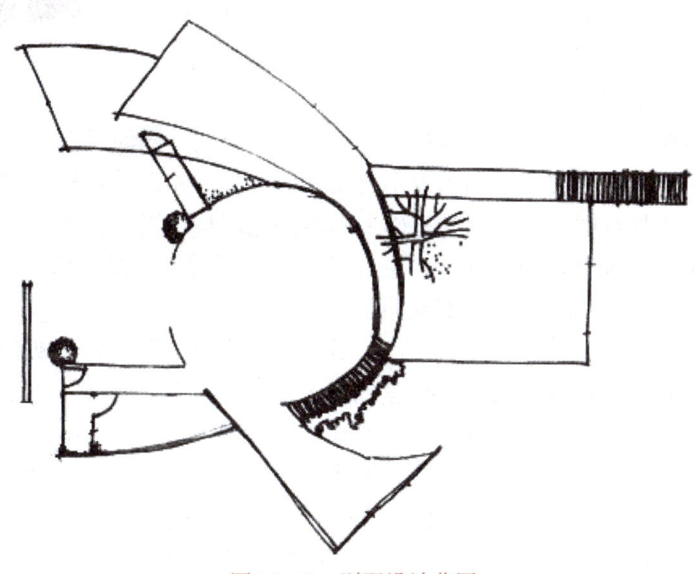

图 10-48　别墅设计草图

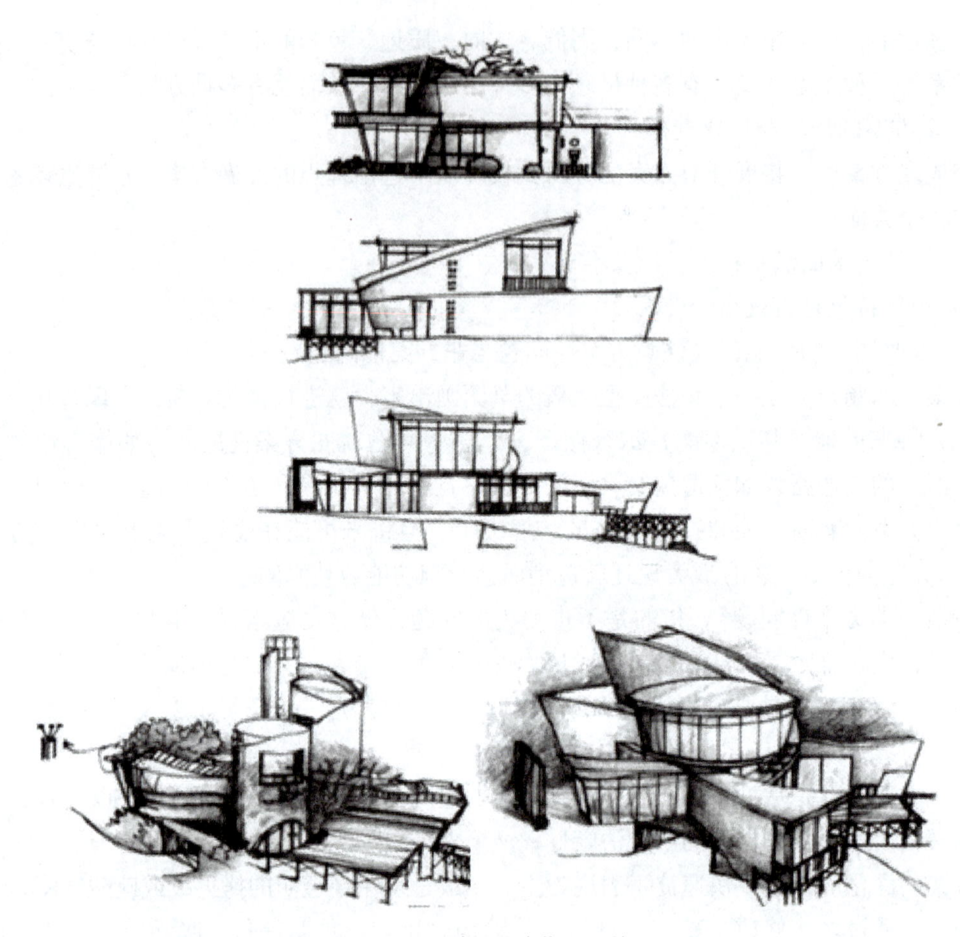

图 10-48　别墅设计草图（续）

另外，透视图或轴测图能从空间角度提供新思路，更能扩展思考的范围。透视图不仅显示空间的形态、虚实，还能通过上色与简单渲染反映出材质取向与光线品质。在半透明纸上修改上一轮透视图的过程中，有时甚至会产生空间叠加、旋转、漂浮、运动的幻象，瞬间的灵动也能扩展思考的范围。

对于复杂的有机连续空间以及变异构成建筑，将平、立、剖面以手绘方式进行相对独立的研究是很困难的，这时就要善于利用数字化设计的优势。先以计算机生成三维形态或手工制作工作模型，在内外空间立体形象的基础上不断深化调整；当完善到一定程度时，分阶段进行各个方向的水平、垂直剖切与投影，生成平、立、剖面的二维图纸，然后再确定细部；反复进行“面—体—面”的循环，最终定稿。

总之，建筑设计不是一朝一夕的事，也不是仅凭热情和幻想就能够成就作品，它是制造未知空间的艺术；它从原理到技法、从构思到成果都环环相扣，严丝合缝，不能绝对孤立，也无法生硬分离。设计的全过程就是从灵感闪现到思路成熟的探索之旅，既要摆脱陈旧的拘囿，也要尊重创作规则；既是对艺术概念的传达，也要在社会与环境、功能与建构交织的坐标系中准确定位。设计人员的每一次创作在挑战思维限度的同时，获得的更大收获是日益拓宽的视野和天马行空的想象，也为设计风格走向成熟明晰架构了桥梁。

本章课程思政要点

建筑设计其实是一个发现问题并解决问题的过程。问题就是矛盾，而矛盾是普遍存在的。建筑设计不能一蹴而就，它需要长期的积累和酝酿。优秀的建筑设计是真、善、美的统一。这里的“真”指的是结构的理性，“善”指的是功能的合理，“美”则是形象的优美和自然。

中国人有自己对于建筑与环境的认识，比如“天人合一”的中国哲学思想。在长期的历史发展过程中，“天人合一”思想促进了建筑与自然的相互协调和融合，从而使中国建筑有一种与环境融为一体的气质。陕北的窑洞、江南的水乡、皖南的民居，无一不体现出这一思想。

实训 26　建筑体型和立面设计

1. 实训目的

通过对建筑体型和立面的研究，从建筑造型的角度出发，分析建筑的体型和立面的构图原则，学习并领会建筑设计的基本方法，掌握图纸表现与模型表现的方法。

2. 实训内容

任务一：大门设计（图 10-49）

1）总建筑面积 100m^2（±10%）。

2）房间名称及使用面积分配如下。

<table>
<tr><td>收发室</td><td>1 个</td><td colspan="2">18m^2</td></tr>
<tr><td>门卫室</td><td>1 个</td><td colspan="2">18m^2</td></tr>
<tr><td>值班室</td><td>1 个</td><td colspan="2">12 ~ 15m^2</td></tr>
<tr><td>厕所</td><td>1 个</td><td>4m^2</td><td rowspan="2">厕所和盥洗间
可合设一间</td></tr>
<tr><td>盥洗间</td><td>1 个</td><td>4m^2</td></tr>
<tr><td>接待室</td><td>1 ~ 2 个</td><td colspan="2">45m^2</td></tr>
<tr><td>合计</td><td></td><td colspan="2">101 ~ 104m^2</td></tr>
</table>

任务二：每人分别从建筑的基地、功能、空间、形式与结构的角度出发，完成建筑立面造型设计（图 10-50、图 10-51）。

3. 进度安排

讲课 2 学时，设计制作 20 学时。

4. 模型要求

模型底版 500mm × 500mm，比例为 1∶20。

* 实训 27　小型公共建筑设计（图 10-52、图 10-53）

1. 实训目的

通过小型公共建筑方案设计，初步掌握建筑设计的基本方法和步骤；创造个性空间、建筑形态，注重建筑与周边环境之间的协调关系；了解建筑设计中的有关规范；熟练掌握草图表达方案设计的方法。

2. 实训内容

选择以下建筑中的一个建筑进行建筑方案设计：

（1）校园茶室（建筑面积 $90m^2$）

其中：茶室 $60m^2$

服务间 $10m^2$

办公室 $10m^2$

厕所 $10m^2$

（2）系学生会活动室（建筑面积 $90m^2$）

其中：多功能活动室 $60m^2$

服务间 $10m^2$

办公室 $10m^2$

厕所 $10m^2$

（3）综合展览室（建筑面积 $90m^2$）

其中：多功能展览室 $60m^2$

服务间 $10m^2$

办公室 $10m^2$

厕所 $10m^2$

3. 进度安排

讲课2学时，设计20学时。

4. 图纸要求

500mm×360mm 拷贝纸徒手铅笔表达。

总平面 1:200

平面 1:100

立面 1:100

剖面 1:100

小透视

实训28 独立式小住宅设计（图10-54、图10-55）

1. 实训目的

通过本设计认识居住功能的一般要求，了解住宅设计的基本原理，学习建筑空间和形式的处理方法；采用工作模型帮助设计，并初步掌握用图纸表达建筑方案设计的技能。

2. 实训内容

在某近郊拟建一独立式小住宅，基地位于一居住小区内，住宅宅基地面积约 $680m^2$，指标如下：

建筑面积 $200m^2$，二层独立式，层高一般为3m。

客厅 $30\sim35m^2$

餐厅 $10\sim12m^2$

厨房 $8\sim10m^2$

家务工作室 $4\sim6m^2$

储藏间 $4\sim6m^2$

客厅卫生间 $3\sim5m^2$

主卧室 $16\sim18m^2$

主卧卫生间　　$6 \sim 8m^2$
次卧室　　$10 \sim 12m^2$
客卧室　　$10 \sim 12m^2$
卫生间　　$6 \sim 8m^2$
起居室　　根据具体情况设计，一般为 $20 \sim 30m^2$
书房　　$16 \sim 18m^2$
阳台、晒台　　根据具体情况设计
室外停车位　　3m×6m

3. 进度安排

讲课 4 学时，设计绘制 40 学时。

4. 图纸要求

使用 720mm×500mm 不透明绘图纸，内容：

总平面　　1∶300
各层平面　　1∶100
各立面　　1∶100
剖面　　1∶100
水粉透视表现画（500mm×360mm）
工作模型（设计过程中评）

实训 29　幼儿园建筑设计（图 10-56、图 10-57）

1. 实训目的

1）树立正确的设计思想。
2）通过幼儿园建筑设计初步掌握建筑方案设计全过程。
3）对重复空间构成的建筑设计方法有进一步的了解。
4）掌握水粉表现建筑方案的能力。

2. 设计内容

为了与住宅小区配套，拟建幼儿园一所，规模为 6 个班，每班 24 名儿童，层数不超过 3 层。

1）室内部分

班活动室：能满足 24 名幼儿上课等室内活动要求，每间面积不超过 $50m^2$。
班午睡室：能满足 24 名幼儿午睡，每间面积不超过 $40m^2$。
班盥洗室：洗手、厕所、浴室共 $15m^2$。
班被褥贮藏室：$9m^2$。
全园大活动室：$120m^2$。

2）室外部分

班活动场地：面积与班活动室相仿。
全园活动场地：集体操场，沙坑 5m×5m，戏水池 $50m^2$，跷跷板 2 个，滑梯、秋千、平衡木、转椅攀登架各 1 个，儿童车道 1.2m 宽 1 条，种植园一小块等。

3）办公、总务用房

教师办公室、工会行政办公室及财务办公室：$75m^2$。
会议室：$20m^2$。
晨检及医务室：$18m^2$，隔离观察室：$10m^2$。
厨房（分生熟间及贮藏）：$90m^2$。
教工厕所（男、女）：$12m^2$。
贮藏间：$36m^2$，木工修理室：$12m^2$，传达室：$10m^2$。

3. 图纸要求

720mm × 500mm 硬质纸。

总平面图　　　　1:500

各层平面图　　　1:200

立面图　　　　　1:200

剖面图　　　　　1:200

透视图（水粉表现）

4. 进度安排

讲课2学时，设计绘制16学时。

实训30　小型小区会所建筑设计（图10-58、图10-59）

1. 实训目的

1）建立正确的设计思想，掌握正确的设计方法。

2）学习和掌握小型小区会所建筑的设计原则和有关知识。

3）学习复杂建筑空间的有机组合和灵活处理。

4）加强建筑设计环境景观及人本思想。

5）了解多种建筑结构的布局与形式。

6）加强线条、字体、构图、着色透视图等基本技能的训练。

2. 设计内容

某新建居住小区为了满足居民在工作、生活之余，文化娱乐活动的需要，完善居住区配套服务设施，拟建一小区会所，具体要求如下：

1）多功能大厅1间：主要供文娱演出、录像放映，同时可作会议、演讲、展览等用，也可举办舞会、跳操，200m^2 左右，适当考虑储藏等附属用房。

2）茶室1间：50～60m^2，附设茶水间、小卖柜台。

3）刊阅览室1间：20～30m^2。

4）健身房2间：50～60m^2。

5）值班室1间：12～15m^2。

6）乒乓室1间：2张乒乓桌，50～60m^2。

7）台球室1间：2张球台，50～60m^2。

8）棋 室2间：2～4张桌，20～30m^2。

9）牌 室2间：2～4张桌，20～30m^2。

10）办公室：1～2间，每间15～20m^2。

11）适当考虑厕所、储藏等附属用房。

12）交通、走道、楼梯和门厅大堂等合理考虑。

总建筑面积控制在1200m^2 以内。

3. 图纸要求

1）草图

① 总平面1:500。

② 平、立、剖面1:200。

2）正图

① 总平面1:500。

② 各层平面1:100或1:200。

③ 立面（两个）1:100或1:200。

④ 剖面（至少一个）1:100或1:200。

⑤ 设计说明（立意构思、空间特色、细部设计等）、空间流线分析图、特色节点图。

⑥ 透视一幅（水彩、水粉渲染）。

以上正图在卡板纸或水彩纸上用墨线绘制，可适当着色，2#图幅。

4. 基地平面

基地平面图如图10-60所示。

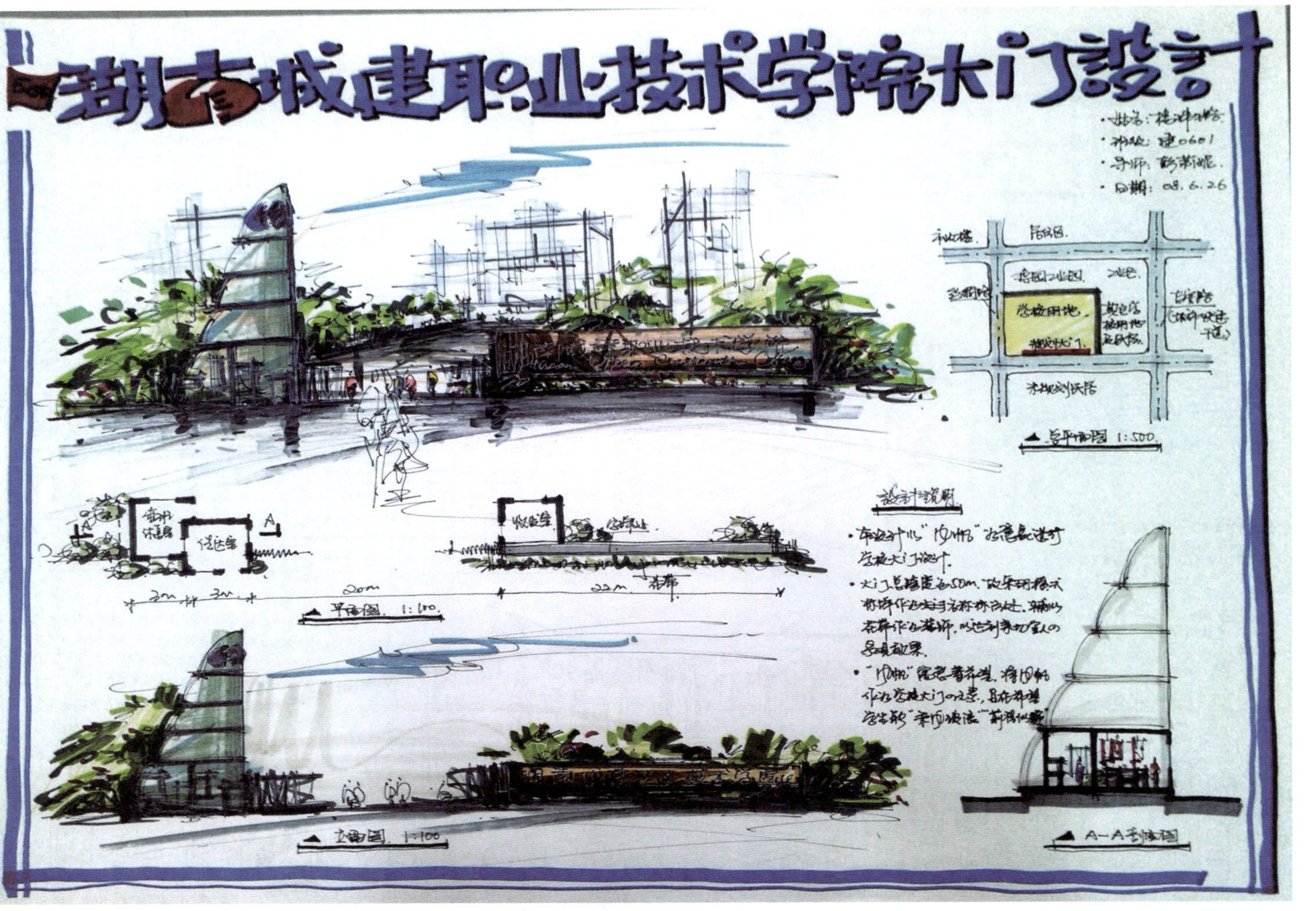

图 10-49　建筑体型和立面设计一

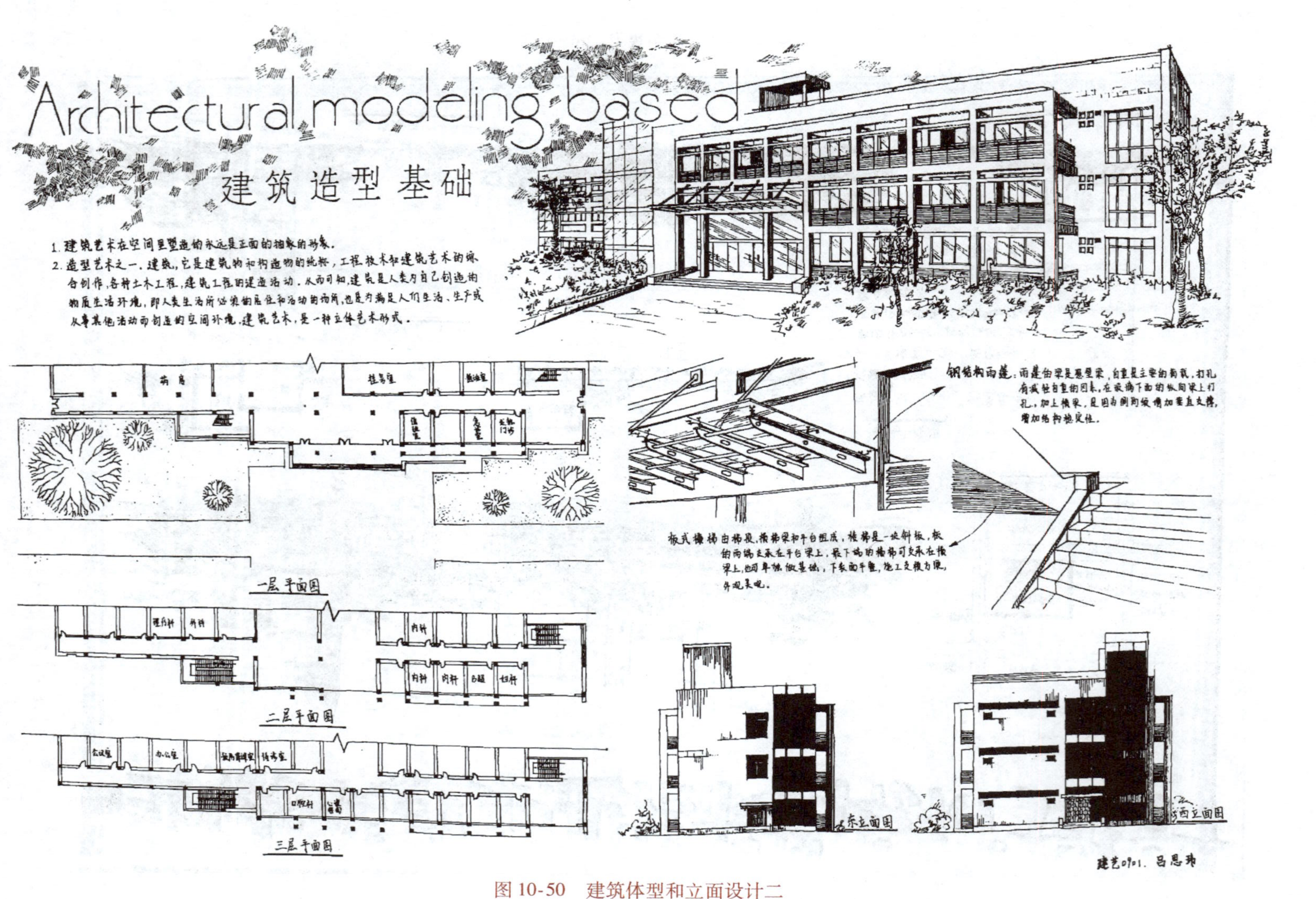

图10-50　建筑体型和立面设计二

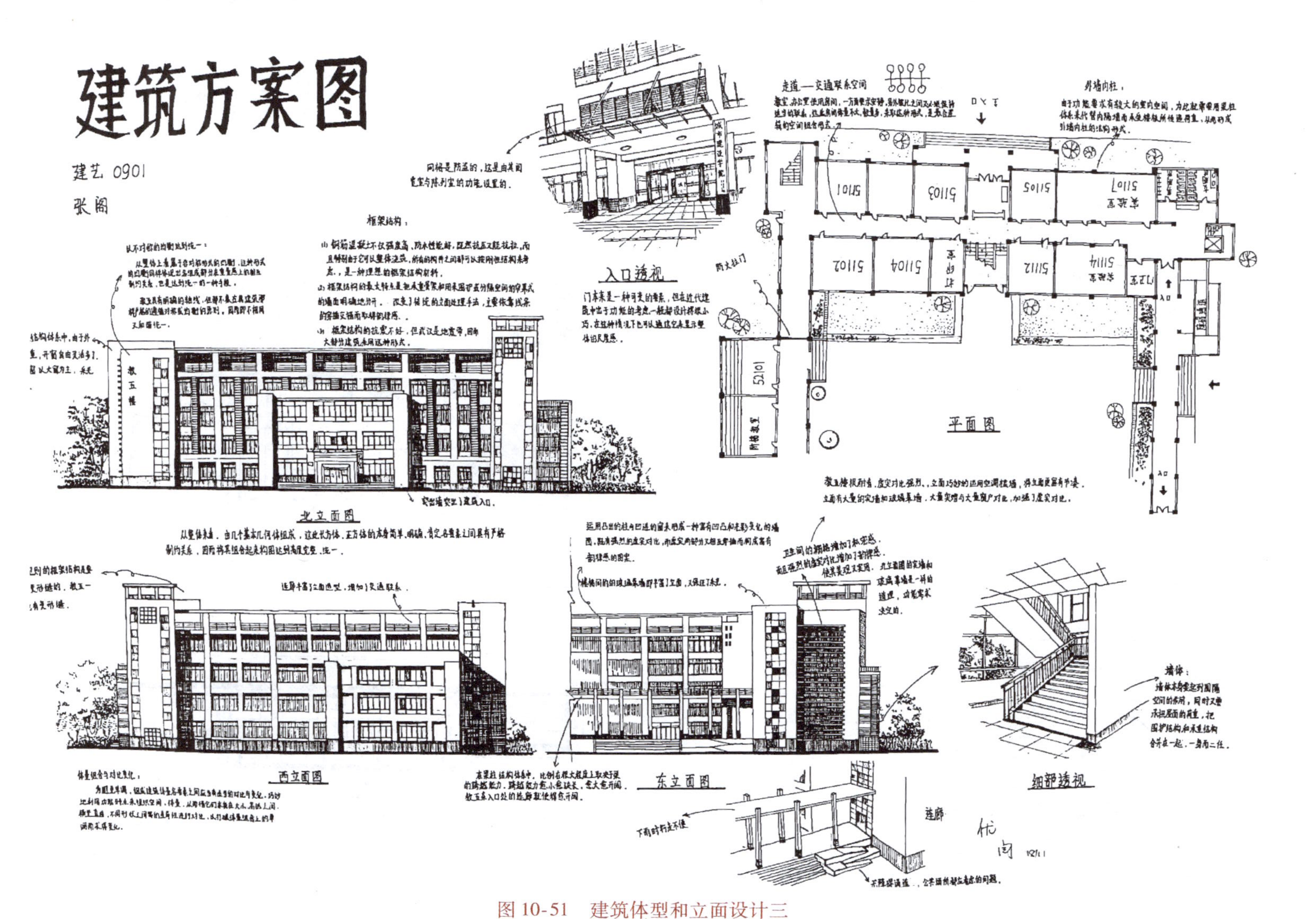

图 10-51　建筑体型和立面设计三

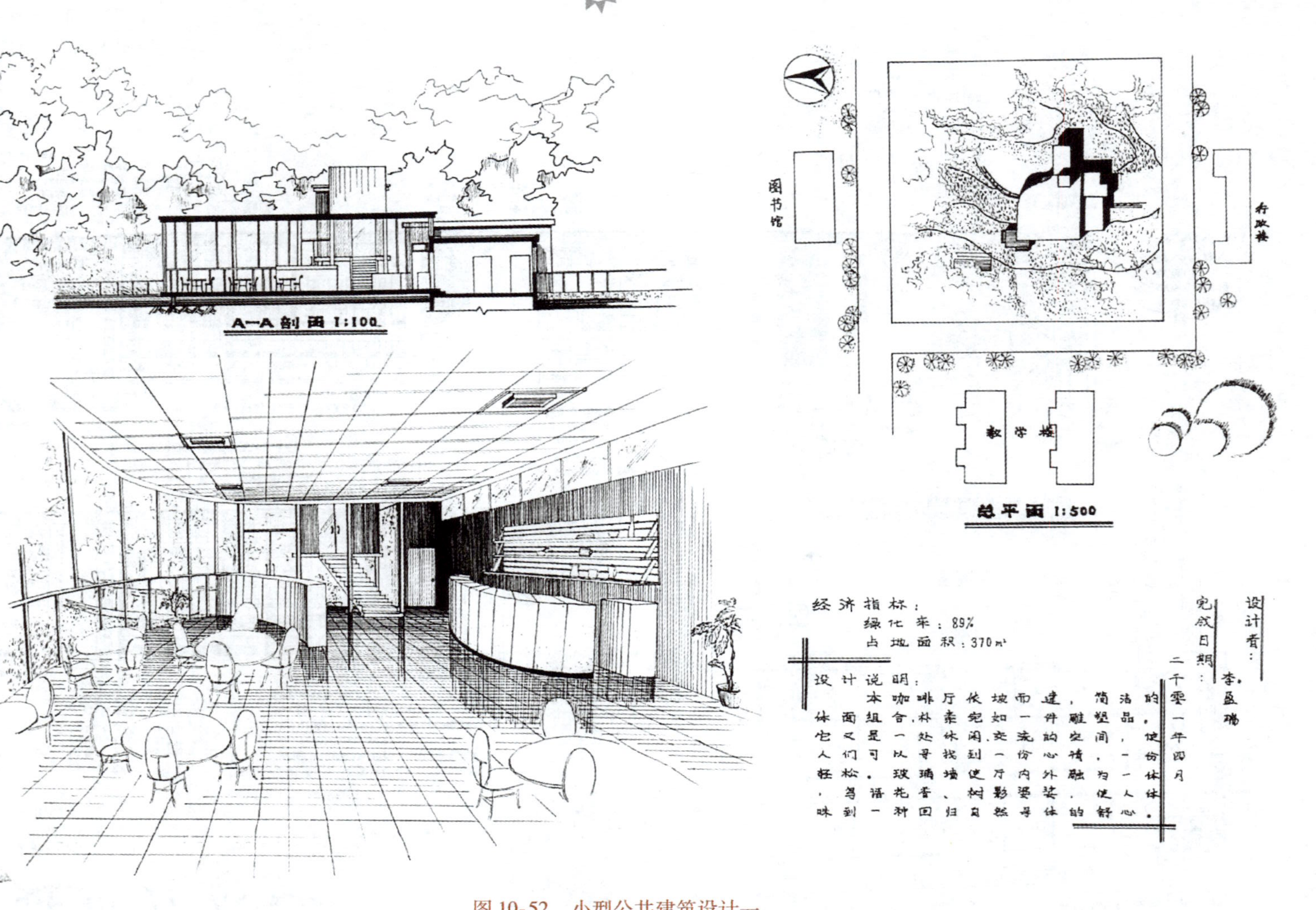

图 10-52　小型公共建筑设计一

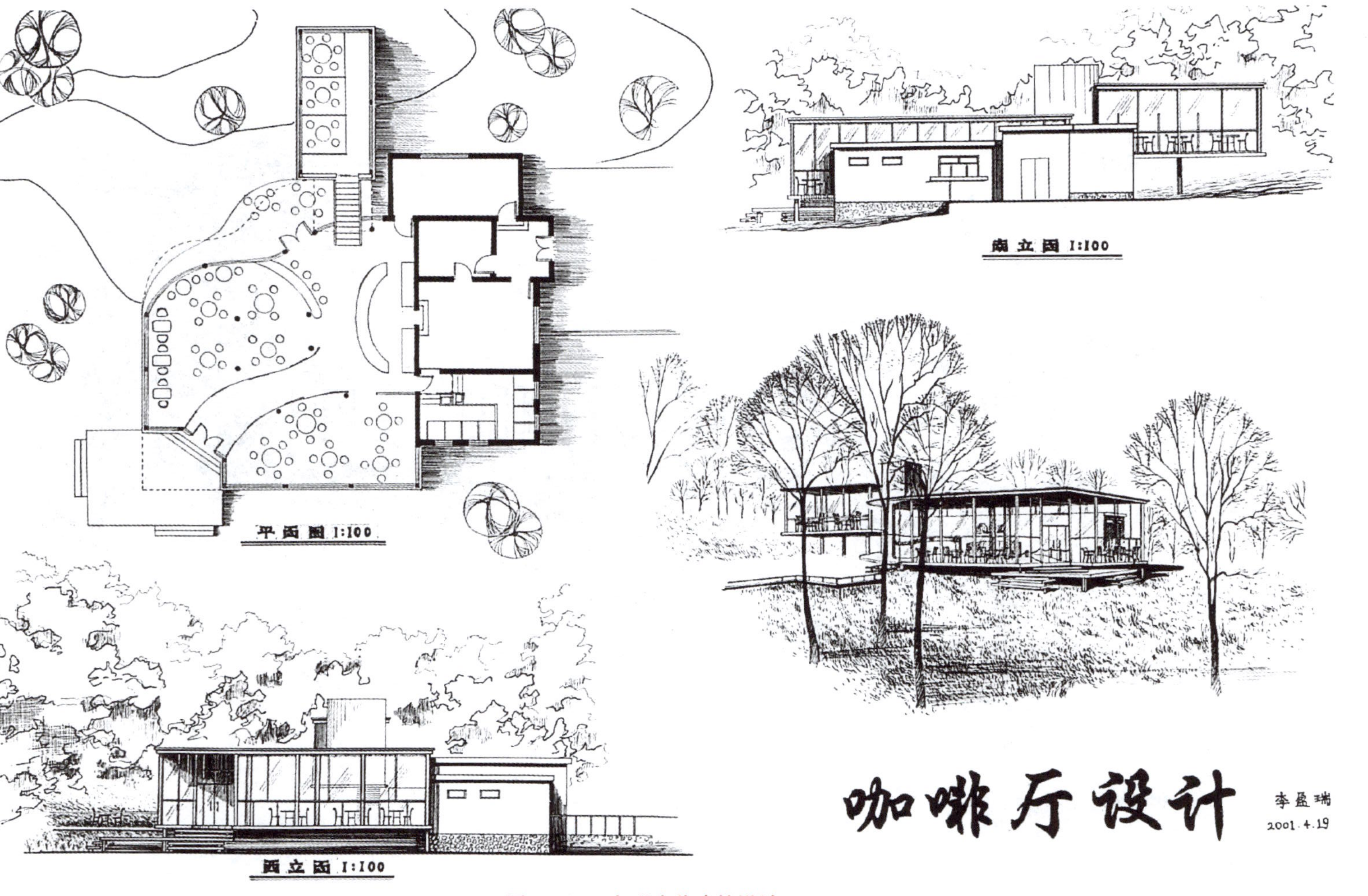

图 10-53　小型公共建筑设计二

图 10-54　独立式小住宅设计一

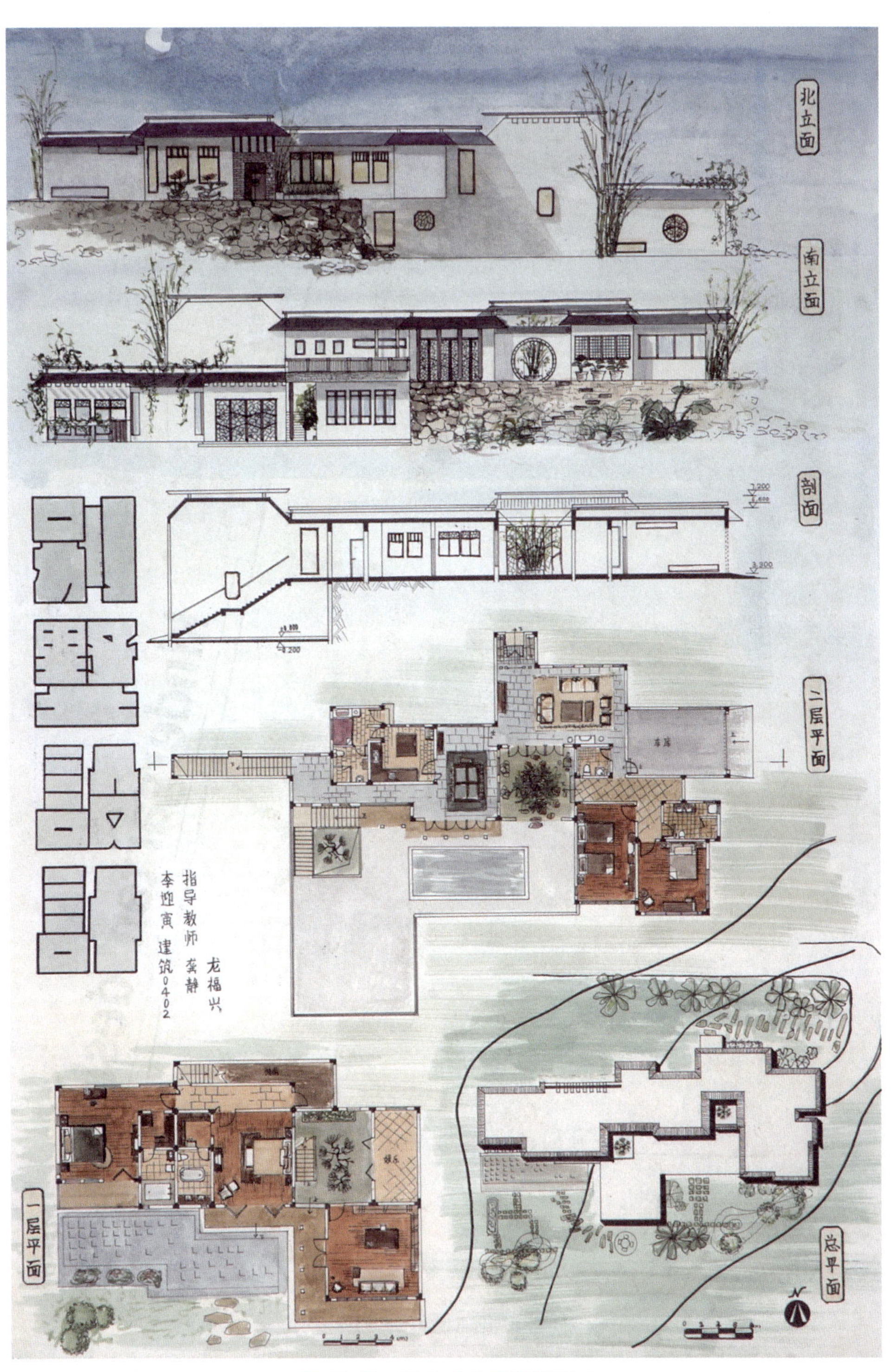

图 10-55 独立式小住宅设计二

图 10-56　幼儿园建筑设计一

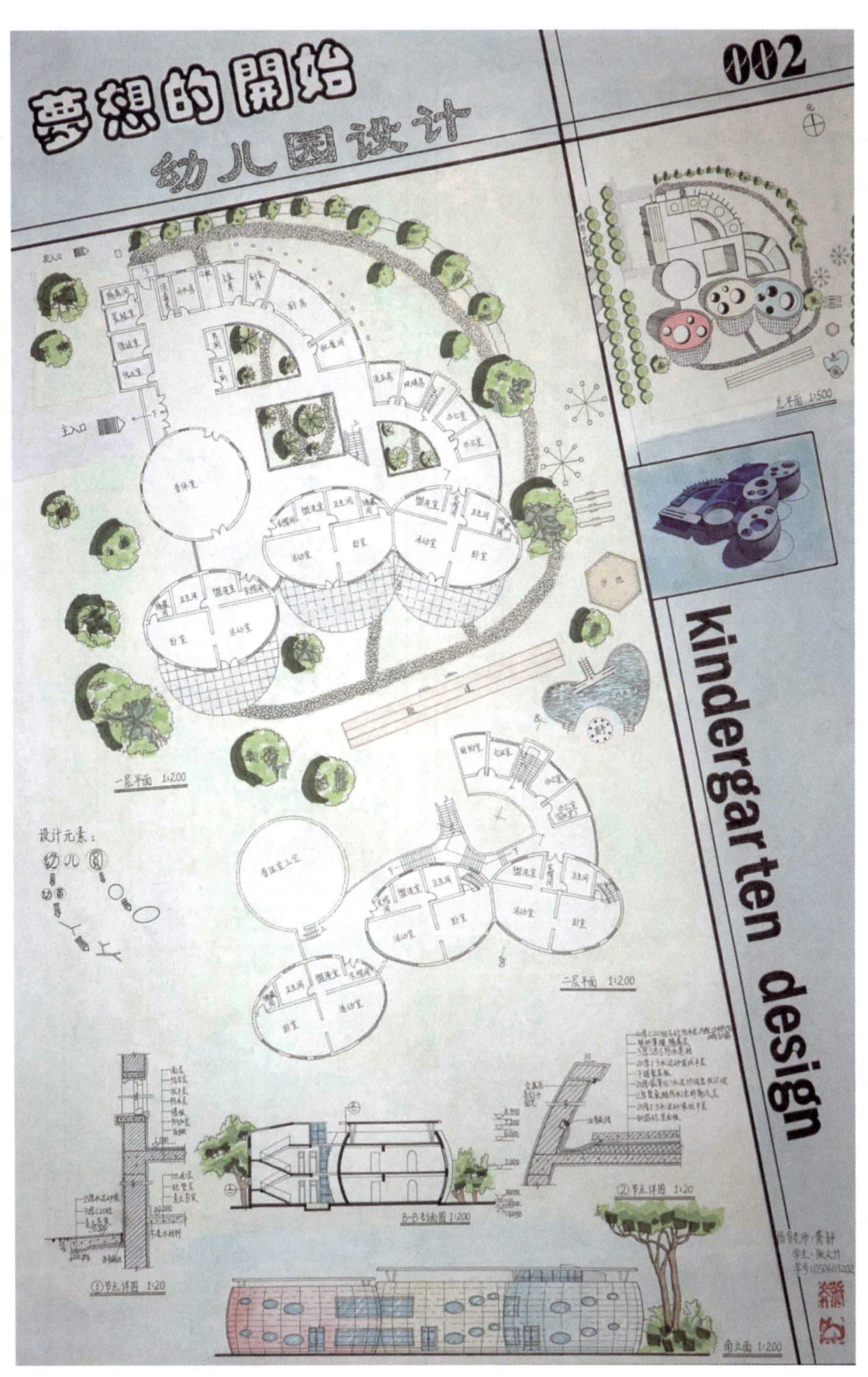

图 10-57　幼儿园建筑设计二

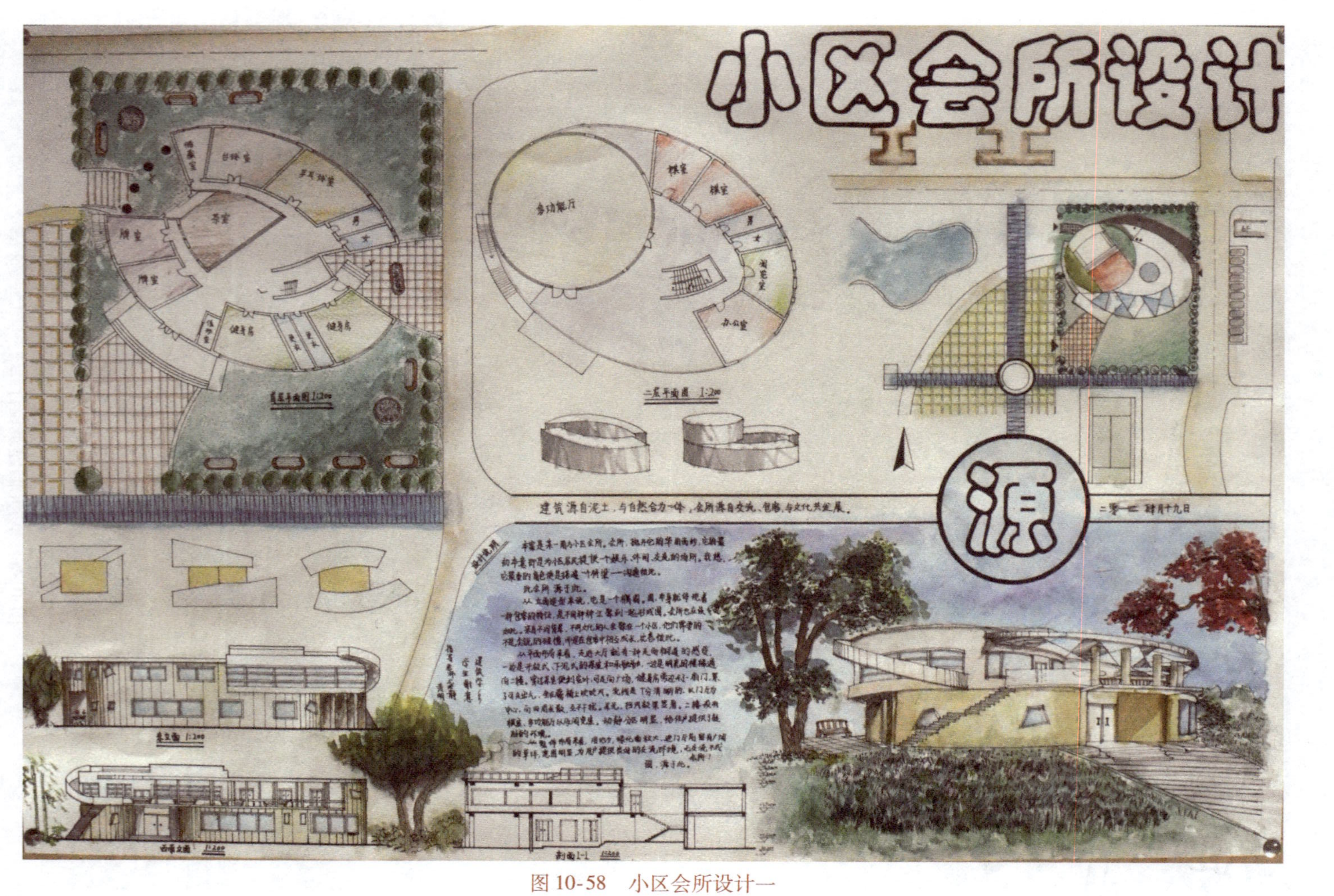

图10-58 小区会所设计一

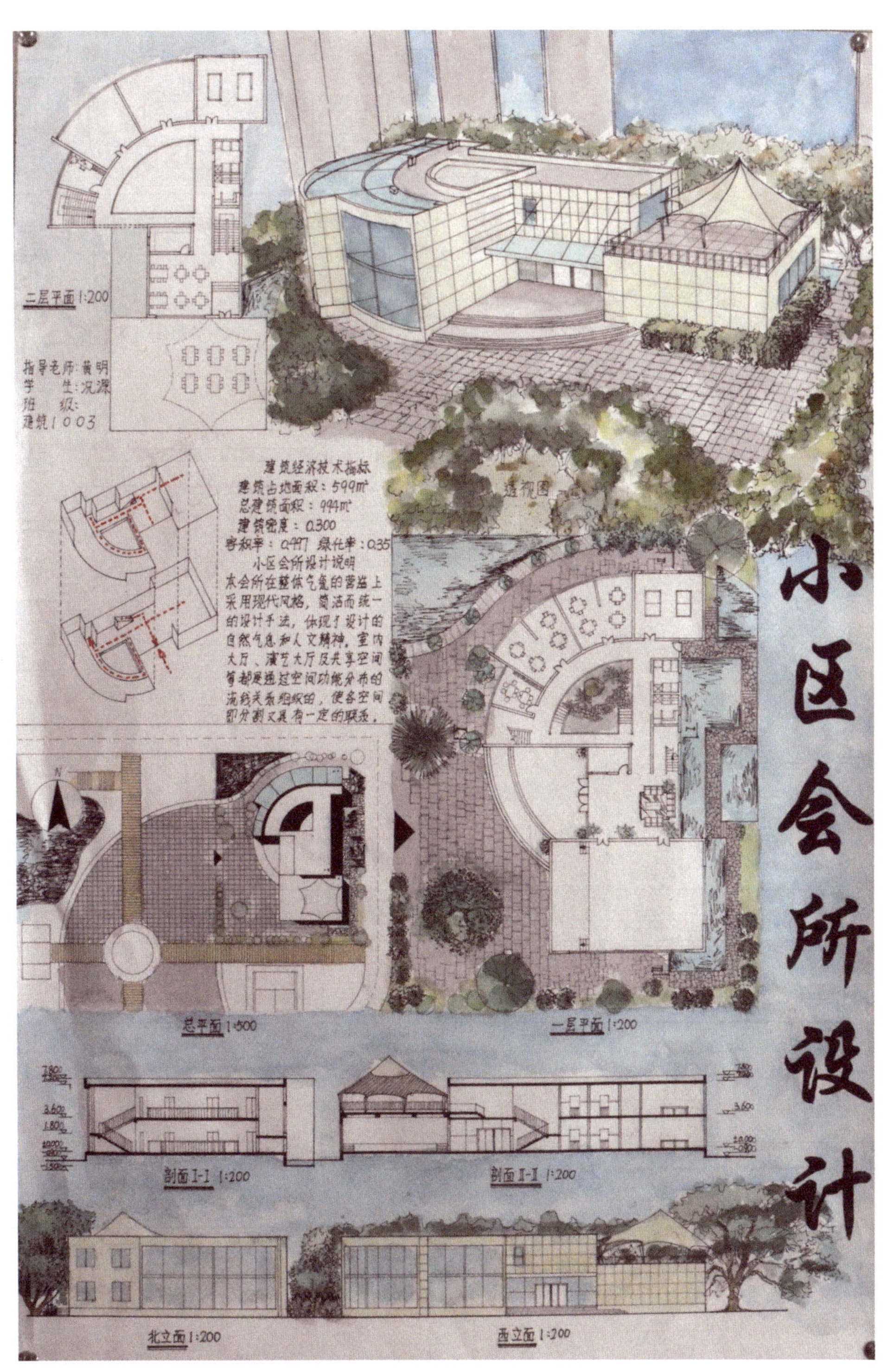

图 10-59　小区会所设计二

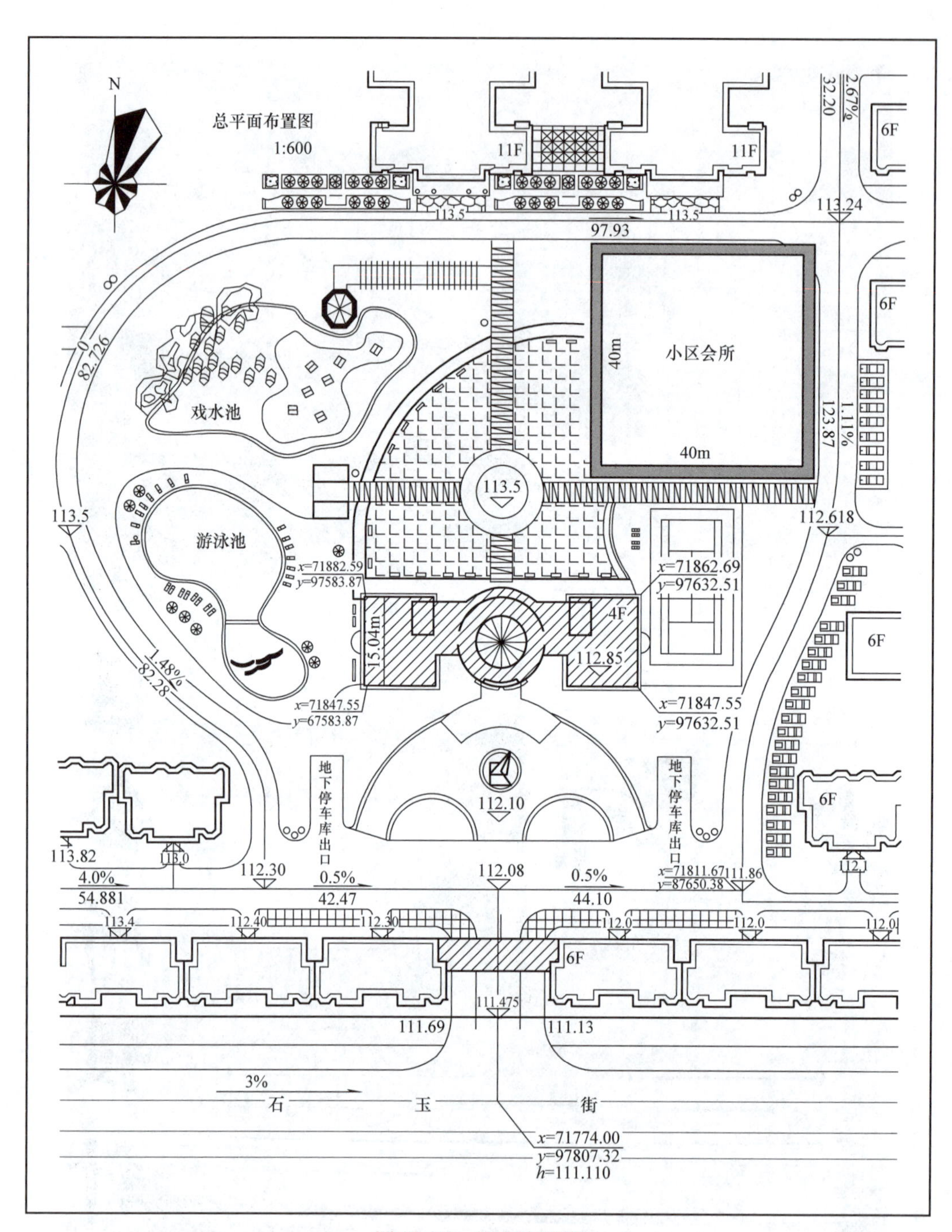
总平面布置图
1:600
N
11F
11F
6F
6F
6F
6F
6F
4F
小区会所
40m
40m
戏水池
游泳池
地下停车库出口
地下停车库出口
石
玉
街
113.5
113.5
113.24
97.93
32.20
2.67%
82.726
123.87
1.11%
113.5
113.5
112.618
x=71882.59
y=97583.87
x=71862.69
y=97632.51
15.04m
112.85
1.48%
82.28
x=71847.55
y=67583.87
x=71847.55
y=97632.51
112.10
113.82
113.0
112.30
112.08
x=71811.67
y=87650.38
111.86
4.0%
54.881
0.5%
42.47
0.5%
44.10
113.4
112.40
112.30
112.0
112.0
112.0
111.475
111.69
111.13
3%
x=71774.00
y=97807.32
h=111.110

图 10-60　基地平面图

参考文献

[1] 田学哲，郭逊. 建筑初步［M］. 4版. 北京：中国建筑工业出版社，2019.
[2] 潘谷西. 中国建筑史［M］. 7版. 北京：中国建筑工业出版社，2015.
[3] 陈志华. 外国建筑史［M］. 4版. 北京：中国建筑工业出版社，2010.
[4] 沈福煦，王珂. 建筑概论［M］. 3版. 北京：中国建筑工业出版社，2019.
[5] 程大锦. 建筑：形式、空间和秩序［M］. 刘丛红，译. 4版. 天津：天津大学出版社，2018.
[6] 洪雯，张艳，刘可. 色彩构成［M］. 北京：中国青年出版社，2017.
[7] 周长亮. 建筑设计原理［M］. 上海：上海人民美术出版社，2011.
[8] 冯美宇. 建筑设计原理［M］. 3版. 武汉：武汉理工大学出版社，2020.
[9] 金虹. 房屋建筑学［M］. 北京：机械工业出版社，2019.
[10] 孙琪. 手绘表现技法［M］. 北京：机械工业出版社，2017.
[11] 李思丽. 建筑制图与阴影透视［M］. 2版. 北京：机械工业出版社，2017.
[12] 崔陇鹏. 建筑空间设计与建筑模型［M］. 北京：机械工业出版社，2019.

参考文献